高等学校应用型通信技术系列教材

通信工程制图
实例化教程

袁宝玲 主编

刘雪燕 王林林 丁远 副主编

清华大学出版社

北京

内 容 简 介

本书以岗位需求为出发点,以工程实例为蓝本,遵循认知规律组织项目。AutoCAD作为工具服务于通信工程图纸的设计,整书突出"图纸用于指导施工"的现实目的,注重规范及标准的实施。本书以传输设备、光纤线路和天馈系统三大类通信工程图纸为例讲解了通信工程二维平面的绘制,具体图纸包括系统图、设备图、线路图、机房设备平面图及天馈图,每个任务基本过程为"图纸介绍与讲解—绘图基础技能—实例图的绘制—技能提升"。通过本书的学习可完全胜任通信工程制图员岗位的需求,并为后续的工程设计打下良好基础。

本书可作为高职高专院校通信工程专业学生、通信工程设计单位及代维企业的员工培训用书。

图书在版编目(CIP)数据

通信工程制图实例化教程/袁宝玲主编. —北京:清华大学出版社,2015(2024.2重印)
(高等学校应用型通信技术系列教材)
ISBN 978-7-302-39008-4

Ⅰ. ①通… Ⅱ. ①袁… Ⅲ. ①通信工程—工程制图—高等学校—教材 Ⅳ. ①TN91

中国版本图书馆 CIP 数据核字(2015)第 013583 号

责任编辑:刘翰鹏
封面设计:傅瑞学
责任校对:袁 芳
责任印制:丛怀宇

出版发行:清华大学出版社
      网 址:https://www.tup.com.cn,https://www.wqxuetang.com
      地 址:北京清华大学学研大厦 A 座   邮 编:100084
      社 总 机:010-83470000   邮 购:010-62786544
      投稿与读者服务:010-62776969,c-service@tup.tsinghua.edu.cn
      质量反馈:010-62772015,zhiliang@tup.tsinghua.edu.cn
      课件下载:https://www.tup.com.cn,010-62795764
印 装 者:北京嘉实印刷有限公司
经 销:全国新华书店
开 本:185mm×260mm   印 张:18   字 数:432 千字
版 次:2015 年 6 月第 1 版   印 次:2024 年 2 月第 9 次印刷
定 价:49.00 元

产品编号:060938-03

PREFACE 前言

现在的通信工程制图主要使用 AutoCAD 绘图软件,然而有关 AutoCAD 制图的教材多数以机械制图、建筑制图为主,即使是 AutoCAD 自带的帮助都是以机械零件图形为例展开讲解,对通信工程制图缺乏针对性。通信工程制图仅要求二维平面图,但须满足通信工程制图标准,且一定要注意规范性,因此一般简单的 CAD 二维平面制作不能满足需求。现有的通信工程制图教材虽为模块化,但仍是简单的"CAD 绘图基础+通信工程案例图纸"两大块,并非真正的项目化教学。因此,急需一本将 CAD 与通信工程设计紧密结合,并可直接指导施工的通信工程制图教材。本书正是为解此燃眉之急而编写。

全书包括 7 个任务。任务 1 介绍怎样解读通信工程图纸;任务 2 介绍如何制作通信工程样板文件;任务 3 介绍如何绘制某传输工程系统框图;任务 4 介绍如何绘制传输机柜平面图;任务 5 介绍如何绘制机房设备平面图;任务 6 介绍如何绘制天馈系统图;任务 7 介绍如何绘制管道线路示意图。附录 A～附录 C 介绍了常用图例、常用快捷键和工程案例图。

本书并未包含 Visio 软件的使用,因 Visio 一般仅用于室分工程设计,且同属于 MS Office 家族,容易上手和使用,非常有利于自学。

本书的任务 1、任务 5～7 由袁宝玲编写,任务 2 及附录 A 由刘雪燕编写,任务 3 及附录 C 由王林林编写,任务 4 及附录 B 由丁远编写,由袁宝玲老师统筹全书。此外,李小龙为本书的编写提供了企业第一手资料,在此一并表示感谢!

本书录有微视频,请关注微信公众号"公益乐学网"。

由于编者水平有限,书中不妥之处在所难免,恳请广大读者批评、指正。

编　者
2015 年 2 月

CONTENTS 目录

解读通信工程图纸

正确解读通信工程图纸可以避免施工过程中的延期和窝工,是每个施工队长的必修课,是指导施工的前提条件。

1.1 提出任务

任务目标:能够正确解读通信工程图纸。

任务要求:正确解读如图 1-1 和图 1-2 所示的通信工程图纸,对不适当之处提出改正意见。

任务分析:为了正确解读通信工程图纸,需要对通信工程及制图标准有所了解,因此本任务包括以下分任务。

(1)认识通信工程建设项目。

(2)认识通信工程图纸。

(3)认识通信工程制图统一规定。

(4)解读通信工程图纸。

本任务主要的知识点:

(1)了解通信工程建设项目的过程与分类。

(2)掌握通信工程图纸的意义。

(3)了解通信工程制图的内容、要求与注意事项。

(4)掌握通信工程制图的统一规定。

本任务的技能要求:应用通信工程制图的基本要求及统一规定,并结合注释、说明、工程量表及图例解读通信工程图纸。

1.2 解读通信工程建设项目

1.2.1 通信工程建设程序

随着经济和科学技术的快速进步,我国的通信产业得到了空前规模的发展,通信市场在不断扩大,通信建设工程项目也在不断增加。通信工程是指通信系统工程设计、组网和设备施工,主要包括通信管道及线路的敷设或架设,通信电源、通信设备及天线的安装、调试及附属设备的安装调试等。在我国,一般的大中型和限额以上的建设项目从建设前期工作到建

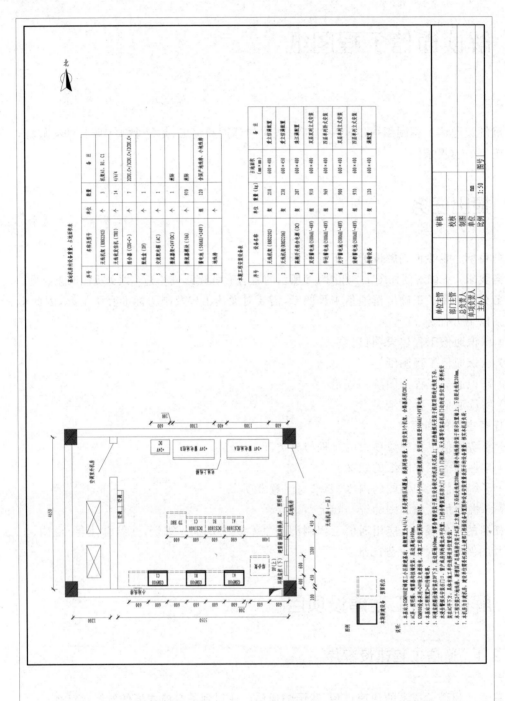

图 1-1　某移动通信基站设备平面图

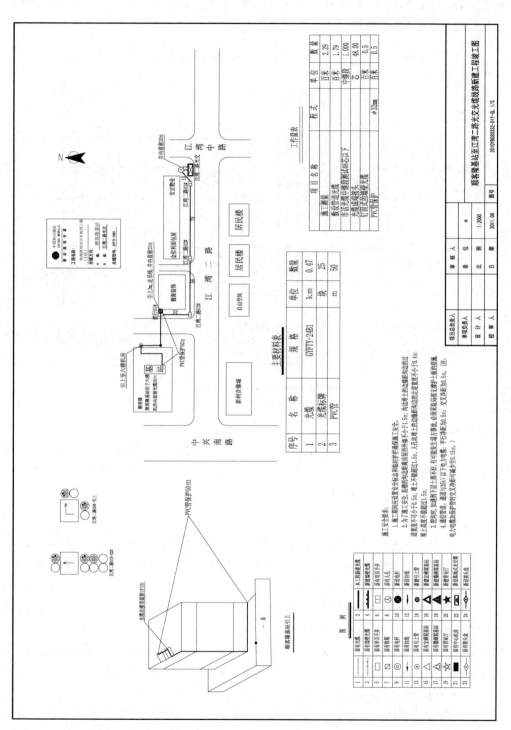

图1-2　光缆线路新建工程竣工图

设、投产要经过项目建议书、可行性研究、初步设计、年度计划安排、施工准备、施工图设计、施工招投标、开工报告、施工、初步验收、试运转、竣工验收、交付使用等环节。通信行业建设项目的建设过程也如此,具体过程如图 1-3 所示。

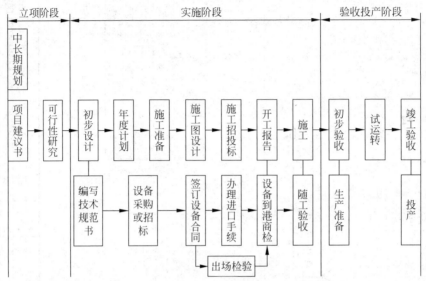

注：施工准备包括征地、拆迁、三通一平、地质勘探等。
　　开工报告：属于引进项目或设备安装项目(没有新建机房),设备发运后,即可写开工报告。
　　出厂检验：对复杂设备(从国内、国外无论购置)都要进行出厂检验工作。
　　设备到港商检：非引进项目为设备到货检查。

图 1-3　通信基本建设程序图

1. 立项阶段

首先,各部门、各地区、各企业根据国民经济和社会发展的长远规划、行业规划、地区规划等要求,经过调查、预测、分析,提出项目建议书。在项目可行性研究阶段对拟建项目在决策前进行方案比较和技术经济论证。

2. 实施阶段

(1) 初步设计是根据批准的可行性研究报告,以及有关的设计标准、规范,并通过现场勘查工作取得设计基础资料后进行编制的。初步设计的主要任务是确定项目的建设方案、进行设备选型、编制工程项目的总概算。

(2) 年度计划包括基本建设拨款计划、设备和主材(采购)储备贷款计划、工期组织配合计划等,是编制保证工程项目总进度要求的重要文件。

(3) 施工准备主要包括：制定建设工程管理制度,落实管理人员；汇总拟采购设备、主材的技术资料；落实施工和生产物资的供货来源；落实施工环境的准备工作,如征地、拆迁、"三通一平"(水、电、路通和平整土地)等。

(4) 施工图设计文件一般由文字说明、图纸和预算 3 部分组成,主要根据批准的初步设计文件和主要设备订货合同进行编制。其中,施工图设计的深度应满足设备、材料的订货,施工图预算的编制,设备安装工艺及其他施工技术要求等。

(5) 施工招标由建设单位将建设工程发包,从中评定出技术、管理水平高,信誉可靠且报价合理的中标企业。

（6）经施工招标，签订承包合同后，由审计部门对项目的有关费用计取标准及资金渠道进行审计，此后正式开工。

（7）施工单位按批准的施工图设计进行施工。在施工过程中，对隐蔽工程由监理工程师进行随工验收。

3.验收投产阶段

（1）除小型建设项目外，其他所有新建、扩建、改建等基本建设项目以及属于基本建设性质的技术改造项目，都应在完成施工调测之后进行初步验收。初步验收通常是单项工程完工后，检验单项工程各项技术指标是否达到设计要求。

（2）试运转期限为 3 个月，如发现有质量问题，由相关责任单位负责免费返修。

（3）试运行通过后，进入最后一个环节，竣工验收。竣工验收是对工程的全面考核，包括工程设计、质量及资金使用等方面。

简单的小型通信工程仅包括"施工图设计—施工—验收—运行维护"4 个阶段。

1.2.2　通信建设项目分类

为了便于建设项目的管理和确定工程造价，通信工程一般可用单项工程来区分。单项工程是指具有单独的设计文件，建成后能独立发挥生产能力或效益的工程。非工业建设项目的单项工程一般是指能够发挥设计规定的主要效益的各个独立工程，如教学楼、图书馆等。通信建设单项工程项目划分如表 1-1 所示。

表 1-1　通信建设单项工程项目划分表

专　业　类　别	单项工程名称	备　　注
通信线路工程	（1）××光、电缆线路工程 （2）××水底光、电缆工程（包括水线房建筑及设备安装） （3）××用户线路工程（包括主干及配线光、电缆、交接及配线设备、集线器、杆路等） （4）××综合布线系统工程	进局及中继光（电）缆工程可按每个城市作为一个单项工程
通信管道工程	通信管道工程	
通信传输设备安装工程	（1）××数字复用设备及光、电设备安装工程 （2）××中继设备、光放设备安装工程	设备安装工程
微波通信设备安装工程	××微波通信设备安装工程（包括天线、馈线）	
卫星通信设备安装工程	××地球站通信设备安装工程（包括天线、馈线）	
移动通信设备安装工程	（1）××移动控制中心设备安装工程 （2）基站设备安装工程（包括天线、馈线） （3）分布系统设备安装工程	
通信交换设备安装工程	××通信交换设备安装工程	
数据通信设备安装工程	××数据通信设备安装工程	
供电设备安装工程	××电源设备安装工程（包括专用高压供电线路工程）	

1.3　认识通信工程图纸

通信工程图纸是在对施工现场仔细勘查和认真搜索资料的基础上，通过图形符号、文字符号、文字说明及标注来表达具体工程性质的一种图纸。它是通信工程设计的重要组成部分，是指导施工的主要依据。通信工程图纸中包含了诸如路由信息、设备配置安放情况、技术数据、主要说明等内容。工程施工技术人员通过阅读图纸就能够了解工程规模、工程内容，统计出工程量及编制工程概预算。只有绘制出准确的通信工程图纸，才能对通信工程施工具有正确的指导性意义。因此，通信工程技术人员必须要掌握通信制图的方法。

为了使通信工程的图纸做到规格统一、画法一致、图面清晰，符合施工、存档和生产维护要求，有利于提高设计效率、保证设计质量和适应通信工程建设的需要，要求依据以下国家及行业标准编制通信工程制图与图形符号标准。

GB/T 4728.1～13—2005　　　《电气通用图形符号》
GB/T 6988.1～7—2008　　　《电气制图》
GB/T 50104—2001　　　　　《建筑制图标准》
GB/T 7929—1995　　　　　《1∶500,1∶1000,1∶2000 地形图图式》
GB 7159—1987　　　　　　《电气技术中的文字符号制定通则》
GB 7356—1987　　　　　　《电气系统说明书用简图的编制》
YD/T 5015—1995　　　　　《电气工程制图与图形符号》

1.3.1　通信工程图纸的意义

通信工程制图应体现网络现状及设计方案，有效指导施工。

（1）体现网络现状。网络图要准确体现网络结构：拓扑结构正确，电路类型、接口数量等准确，外部网络连接情况准确。平面图与实际相符：机房图平面、尺寸、方位准确，设施位置、布局、朝向等与实际相符，设备型号、规格、数量正确，端口等资源情况准确。

（2）体现设计方案。正确描述系统网络、拓扑结构、节点设备和电路类型的变化，清晰说明增、拆、改情况，有效描述安装位置、线缆、路由、端口资源等的变化情况，各种图纸与系统原理图（网络拓扑图）相呼应。

（3）有效指导施工。设备安装方案合理可行：符合各种规范，具有可操作性；设备、线路可维护、易维护；清晰体现器材资源需求情况，施工方能准确备料、申请资源。充分的细节设计：提供必要的安装工艺要求、材料加工大样图；提供资源占用规则、端口分配规则示意图表；体现远期扩容局所规划；准确描述工程施工次序、割接方案等。

设计绘图之前应做好充分的准备工作，如网络现状资料、规划设计方案、设备产品资料、现场勘查资料等。设计图纸应包括设计、施工的分工界面，系统主体网络及配套网络（如网管、监控、同步等网络）现状、演化情况图，设备安装平面图，设备的通信端口资源分配图，各种施工示意图、零部件加工大样图等。

1.3.2 通信工程制图的总体要求

通信工程制图的总体要求如下。

(1) 根据表述对象的性质、论述的目的与内容,选取适宜的图纸及表达手段,以便完整地表述主题内容。当几种手段均可达到目的时,应采用简单的方式。例如,描述系统时,框图和电路图均能表达,则应选择框图;当单线表示法和多线表示法同时能明确表达时,宜使用单线表示法;当多种画法均可达到表达的目的时,图纸宜简不宜繁。

(2) 图面应布局合理、排列均匀、轮廓清晰、便于识别。

(3) 应选取合适的图线宽度,避免图中的线条过粗或过细。标准通信工程制图图形符号的线条除有意加粗者外,一般都是粗细统一的,一张图上要尽量统一。但是,不同大小的图纸(例如 A1 和 A4 图)可有不同,为了看图方便,大图的线条可以相对粗些。

(4) 正确使用国标和行标规定的图形符号。派生新的符号时,应符合国标图形符号的派生规律,并应在适当的地方加以说明。

(5) 在保证图面布局紧凑和使用方便的前提下,应选择合适的图纸幅面,使原图大小适中。

(6) 应准确地按规定标注各种必要的技术数据和注释,并按规定进行书写和打印。

(7) 工程设计图纸应按规定设置图衔,并按规定的责任范围签字。各种图纸应按规定顺序编号。

(8) 总平面图、机房平面布置图、移动通信基站天线位置及馈线走向图应设置指北针。

(9) 对于线路工程,设计图纸应按照从左到右的顺序制图,并设指北针;线路图纸分段按"起点至终点,分歧点至终点"的原则划分。

1.3.3 施工图设计阶段图纸内容及应达到的深度

1. 通信线路工程

通信线路工程施工图设计阶段图纸内容及应达到的深度如下。

(1) 批准初步设计线路路由总图。

(2) 长途通信线路敷设定位方案的说明,并附在比例为 1/2000 的测绘地形图上绘制线路位置图,标明施工要求,如埋深、保护段落及措施、必须注意的施工安全地段及措施等;地下无人站内设备安装及地面建筑的安装建筑施工图;光缆进城区的路由示意图和施工图以及进线室平面图、相关机房平面图。

(3) 线路穿越各种障碍点的施工要求及具体措施。每个较复杂的障碍点应单独绘制施工图。

(4) 水线敷设、岸滩工程、水线房等施工图及施工方法说明。水线敷设位置及埋深应有河床断面测量资料为根据。

(5) 通信管道、人孔、手孔、光(电)缆引上管等的具体定位位置及建筑形式,孔内有关设备的安装施工图及施工要求;管道、人孔、手孔结构及建筑施工采用定型图纸,非定型设计应附结构及建筑施工图;对于有其他地下管线或障碍物的地段,应绘制剖面设计图,标明其交点位置、埋深及管线外径等。

（6）长途线路的维护区段划分、巡房设置地点及施工图（巡房建筑施工图另由建筑设计单位编发）。

（7）本地线路工程还应包括配线区划分、配线光（电）缆线路路由及建筑方式、配线区设备配置地点位置设计图、杆路施工图、用户线路的割接设计和施工要求的说明。施工图应附中继、主干光缆和电缆、管道等的分布总图。

（8）枢纽工程或综合工程中有关设备安装工程进线室铁架安装图、电缆充气设备室平面布置图、进局光（电）缆及光（电）缆成端施工图。

2. 通信设备安装工程

通信设备安装工程施工图设计阶段图纸内容及应达到的深度如下。

（1）数字程控交换工程设计：应附市话中继方式图、市话网中继系统图、相关机房平面图。

（2）微波工程设计：应附全线路由图、频率极化配置图、通路组织图、天线高度示意图、监控系统图、各种站的系统图、天线位置示意图及站间断面图。

（3）干线线路各种数字复用设备、光设备安装工程设计：应附传输系统配置图、远期及近期通路组织图、局站通信系统图。

（4）移动通信工程设计包括以下两方面内容。

① 移动交换局设备安装工程设计：应附全网网络示意图、本业务区网络组织图、移动交换局中继方式图、网同步图。

② 基站设备安装工程设计：应附全网网络结构示意图、本业务区通信网络系统图、基站位置分布图、机房工艺要求图、基站机房设备平面布置图、天线安装及馈线走向示意图、基站机房走线架安装示意图、天线铁塔示意图、基站控制器等设备的配线端子图。

（5）寻呼通信设备安装工程设计：应附网络组织图、全网网络示意图、中继方式图、天线铁塔位置示意图。

（6）供热、空调、通风设计：应附供热、集中空调、通风系统图及平面图。

（7）电气设计及防雷接地系统设计：应附高、低压电供电系统图、变配电室设备平面布置图。

1.3.4　绘制通信施工图的具体要求及注意事项

所有施工图必须有图框和图衔，并根据要求在图衔中加注单位比例、设计阶段、日期、图名、图号等。

1. 绘制线路施工图的要求

（1）线路图中必须有指北针。

（2）线路图的设置单位是 m。

（3）如需要反映工程量，要在图纸中绘制工程量表。

（4）设计图纸应按照从左到右的顺序制图；线路图纸分段按"起点至终点，分歧点至终点"原则划分。

2. 绘制机房平面图的要求

(1) 建筑平面图、平面布置图以及走线架图单位为 mm。

(2) 图中必须有主设备尺寸以及主设备到墙的尺寸标注。

(3) 平面图中必须有指北针、图例、说明。

(4) 机房平面图中必须加设备配置表。

(5) 机房平面图中必须有出入口，如门。

(6) 机房如需馈孔，勿忘将馈孔加进图纸中。

(7) 平面图中必须标有"××层机房"字样。

3. 设计图纸中的常见问题

通信建设工程设计中一般包括以下几大部分：设计说明、概预算说明及表格、附表、图纸。当完成一项工程设计时，在绘制工程图方面，根据以往的经验，常见的显性问题如下。

(1) 图纸中缺少指北针。

(2) 平面图或设备走线图的图衔中缺少单位 mm。

(3) 图纸中出现尺寸标注字体不一或标注太小。

(4) 图纸图例或设备说明有多余的，但不影响图纸的阅读。

(5) 图衔中图号与整个工程编号不一致。

还有以下一些隐性问题，即在修改图纸时出现的问题。

(1) 图纸中所设置样式过多，且样式名称不能望文生义，不能体现其用途。

(2) 说明中文字没有应用多行文本输入，导致修改时文字对齐困难。

(3) 线条之间未做到真正的衔接，出现空隙或衔接过头现象。

(4) 图中表格为线条绘制，导致表中文字对齐困难。

(5) 图中颜色设置过于鲜亮，导致打印不够清晰。

应熟练掌握绘图基本要求，以便绘制出能够指导施工和进行横向交流的清晰、准确的设计图纸。

1.3.5　通信施工图制图的一般布局

在绘图时注意合理安排图纸版面，使之清晰简洁。在 A4 横向图纸中，主体的网络图、建筑平面等一般放置在图纸左侧或上方，辅助的表格、文字等放在右侧或下方，多个表格之间，应采取对齐操作，说明文字一般要与表格对齐，如图 1-4 所示。

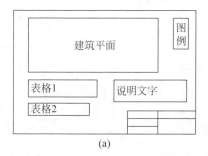
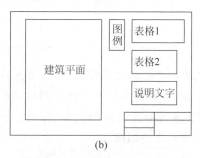

图 1-4　图纸版面布局举例

1.3.6　通信施工图制图工具

目前通信工程施工图仅要求二维图纸，使用的制图工具主要有 Autodesk 公司的 AutoCAD 软件、微软公司的 Visio 软件。Visio 软件与 AutoCAD 软件相比，没有命令行方式、较完善的样式及便利的图层操作，不利于绘制精确的图纸和图纸格式的统一化，主要用于简单的 WLAN 图纸设计。因为 AutoCAD 是一款通用的图形设计软件，缺乏通信工程方面专业的图例及后期的工程量统计工具，因此很多公司将 AutoCAD 产品与通信线路工程或通信设备工程等具体行业内容相结合，在其内部嵌入与行业、专业具体设计内容相关的专用图库，使绘制通信工程图纸的速度和效率得到了极大的提高。如广州中望龙腾软件股份有限公司开发的"中望 CAD 2009"、"中望 CAD 2010"、"中望 CAD 2012"；北京成捷迅应用软件技术有限公司开发的"通信机房设计绘图"、"通信线路设计绘图"及"智能建筑综合布线"等一系列专业软件；北京瑞地通信技术联合公司开发的"通信工程计算机辅助制图及统计软件 RDCAD 2008"。这些都是针对通信工程专业而开发的具有相应图库或工程量统计等功能的专业软件，且命令的实现方式基本与 CAD 相同。但 AutoCAD 作为基本的绘图工具，在通信工程图纸绘制中仍具有广泛的应用。

1.4　通信工程制图的统一规定

通信工程图纸是工程技术界的共同语言，因此要符合一定的规范，才能够进行技术交流，并指导生产。现将通信工程图纸的统一规定介绍如下。

1.4.1　图幅尺寸

（1）工程设计图纸幅面和图框大小应符合国家标准 GB 6988.2—2008《电气制图一般规则》的规定，一般采用 A0、A1、A2、A3、A4 及其加长的图纸幅面。图纸的幅面和图框尺寸应符合表 1-2 所示的规定。

表 1-2　图纸的幅面和图框尺寸　　　　　　　　　单位：mm

幅面代号	A0	A1	A2	A3	A4
图框尺寸($B \times L$)	841×1189	594×841	420×594	297×420	210×297
侧边框距 c	10			5	
装订侧边框距 a	25				

当上述幅面不能满足要求时，可按照 GB 4457.1—1984《机械制图图纸幅面及格式》的规定加大幅面，也可在不影响整体视图效果的情况下分割成若干张图绘制。

（2）根据表述对象的规模大小、复杂程度、所要表达的详细程度、有无图衔及注释的数量来选择较小的合适幅面。

1.4.2　图线形式及其应用

（1）线型分类及用途应符合表 1-3 所示的规定。

表 1-3　线型分类及用途表

图线名称	图线形式	一 般 用 途
实线	————————	基本线条：图纸主要内容用线，可见轮廓线
虚线	- - - - - -	辅助线条：屏蔽线、机械连接线、不可见轮廓线、计划扩展内容用线
点划线	—·——·——·—	图框线：表示分界线、结构图框线、功能图框线、分级图框线
双点划线	—··——··—	辅助图框线：表示更多的功能组合或从某种图框中区分不属于它的功能部件

（2）图线宽度一般从以下系列中选用：0.25mm、0.35mm、0.5mm、0.7mm、1.0mm、1.4mm。

（3）通常宜选用两种宽度的图线。粗线的宽度为细线宽度的两倍，主要图线采用粗线，次要图线采用细线。对于复杂的图纸也可采用粗、中、细 3 种线宽，线的宽度按 2 的倍数依次递增，但线宽种类不宜过多。

（4）使用图线绘图时，应使图形的比例和配线协调恰当，重点突出，主次分明。在同一张图纸上，按不同比例绘制的图样及同类图形的图线粗细应保持一致。

（5）应使用细实线作为最常用的线条。在以细实线为主的图纸上，粗实线应主要用于图纸的图框及需要突出的部分。指引线、尺寸标注线应使用细实线。

（6）当需要区分新安装的设备时，宜用粗线表示新建，细线表示原有设施，虚线表示规划预留部分。在改建的电信工程图纸上，需要表示拆除的设备及线路用"×"来标注。

（7）平行线之间的最小间距不宜小于粗线宽度的两倍，且不得小于 0.7mm。在使用线型及线宽表示图形用途有困难时，可用不同颜色区分。

1.4.3　图纸比例

（1）对于平面布置图、管道及光（电）缆线路图、设备加固图及零件加工图等图纸，应按比例绘制；方案示意图、系统图、原理图等可不按比例绘制，但应按工作顺序、线路走向、信息流向排列。

（2）对于平面布置图、线路图和区域规划性质的图纸，宜采用以下比例。

1∶10，1∶20，1∶50；

1∶100，1∶200，1∶500；

1∶1000，1∶2000，1∶5000；

1∶10000，1∶50000 等。

（3）对于设备加固图及零件加工图等图纸宜采用的比例为 1∶2、1∶4 等。

（4）应根据图纸表达的内容深度和选用的图幅，选择合适的比例，并在图纸上及图衔相应栏目处注明。

对于通信线路及管道类的图纸，为了更方便地表达周围环境情况，可采用沿线路方向按一种比例，而周围环境的横向距离宜采用另外的比例，或示意性绘制。

1.4.4　尺寸标注

（1）一个完整的尺寸标注应由尺寸数字、尺寸界线、尺寸线及其终端等组成。

（2）图中的尺寸数字，应注写在尺寸线的上方或左侧，也可注写在尺寸线的中断处，但同一张图样上注法应一致，具体标注应符合以下要求。

① 尺寸数字顺着尺寸线方向书写并符合视图方向，数字高度方向和尺寸线垂直，并不得被任何图线通过。当无法避免时，应将图线断开，在断开处填写数字。在不致引起误解时，对非水平方向的尺寸，其数字可水平地注写在尺寸线的中断处。角度的数字应注写成水平方向，且应注写在尺寸线的中断处。

② 尺寸数字的单位除标高、总平面图和管线长度以米（m）为单位外，其他尺寸均应以毫米（mm）为单位。按此原则标注尺寸可为不加单位的文字符号；若采用其他单位时，应在尺寸数字后加注计量单位的文字符号。

（3）尺寸界线应用细实线绘制，且宜由图形的轮廓线、轴线或对称中心线引出，也可利用轮廓线、轴线或对称中心线作为尺寸界线。尺寸界线应与尺寸线垂直。

（4）尺寸线的终端，可采用箭头或斜线两种形式，但同一张图中只能采用一种尺寸线终端形式，不得混用，具体标注应符合以下要求。

① 采用箭头形式时，两端应画出尺寸箭头，指到尺寸界线上，表示尺寸的起止。尺寸箭头宜采用实心箭头，箭头的大小应按可见轮廓线选定，且其大小在图中应保持一致。

② 采用斜线形式时，尺寸线与尺寸界线必须相互垂直。斜线应用细实线，且方向及长短应保持一致。斜线方向应采用以尺寸线为准，逆时针方向旋转45°，斜线长短约等于尺寸数字的高度。

（5）有关建筑用尺寸标注，可按 GB/T 50104—2001《建筑制图标准》的要求执行。

1.4.5　字体及写法

（1）图中书写的文字（包括汉字、字母、数字、代号等）均应字体工整、笔画清晰、排列整齐、间隔均匀，其书写位置应根据图面妥善安排，文字多时宜放在图的下面或右侧。

（2）文字内容从左向右横向书写，标点符号占一个汉字的位置。书写中文时，应采用国家正式颁布的简化汉字，字体宜采用长仿宋体。

（3）文字的字高，应从 3.5、5、7、10、14、20（单位为 mm）系列中选用。如需要书写更大的字，其高度应按 1∶2 的比值递增。图样及说明中的汉字，宜采用长仿宋字体，宽度与高度的关系宜符合表 1-4 所示的规定。大标题、图册封面、地形图等的汉字，也可书写成其他字体，但应易于辨认。

表 1-4 长仿宋字体字宽与字高的对应关系   单位：mm

字高	20	14	10	7	5	3.5
字宽	14	10	7	5	3.5	2.5

（4）图中的"技术要求"、"说明"或"注"等字样，应写在具体文字内容的左上方，并使用比文字内容大一号的字体书写。标题下均不画横线，具体内容多于一项时，应按下列顺序号排列。

1,2,3,…

(1),(2),(3),…

①,②,③,…

（5）图中所涉及数量的数字均应用阿拉伯数字表示，计量单位应使用国家颁布的法定计量单位。

1.4.6 图衔

通信工程勘察设计制图常用的图衔种类有通信工程勘察设计各专业常用图衔、机械零件设计图衔和机械装配设计图衔。图衔的位置应在图面的右下角，图衔应包括图名、图号、设计单位名称、单位主管、部门主管、总负责人、单项负责人、设计人、审校核人等内容。对于通信管道及线路工程图纸来说，当一张图不能完整画出时，可分为多张图纸进行，这时，第一张图纸使用标准图衔，其后序图纸使用简易图衔。

通信工程勘察设计常用标准图衔的规格要求如图 1-5(a)所示，简易图衔规格要求如图 1-5(b)所示，标注单位为 mm。

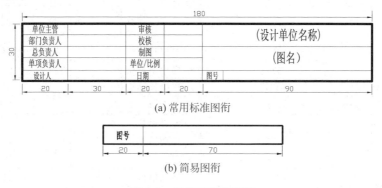

(a) 常用标准图衔

(b) 简易图衔

图 1-5 通信工程的图衔

1.4.7 图纸编号

图纸编号的编排应尽量简洁，设计阶段一般图纸编号的组成可分为 4 段，按图 1-6 所示的规则处理。

对于同计划号、同设计阶段、同专业而多册出版的图纸，为避免编号重复，可按图 1-7 所示的规则处理。

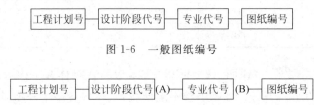

图 1-6　一般图纸编号

图 1-7　图纸编号组成

其中,工程计划号可使用上级下达、客户要求或自行编排的计划号;设计阶段代号应符合表 1-5 所示的规定;常用专业代号应符合表 1-6 所示的规定。

表 1-5　设计阶段代号

设计阶段	代号	设计阶段	代号	设计阶段	代号
可行性研究	Y	初步设计	C	技术设计	J
规划设计	G	方案设计	F	设计投标书	T
勘察报告	K	初设阶段的技术规范书	CJ	修改设计	在原代号后加 X
咨询	ZX	施工图设计一阶段设计	S		

表 1-6　常用专业代号

名　称	代号	名　称	代号
光缆线路	GL	无线发射设备	WF
海底光缆	HGL	无线接收设备	WS
光传输设备	GS	短波天线	TX
无线接入	WJ	人工长话交换	CHR
数据通信	SC	自动长话交换	CHZ
网管系统	WG	程控长市合一	CCS
卫星通信	WD	程控市话交换	CSJ
同步网	TBW	程控长话交换	CCJ
通信电源	DY	长途台	CT
长途明线线路	CXM	传真通信	CZ
长途电缆线路	CXD	自动转报	ZB
长途光缆线路	CXG	报房	BF
水底电缆	SL	会议电话	HD
水底光缆	SG	数字用户环路载波	SHZ
海底电缆	HL	中继线无人增音站	ZW
市话电缆线路	SXD	智能大楼	ZNL
市话光缆线路	SXG	计算机网络	JWL
微波载波	WZ	监控	JK
模拟微波	WBM	电缆线路	DL
数字载波	WBS	通信管道	GD
移动通信	YD	交换	JH

续表

名 称	代 号	名 称	代 号
计费系统	JF	房屋结构	FG
微波通信	WB	房屋给排水	FS
铁塔	TT	微波铁塔	WT
信令网	XLW	遥控线	YX
电源监控	DJK	卫星地球站	WD
长途电缆无人站	CLW	小卫星地球站	XWD
终端机	ZD	一点多址通信	DZ
载波电话	ZH	电源	DY
电缆载波	LZ	计算机软件	RJ
明线载波	MZ	数字数据网	SSW
数字终端	SZ	油机	YJ
脉码设备	MM	弱电系统	RD
光缆数字设备	GS	电气装置	FD
用户光纤网	YGQ	空调通风	FK
自动控制	ZK	暖气	FN
邮政机械	YJX	管道	GD
邮政电控	YDK	配电	PD
房屋建筑	FJ		

说明:

(1) 总说明附的总图和工艺图纸一律用 YZ,总说明中引用的单项设计的图纸编号不变,土建图纸一律用 FZ。

(2) 单项工程土建要求在专业代号后加 F。

(3) (A)用于大型工程中分省、分业务区编制时的区分标识,可以是数字 1、2、3 或拼音字母的字头等。

(4) (B)用于区分同一单项工程中不同的设计分册(如不同的站册),一般用数字(分册号)、站名拼音字头或相应汉字表示。

在上述所讲的国家通信行业制图标准对设计图纸的编号方法规定的基础上,一般每个设计单位都有自己内部的一套完整的规范,目的是为了进一步规范工程管理,配合项目管理系统实施,不断改进和完善设计图纸编号方法。以某设计院的图纸编号方法为例,通常具体规定如下。

1. 一般图纸编号原则

(1) 图纸编号=专业代号(2~3 位字母)+地区代号(2 位数字)+单册流水号(2 位数字)+图纸流水号(3 位数字)。例如,江苏联通南京地区传输设备安装工程初步设计中的网络现状图的编号为 GS0101-001。

(2) 通用图纸编号=专业代号(2 位字母)+TY+图纸流水号(3 位数字)。例如,江苏联通南京地区传输设备安装工程初步设计通用图纸编号为 GSTY-001。

(3) 图纸流水号由单项设计负责人确定。

2. 线路设计定型图纸编号原则

线路定型图编号按国家统一编号，如 RK-01，指小号直通人孔定型图；JKGL-DX-01，指架空光缆接头、预留及引上安装示意图。

3. 特殊情况图纸编号原则

若同一个图名对应多张图纸，可在图纸流水号后加（x/n），除第一张图纸外，后续图纸可以使用简易图衔，但图衔不得省略。"n"为该图名对应的图纸总张数，"x"为本图序号。如"××路光缆施工图"有 20 张图，则图号依次为"XL0101-001（1/20）～XL0101-001（20/20）"。这样编号便于审查和阅读。

4. 建筑设计图纸编号原则

（1）方案设计阶段如下。

① 建筑专业：建方—01，建方—02，以此类推。

② 结构专业：结方—01，结方—02，以此类推。

③ 电气专业：电方—01，电方—02，以此类推。

④ 给排水专业：水方—01，水方—02，以此类推。

⑤ 消防专业：气方—01，气方—02，以此类推。

⑥ 智能化专业：智方—01，智方—02，以此类推。

⑦ 空调专业：空方—01，空方—02，以此类推。

（2）可行性研究设计阶段：将方案设计阶段图号中的"方"改为"可"，其他不变。

（3）初步设计阶段：将方案设计阶段图号中的"方"改为"初"，其他不变。

（4）施工图设计阶段：将方案设计阶段图号中的"方"改为"施"，其他不变。

注：建筑专业配合通信专业做的工程，其设计图纸编号按一般图纸编号原则执行。

1.4.8 图例、注释、标注及技术数据

CAD 软件中虽包含了大量的图例，如门窗、树木、车等，但缺乏通信工程专用图例，如光交接箱、基站、人孔、手孔等，因此需要自行绘制，可将其做成临时块放到样板文件中，或做成永久块以方便使用。通信工程制图标准中没有关于图例的统一、明确的说明和规定，因此在使用前，一定要在图纸中给予说明。部分常用图例见附录 A。

当含义不便于用图示方法表达时，可以采用注释。当图中出现多个注释或大段说明性注释时，应当把注释按顺序放在边框附近。有些注释可以放在需要说明的对象附近；当注释不在需要说明的对象附近时，应使用指引线（细实线）指向说明对象。

标注和技术数据应该放在图形符号的旁边。当数据很少时，技术数据也可以放在矩形符号的框内（例如继电器的电阻值）；数据较多时可以用分式表示，也可以用表格形式列出。

当用分式表示时，可采用以下模式：

$$N\frac{A-B}{C-D}F$$

其中：N 为设备编号，一般靠前或靠上放；A、B、C、D 为不同的标注内容，可增可减；F 为敷设方式，一般靠后放。

当设计中需表示本工程前后有变化时，可采用斜杠方式：（原有数）/（设计数）。

当设计中需表示本工程前后有增加时，可采用加号方式：（原有数）＋（增加数）。

当设计中需表示本工程前后有减少时，可采用减号方式：（原有数）－（减少数）。

在对图纸标注时，其项目代号的使用应符合 GB/T 5094—1985《电气技术中的项目代号》的规定，文字符号的使用应符合 GB 7159—1987《电气技术中的文字符号制定通则》的规定。

在通信工程设计中，由于文件名称和图纸编号多已明确，在项目代号和文字标注方面可适当简化，推荐的处理方法如下。

（1）平面布置图中可主要使用位置代号或用顺序号加表格说明。

（2）系统框图中可使用图形符号或用框加文字符号来表示，必要时也可二者兼用。

（3）接线图应符合 GB/T 6988.3—1997《电气技术用文件编制 第 3 部分：接线图和接线表》的规定。

对安装方式的标注应符合表 1-7 所示的规定；对敷设部位的标注应符合表 1-8 所示的规定；常用标注方式应符合表 1-9 所示的规定。

表 1-7 安装方式的标注

序号	代号	安装方式	英文说明
1	W	壁装式	Wall mounted type
2	C	吸顶式	Ceiling mounted type
3	R	嵌入式	Recessed type
4	DS	管吊式	Conduit susp ension type

表 1-8 对敷设部位的标注

序号	代号	安装方式	英文说明
1	M	钢索敷设	Supported by messenger wire
2	AB	沿梁或跨梁敷设	Along or across beam
3	AC	沿柱或跨柱敷设	Along or across column
4	WS	沿墙面敷设	On wall surface
5	CE	沿天棚面、顶棚面敷设	Along ceiling or ceiling
6	SCE	吊顶内敷设	Along ceiling or ceiling
7	BC	暗敷设在梁内	Concealed in beam
8	CLC	暗敷设在柱内	Concealed in column
9	BW	墙内埋设	Burial in wall
10	F	地板或地板下敷设	In floor
11	CC	暗敷设在屋面或顶板内	In ceiling or slab

表 1-9   常用标注方式

序号	标 注 方 式	说　　明
01	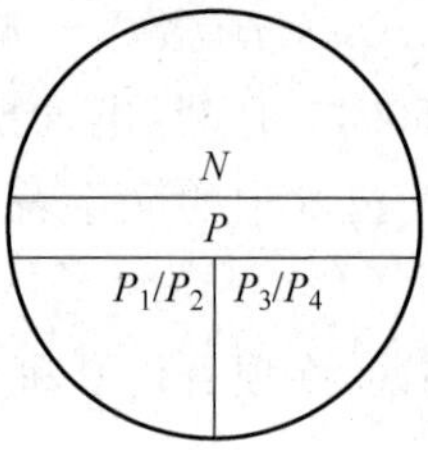	对直接配线区的标注方式。 注：图中的文字符号应以工程数据代替(下同)。 其中： N——主干电缆编号，例如，0101 表示 01 电缆上第一个直接配线区； P——主干电缆容量(初设为对数，施设为线序)； P_1——现有局号用户数； P_2——现有专线用户数，当有不需要局号的专线用户时，再用＋(对数)表示； P_3——设计局号用户数； P_4——设计专线用户数。
02	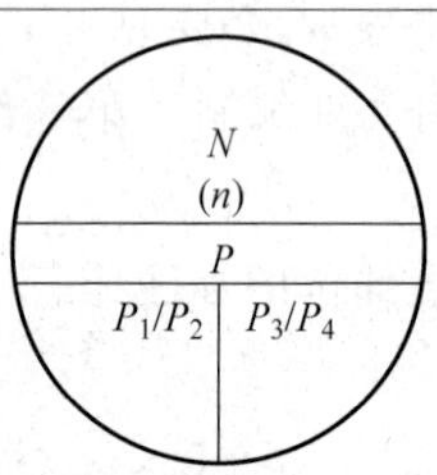	对交接配线区的标注方式。 其中： N——交接配线区编号，例如，J22001 表示 22 局第一个交接箱配线区； n——交接箱容量，例如，2400(对)； P、P_1、P_2、P_3、P_4——含义同 01 注。
03	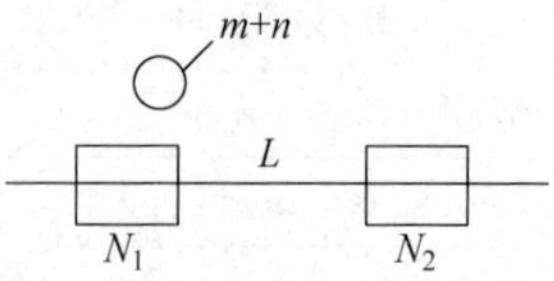	对管道扩容的标注。 其中： m——原有管孔数，可附加管孔材料符号； n——新增管孔数，可附加管孔材料符号； L——管道长度； N_1、N_2——人孔编号。
04		对市话电缆的标注。 其中： L——电缆长度；　H^*——电缆型号； P_n——电缆百对数；d——电缆芯线线径。
05	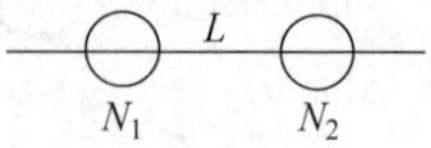	对架空杆路的标注。 其中： L——杆路长度； N_1、N_2——起止电杆的编号(可加注杆材类别的代号)。
06	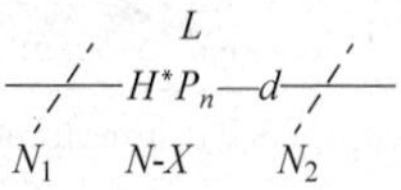	对管道电缆的简化标注。 其中： L——电缆长度； H^*——电缆型号； P_n——电缆百对数； d——电缆芯线线径； X——线序； 斜向虚线——人孔的简化画法； N_1、N_2——表示起止人孔号； N——主干电缆编号。

续表

序号	标 注 方 式	说　明
07	$\dfrac{N\text{-}B}{C}\Big\vert\dfrac{d}{D}$	分线盒的标注方式。 其中： N——编号；B——容量； C——线序；d——现有用户数； D——设计用户数。
08	$\dfrac{N\text{-}B}{C}\Big\Vert\dfrac{d}{D}$	分线箱标注方式。 注：字母含义同 07。
09	$\dfrac{WN\text{-}B}{C}\Big\Vert\dfrac{d}{D}$	壁龛式分线箱标注方式。 注：字母含义同 07。

说明：以上规定供工程制图重点参考。但在实际工程图纸的绘制中，有些文字的高度会用 2.5mm，文字的"宽度因子"设为 0.8，而不是按表 1-4 计算得到的 0.7。在编写说明时，"说明"、"备注"等文字大小与具体内容的文字大小一致，并多数会在"图名"及"说明"等下面加下划线。图纸编号依据各公司说明进行编号。

1.5　完成任务——解读通信工程图纸

专业人员通过图纸了解工程规模、工程内容、统计工程量、编制工程概预算文件。因此正确阅读图纸很重要。首先对图纸进行整体观察，了解它的设计意图及布局是否合理；然后仔细阅读图纸看是否符合线路图、机房平面图的绘图要求及注意事项，看是否能够直接指导施工。

1.5.1　解读通信设备工程图纸

按照上述方法详细解读图 1-1 所示的某移动通信基站设备平面布局图纸。

（1）对图纸进行整体观察，了解它的设计意图及布局是否合理。查看本设计图为新建基站机房，无线专业施工设计图。设计图纸有设备平面布置、图例、说明、配置表及指北针，要素基本齐全，布局合理。同时，新增、预留和其他配套专业设备以及设备正反面表示清晰，主题突出。

（2）细读图纸，看是否能直接指导施工。

① 看设备是否定位。此次施工新增了 3 个无线机架，1 个整流架、2 组蓄电池及配线盒等附属设备，主要设备的长、宽以及间距（含彼此间距、墙间间距等）均已标出，附属设备虽未在图中标注，但在说明中（第 7、8 条）已明确说明，即本设计中的设备定位明确。

② 看设备摆放是否合理。蓄电池紧扣墙壁放置，其重量已在表格中列出，但是否满足机房承重，需核实。预留空位（图中虚线框）靠近馈窗，有利于缩短传输线缆，降低建设成本。

③ 门窗是否符合移动基站建设要求。整个机房没有窗户，由空调调节温度、湿度，符合要求。门的净空要便于设备进出，是否符合要求，需核实。

④ 接地设计是否合理。本设计中，室内设置了总地线排和小地线排，其中小地线排主

要是为了方便无线设备接地,总地线排靠近交流配电箱,设计合理。

⑤ 馈窗是否定位。本次设计中在南墙角开了一个馈窗,但大小及高度和间距没有定位,需进一步明确,否则会导致无法施工。

⑥ 空调、照明开关等辅助设施应在具体施工前完成,在本设计图中无须定位。

⑦ 仔细阅读本设计,会发现,设备重量、占地面积表中的2、5、6、7并未在本设计中使用。8(传输设备)属传输专业施工范围。但列出这几项,并不影响对本设计图纸的阅读。

以上仅仅说明了机房内部设备的位置关系,想要指导设备安装工程的施工,不同的单项工程需要相应的图纸配合,如传输设备安装工程还需要有系统框图、路由及导线计划表、设备图(说明设备配置及端口分配情况),见附录C中的"一、某破环加点传射设备安装工程图";基站设备安装工程还需要有机房走线架图、路由及导线计划表、天馈系统图,见附录C中"二、某TD基站设备安装工程图纸"。

1.5.2　解读通信线路工程图纸

(1) 对图纸进行整体观察,了解它的设计意图及布局是否合理。首先,图1-1的布局不够合理,主图应位于图纸的左侧,且表格没有对齐。但图中有指北针、图例、说明及工程量表,且具有小图说明管道占用情况及墙壁光缆的示意图,主要参照物——道路及建筑物齐全,标注了距离数据、有光缆型号说明,所以主题突出。为后续编制施工图预算及指导施工创造了条件,提供了详细的资料。

(2) 细读图纸,看是否直接指导施工。初次解读线路图纸,应注意看清楚图中的图形符号,并结合说明及表格了解光缆的型号及敷设长度等情况。从基站开始看图:24芯B1型光缆从基站出来后经沿墙壁做PVC管保护,引下至一楼做钉固,走吊线横穿街道共50m,然后引下至建行01♯号双页手井,此后经过江湾03♯双页手井和江湾02♯双页手井到达江湾01♯双页手井,经人孔井至江湾二路光交接箱,共179m(10+32+56+79+2)。因此本工程共敷设管道光缆179m,墙壁光缆50m并做PVC管保护,施工测量了229m(179+50),与图中工程量表相符。且所有人孔和手孔均为利旧,各手孔井管孔占用情况见左上角图解说明。

这仅仅是光缆线路工程中的一张图纸,并不能够全面、准确地指导施工。此外,还需要有光缆配盘表指明光缆的配盘情况(之所以是470m而不是229m,是因为在手井、人井及机房内部等处需要盘留,且光缆有一定的自然弯曲度和损耗等),机房平面图指明光缆进入机房的方式,且还需要有线路两端的传输设备及光交接箱的光缆成端图指明纤芯成端情况,具体可见附录C中的"三、某基站至光缆交接箱光缆线路新建工程图纸"。

大体了解了线路之后,结合注释、说明及工程量表及图例,再次仔细阅读。P_1杆至P_3杆为利旧(电杆圆圈是细实线),拐角处拉线P_3为利旧(细条线表示),P_1处拉线为新增。

此外,此图纸在说明中应注明,光缆进入机房前应留滴水弯。且注释中的引上、引下钢管应注明上管口要封堵。

由以上两个具体实例可以看出,一个设计图纸是否合理,最关键是要看它能否直接指导实际施工,这也是设计的根本目的,如果它设计不到位,无法指导施工,那么设计就是不成功的,这也是判断一个设计是否可行的关键所在。

1.6 任务单

任务名称	解读某移动通信机房平面图
要求	正确解读图 1-8 所示的某移动通信机房平面图,并为不当之处提出改正意见
步骤	
图纸解读	
改正意见	

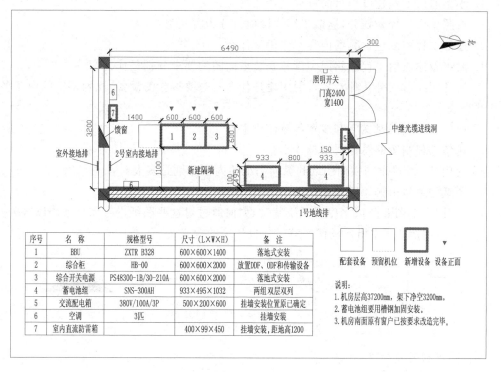

图 1-8 某移动通信机房平面图

任务小结

大中型和限额以上的建设项目建设过程要经过项目建议书、可行性研究、初步设计、年度计划安排、施工准备、施工图设计、施工招投标、开工报告、施工、初步验收、试运转、竣工验收、交付使用等环节。简单的小型通信工程仅包括"施工图设计—施工—验收—运行维护"

4 个阶段。

通信工程按单项工程来区分,分为通信线路工程、通信管道工程和通信设备安装工程。

通信工程图纸由图形符号、文字符号、文字说明及标注组成,是指导施工的主要依据,并且要按照通信工程制图的统一规定绘制标准设计图,图纸布局、内容及深度等要符合相应要求。

阅读通信工程图纸时,首先对图纸进行整体观察,了解它的设计意图及布局是否合理;然后仔细阅读图纸看是否符合线路图、机房平面图的绘图要求及注意事项,看是否能够直接指导施工。

自测习题

1. 小型通信工程建设项目的过程是什么?

2. 按照单项工程来划分,通信工程建设项目分为哪几类?

3. 通信工程图纸包含哪些内容? 作用是什么?

4. 简单叙述通信工程线路图和设备安装平面图的要求分别是什么?

5. 通常图线形式分几种? 各自的用途是什么? 对要拆除的设备、规划预留的设备各用什么线型表示?

6. 通信工程制图对文字和线宽各有何要求?

7. 通信工程制图的总体要求是什么?

8. 使用 A4 纸输出的横向图纸和纵向图纸的内框分别是多大?

9. 图纸的编号由哪 4 段组成?

10. 若同一个图要分成多张图纸绘制时,如何通过对这些图纸进行编号来加以区分?

11. 请说明图 1-9 中所示的图形符号各自代表的含义。

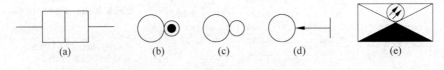

(a)   (b)   (c)   (d)   (e)

图 1-9 一些常用的图形符号

12. 图纸编号及含义。

(1) 根据图纸编号原则对下列图纸进行编号。

① 江苏电信南通地区长途光缆线路工程施工图设计第 1 册第 5 张。

② 通信管道施工图一阶段设计第 2 张图纸。

(2) 说出下面图纸编号的含义。

① SSW0103-005。

② SXGTY-005:市话光缆线路 005 号图纸。

③ FJ0101-001(1/15)。

(3) 说明图 1-10 中所示标注的含义。

(4) 根据已知条件,对下面线路及设备进行标注。

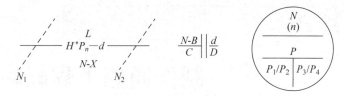

图 1-10　几种常见的标注

① 现直埋敷设 50m HYA 型市话通信电缆,容量为 100 对,线径为 0.5mm,试对该段市话电缆进行标注。

② 在 10 号和 11 号电线杆间架设 GYTA 型 16 芯通信光缆,长度为 50m,试对该段架空光缆线路进行标注。

③ 编号为 125 的电缆进入第 5 号壁龛式分线箱,分线箱容量为 50 回线,线序为 1~50,试对其分线箱进行标注。

④ 在 01 号和 02 号人孔间对 HYAT 型市内通信全塑电缆进行管道敷设,敷设长度为 100m,电缆线径为 0.5mm,容量为 100 对,试对该段管道电缆进行标注。

13. 判断题。

(1) 图纸中的尺寸数字,一般应注写在尺寸线的上方、左侧或者是尺寸线上。　　(　　)

(2) 在工程图纸上,为了区分开原有设备与新增设备,可以用粗线表示原有设备,细线表示新建设备。　　(　　)

(3) 图纸中如有"技术要求"、"说明"或"注"等字样,应写在具体文字内容的左上方,并使用比文字内容大一号的字体书写。　　(　　)

14. 选择题。

(1) 下面图纸中无比例要求的是(　　　)。
　　A. 建筑平面图　　　　　　　　　B. 系统框图
　　C. 设备加固图　　　　　　　　　D. 平面布置图

(2) 用于表示可行性研究阶段的设计代号是(　　　)。
　　A. Y　　　　　　　B. K　　　　　　　C. G　　　　　　　D. J

(3) 长途光缆线路的专业代号为(　　　)。
　　A. SG　　　　　　B. CXG　　　　　　C. GS　　　　　　D. SXD

(4) 下面图线宽度不是国标所规定的是(　　　)。
　　A. 0.25mm　　　　B. 0.7mm　　　　　C. 1.0mm　　　　　D. 1.5mm

任务 2

制作通信工程样板文件

几乎所有的通信设计院及通信工程公司都会根据通信工程制图标准及公司的内部标准制作一个或几个样板,供后续绘图使用,提高绘图效率并达到标准化的目的。这些样板中包括了图衔、文字样式、表格样式、图例等。本任务中的样板文件将在后续任务中添加多重引线样式、标注样式等,不断完善。

2.1 提出任务

任务目标:会制作简单的通信工程样板文件。

任务要求:

(1) 在 D 盘建立文件夹"CAD",制作如图 2-1 所示的含有 A3 横向图框及图衔的样板文件,将其保存在此文件夹,并命名为"通信工程.dwt",将"CAD"设置为样板文件的默认保存位置。

(2) 在设置绘图环境。绘图单位为 mm,方向为逆时针,精度为 3 位小数;加载线型为虚线(ACAD_ISO02W100)、点划线(ACAD_ISO10W100)、双点划线(ACAD_ISO12W100)。

(3) 在图 2-1(a)中的 A3 横向图框中,图框的外框为 420×297,细实线,内框线为 390×287,边框宽度为 0.5mm。

(4) 建立文字样式为"标准仿宋",字体为仿宋,高为 2.5mm,宽为 1.75mm;"高仿宋",高为 5mm,宽为 3.5mm。

(5) 建立表格样式为"图衔",内框线宽为 0.25mm,外框线宽为 0.5mm;文字样式为"标准仿宋",对齐为"正中"。

(6) 在图 2-1(b)中"图衔"表格使用表格样式"图衔"建立,其单元格大小及文字内容如图 2-1(b)所示,尺寸标注的长度单位是 mm,表中文字"(设计单位名称)"、"(图名)"使用文字样式为"高仿宋",其他文字使用文字样式为"标准仿宋"。

任务分析:运用 AutoCAD 2008 完成此任务。首先,需要熟悉软件的用户界面及绘图环境设置。另外,为了格式的统一,在 AutoCAD 中所有的文字及表格在使用之前需要设置样式。其次,在绘制图框过程中会碰到定位问题,此时最好的办法是使用临时追踪点。因此本任务包括以下分任务。

(1) 认识通信工程图纸制作工具——AutoCAD 2008。

(2) 设置绘图环境。

(3) 设置文字和表格样式。

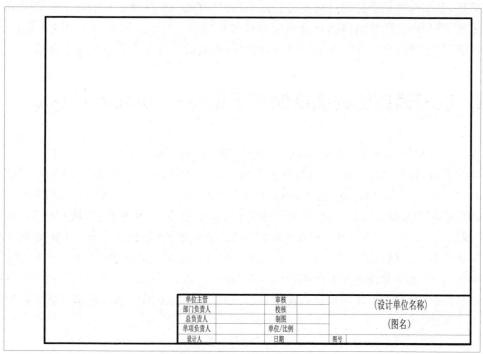

单位主管		审核		(设计单位名称)	
部门负责人		校核			
总负责人		制图		(图名)	
单项负责人		单位/比例			
设计人		日期		图号	

(a) A3横向图框

180

30

单位主管		审核		(设计单位名称)	
部门负责人		校核			
总负责人		制图		(图名)	
单项负责人		单位/比例			
设计人		日期		图号	

20　　30　　20　　20　10　　80

(b) 标准图衔

图 2-1　样板文件图

（4）绘制图框及图衔。

（5）制作样板文件。

本任务的技能要求：

（1）掌握 AutoCAD 2008 的学习方法和绘图原则。

（2）熟练掌握 AutoCAD 2008 图形文件操作：打开、保存、关闭等。

（3）熟练掌握 AutoCAD 基础操作：选择、复制、移动等。

（4）会熟练设置 AutoCAD 绘图环境：绘图单位、窗口颜色、线型、线宽、颜色等。

（5）会熟练设置文字和表格样式。

（6）掌握 CAD 基本绘图命令的调用方法。

（7）掌握 CAD 基本的绘图及修改命令：绘制矩形、插入表格、设置临时追踪点、移动及特性面板的使用。

（8）了解字段的制作与使用。

（9）熟悉工作空间的定义与使用。

此外,在制作样板文件的过程中可能还会用到"移动"和"特性面板",在 2.6 节中给予介绍。另外,图衔中日期等内容的自动更新可以使用字段来实现;同时为了方便工具的使用及绘图操作,也可以自定义工作空间,这些内容作为技能提升在 2.7 节中给予介绍。

2.2 认知通信工程图纸制作工具——AutoCAD 2008

AutoCAD(Computer Aided Design)是由美国 Autodesk 公司开发制作。1982 年 12 月推出 AutoCAD 软件的第 1 版,后续又推出了 R12、R13、R14、AutoCAD 2000、AutoCAD 2006、AutoCAD 2007、AutoCAD 2008、AutoCAD 2010、AutoCAD 2013。AutoCAD 因为具有强大的图形绘制和数据运算能力,因此应用很广泛,如土木建筑、装饰装潢、城市规划、电子电路、机械设计、航空航天等。AutoCAD 2008 支持 32 位和 64 位操作系统,需根据系统的不同安装相应版本。虽然已经有 AutoCAD 2010 和 AutoCAD 2013,但 CAD 2008 已能满足平面制图需要,且所需内存相对较小,与 CAD 2007 相比,CAD 2008 多了注释性,有利于比例图纸的绘制,且对线型比例设置有比较好的支持。因此,本书以 AutoCAD 2008 为例讲解通信工程制图。

2.2.1 AutoCAD 2008 的特点及学习方法

1. AutoCAD 2008 的特点

(1)具有完善的图形绘制及编辑功能。除了提供直线、圆、矩形等基本绘图功能,还提供了样条曲线、构造线等;在图形编辑方面,在删除、复制等基本操作外还提供了阵列、拉伸、打断、倒角等功能,这些功能方便了复杂施工图的绘制。

(2)完善的尺寸标注和文字输入功能。如角度、半径、直径、公差等,可自动生成,且随图形尺寸而改变。

(3)具有数据和信息查询功能。能够快速获得图形的几何信息,如面积、体积及实体图形的质量特征等。

(4)提供了多种二次开发接口,如 VBA、Activex、Visual LISP 等。这极有利于 AutoCAD 为各专业扩充专业构件。

(5)强大的三维功能,能够通过设置平面图的标高和厚度将其转换为三维图形,且具有图形渲染功能。

2. 学习 AutoCAD 的一般方法

AutoCAD 是一套功能强大的绘图软件包,内容丰富。本书主要讲解 AutoCAD 用于通信工程的二维图纸绘制方法与技巧,包括基本的平面图绘制、修改、尺寸标注、图层设置、布局打印等内容。面对如此多的学习内容,需要掌握一定的学习方法,从而提高学习效率。

(1)循序渐进,真正理解绘图工具、命令及应用。

(2)扎实认真,形成严谨的制图态度,严格按照专业制图标准及施工要求绘制图纸。并养成良好的作图习惯,一定要充分利用样式、图层,并遵循制图标准。

(3)熟能生巧,才能事半功倍。

（4）明确学习目标，学以致用，增强学习动力和兴趣。

（5）触类旁通，AutoCAD 在使用方式和设置上可以通过对比 Office 办公软件来学习。

3. AutoCAD 绘图的一般原则

（1）清晰、准确。好的图纸，看上去一目了然，能够清晰地表达设计思路和设计内容，能够指导通信工程施工及进行横向交流。

（2）高效。左手键盘、右手鼠标。绘图命令及编辑命令运用得当，有利于后续图纸的增添与修改。

（3）充分利用模板、样式及图层，并根据制图标准，绘制标准化图形。

4. AutoCAD 的安装

如今的一般计算机都能够满足 CAD 的安装需求，但随着版本的提升，配置低的计算机可能会降低运行速度。另外，AutoCAD 2008 分 64 位和 32 位两个版本，不同的计算机需使用不同的版本安装。

2.2.2 AutoCAD 2008 的用户界面

启动 AutoCAD 2008 有两种方法，选择"开始"→"程序"→Autodesk→AutoCAD 2008 命令或双击桌面上的 AutoCAD 2008 程序图标 。经常使用后可直接在"开始"菜单的常用程序中找到，并通过向右箭头选择最近打开过的图形文件。

AutoCAD 2008 默认打开的是"二维草图与注释"工作空间，其工作窗口由标题栏、菜单栏、工具栏（包括浮动面板）、绘图区、命令行、状态栏、工具选项板等组成，如图 2-2 所示。

1. 标题栏

标题栏位于工作界面的最上方，用来显示 AutoCAD 2008 的程序图标以及当前正在运行文件的名称等信息。如果是 AutoCAD 默认的图形文件，其名称为 DrawingN. dwg（其中 N 是数字）。单击位于标题栏右侧的按钮 ，可分别实现窗口的最小化、还原（或最大化）以及关闭 AutoCAD 2008 等操作。单击标题栏最左边 AutoCAD 2008 的小图标 ，会弹出一个 AutoCAD 2008 窗口控制下拉菜单，利用该下拉菜单中的命令，也可以进行最小化或最大化窗口、恢复窗口、移动窗口或关闭 AutoCAD 2008 等操作。

2. 菜单栏与快捷菜单

AutoCAD 2008 的菜单栏有"文件"、"编辑"、"视图"、"插入"、"格式"、"工具"、"绘图"、"标注"、"修改"、"窗口"和"帮助"11 个选项。使用 Alt＋快捷键可打开各下拉菜单，如按 Alt＋E 快捷键打开编辑下拉菜单。这些菜单包括了 AutoCAD 2008 几乎全部的功能和命令，单击其中任意一个选项，就会出现下拉菜单，如果下拉菜单中出现向右的三角，说明此菜单还有下一级菜单；如果下拉菜单中出现"…"，单击此菜单会出现对话框；除以上两种情况，单击可直接执行该命令；若命令呈现灰色，表示该命令在当前状态下不可使用。如图 2-3（a）所示为"绘图"下拉菜单，如图 2-3（b）所示为"修改"下拉菜单，如图 2-3（c）所示为"格式"下拉菜单。

其中，当打开多个 CAD 文件时，可通过单击菜单栏中的"窗口"选项在弹出的列表中找

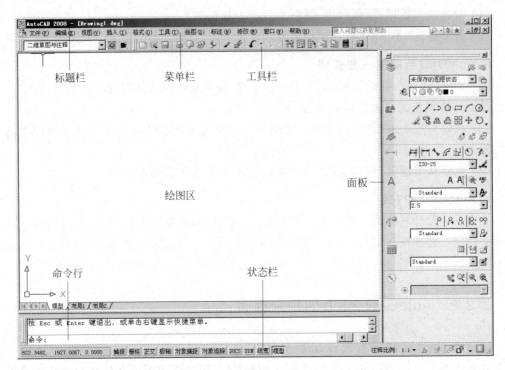

图 2-2　AutoCAD 2008 的工作窗口

到要查看或编辑的图形文件。若打开的文件过多,下拉列表的最下方会出现"其他窗口",单击之,会出现所有文件的列表窗口供选择。

3. 工具栏

工具栏是 AutoCAD 2008 提供的一种调用命令的最直观的方法,系统共提供了 37 个按命令分类的工具栏,一般情况下菜单栏下只出现"工作空间"和"标准注释"两个工具栏。分别悬停于相应的图标上可得到它的说明。若需要,用户可以通过在工具栏上右击,在弹出的快捷菜单中选择 ACAD 命令,此时系统将弹出如图 2-4(a)所示的快捷菜单,通过在其前方打"√"可使其处于显示状态。常用的"绘图"、"修改"及"标注"工具栏如图 2-4 所示,熟悉这些工具栏有利于后续命令及工具按钮的查找和使用。

根据工具栏的显示方式,AutoCAD 的工具栏分为固定工具栏、浮动工具栏和弹出式工具栏。固定工具栏可将工具栏锁定在绘图区的四周;浮动工具栏可在绘图区自由移动,可利用鼠标自由拖动或调节其形状。当浮动工具栏拖动位置超出绘图区一定距离,将会被吸附变为固定工具栏,用户也可用鼠标将固定工具栏拖动成为浮动工具栏。

4. 面板

默认界面中,控制台面板位于 AutoCAD 2008 的右边,如图 2-5 所示,如果没有,可通过选择"工具"→"选项"→"面板"命令调出面板。控制面板包含图层、二维绘图、文字、标注、引线、表格等,它是各工具栏中的常用命令和控件的集中显示,使用户无须显示多个工具栏,使用单个界面来加快和简化工作。用户也可通过在"面板"上右击,在弹出的快捷菜单中选择"控制台"命令。

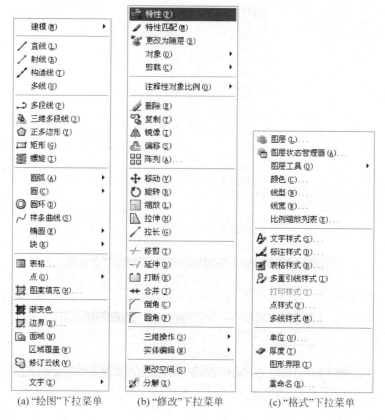

(a)"绘图"下拉菜单　　(b)"修改"下拉菜单　　(c)"格式"下拉菜单

图 2-3　下拉菜单举例

5. 绘图区

绘图区是用户进行绘图和显示图形的区域,类似于手工绘图时的图纸。当鼠标指针位于绘图区时,会变成十字光标,主要用来定位和选择对象。绘图时指针样式不是固定的,当光标悬浮于图形的某些特征点时,可能会呈现橙色小方框或三角形。

绘图窗口的下方有"模型"和"布局"选项卡,默认情况下"模型"空间处于选中状态,"模型"空间相当于一个无限大的图纸,主要用来绘图;而"布局"空间(有时也称图纸空间)主要用来打印输出。模型空间的内容可能很复杂、庞大,在一张图纸不足以表现所有内容的情况下,可能会用很多的图纸(布局)来表现模型空间所描绘的内容。

6. 命令窗口

命令窗口位于整个窗口的下方,如图 2-6 所示,主要用来输入 AutoCAD 的命令、显示命令提示及其他相关信息。可通过按 Ctrl+9 快捷键或选择"工具"→"命令行"命令来隐藏与显示。命令窗口中含有 AutoCAD 启动后所用过的全部命令及提示信息,可通过拖动其上边界改变其窗口的大小,或通过按 F2 键将命令窗口以单独的"AutoCAD 文本窗口"形式打开。命令行及命令窗口是用户和 AutoCAD 进行对话的窗口,对于初学者来说,应特别注意这个窗口。因为在此会显示用户输入命令后的所有提示信息,如命令的当前设置、选项、错误信息及下一步操作的提示信息等。

说明:输入命令时可以直接输入,不必一定要回到命令窗口,但直接复制的命令除外。

(a) 工具栏右键ACAD快捷菜单

(b) "绘图" 工具栏

(c) "修改" 工具栏

(d) "标注" 工具栏

图 2-4　工具栏

如无论鼠标指针处于绘图区还是命令窗口都可以输入矩形命令 RECTANG，但若此命令是通过按快捷键 Ctrl＋V 粘贴过来的，则必须将鼠标指针置于命令窗口。

7. 状态栏

状态栏位于 AutoCAD 2008 的最下部，它显示用户的工作状态或辅助绘图工具的相关信息，如图 2-7 所示。状态栏左边显示了当前十字光标所在位置的三维坐标，状态栏中部是一些按钮，表示绘图时是否启用正交模式、栅格捕捉、栅格显示等功能。单击"捕捉"等绘图辅助工具中的按钮，可将其打开或关闭（凹下去为打开），右击可对其进行设置。状态栏的最右边的小三角形是状态栏菜单按钮，单击它可以打开菜单，选择是否显示各个按钮，同时该菜单也给出了各个启动或关闭按钮所对应的功能键。

8. 工具选项板

在工具选项板中汇聚有常用的"绘图"、"修改"、"表格"及"图例"等工具。调出工具选项板的步骤为：选择"工具"→"选项板"→"工具选项板"命令或按 Ctrl＋3 快捷键。

单击左下角层叠处，会弹出图 2-8 中的左侧列表，可以从中选择所需要的工具项进行显示。例如"建筑"，结果如图 2-8 中的右侧图所示，光标悬停在某图例上方会显示其说明，单击即可执行该命令。

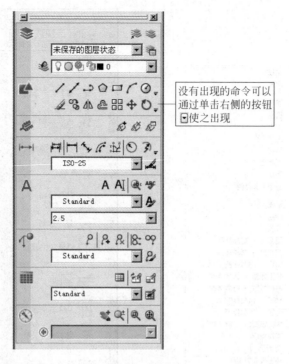

没有出现的命令可以通过单击右侧的按钮使之出现

图 2-5　面板

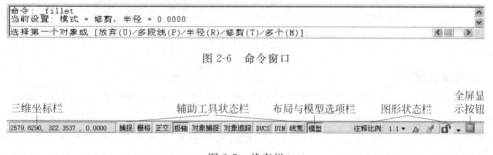

图 2-6　命令窗口

三维坐标栏　　　　　辅助工具状态栏　　布局与模型选项栏　　　图形状态栏　　　全屏显示按钮

2679.8290, 322.3537, 0.0000　捕捉 栅格 正交 极轴 对象捕捉 对象追踪 DUCS DYN 线宽 模型　　注释比例: 1:1 ▾

图 2-7　状态栏

2.2.3　AutoCAD 2008 图形文件操作

AutoCAD 2008 的文件操作与 Word 基本相同,但多了一个命令方式。通信工程制图中经常用到的 AutoCAD 文件有:图形文件(＊.dwg)、样板文件(＊.dwt)、图形文件的压缩文件(＊.dwf)。其中,样板文件是相关样式的集合,在绘制标准图纸前需要创建相应的样板文件。DWF 格式文件高度压缩,因此比设计文件更小,传递起来更加快速,但不可修改,此格式文件需要将绘制好的图形文件打开后使用绘图仪 DWF6 ePlot.pc3 将其转换为 DWF 格式文件,且需要 Autodesk DWF Viewer 阅读器打开。除此,图形文件(＊.dwg)还可以通过最终的打印转换成 PDF、JPG 和 PNG 格式文件,具体设置将在后面的任务 7 中的页面设置与打印中介绍。

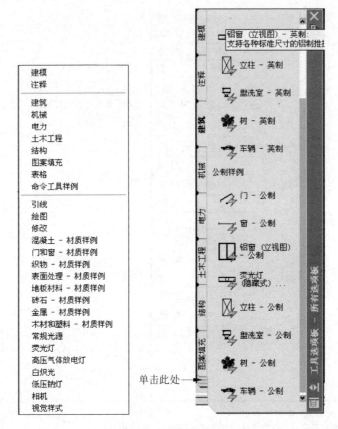

图 2-8　工具选项板

1. 创建新图形

在启动 AutoCAD 2008 时，系统会自动创建一个名为 Drawing1.dwg 的文件，用户可在此基础上进行各项设置以达到自己的要求。如果用户需要自己创建新的图形文件，可采用"新建"命令（new）。一般来讲 AutoCAD 2008 的命令都有 3 种方式：从菜单中选取菜单项、从工具栏中单击图标、从键盘输入命令字符串，且一般的常用命令可以使用快捷键或别名（命令全称的前一个或几个字母），绘图、修改等操作也可从单击面板中相应图标。新建图形文件的操作文件具体如下。

（1）下拉菜单："菜单"→"新建"。

（2）工具栏图标：□。

（3）命令行：new↙（↙表示回车）。

（4）快捷键：Ctrl＋N。

执行"新建"命令后，将弹出如图 2-9 所示的"选择样板"对话框。用户可以选择系统提供的样本文件（扩展名为.dwt）来创建图形，选中样板后单击"打开"按钮即可，其中 acad.dwt 和 acadiso.dwt 为全空的 AutoCAD 图形样板文件。也可以按照不同的单位制式从空白文档开始创建，单击"打开"按钮右边的小三角按钮，选择相应选项即可。

2. 打开已有图形

打开已有的 AutoCAD 图形文件，有 4 种方法。

图 2-9　"选择样板"对话框

（1）下拉菜单："文件"→"打开"。

（2）工具栏图标：▩。

（3）命令行：open↙。

（4）快捷键：Ctrl＋O。

如图 2-10 所示，在弹出的"选择文件"对话框中，可以选择一个或通过 Shift(Ctrl)键选择多个文件，并且可通过单击"打开"按钮右侧的小三角，选择打开方式。

图 2-10　"选择文件"对话框

对于最近使用过的文件也可以通过单击菜单栏中的"文件"来选择,默认将显示最近编辑的 9 个文件。

当然,直接双击也可以打开图形文件 *.dwg,但直接双击 *.dwt 时打开的是由此样本创建的图形文件 Drawing *.dwg。

3. 保存和关闭图形文件

(1) 保存

① 下拉菜单:"文件"→"保存"。

② 工具栏图标: 💾。

③ 命令行: qsave✓。

④ 快捷键: Ctrl+S。

在保存文件时,可以通过"文件类型"下拉列表选择保存的类型和版本,如图 2-11 所示。AutoCAD 2008 在保存时最高版本为 AutoCAD 2007。通过选择文件版本,使高版本 CAD 程序创建的文件可以被低版本 CAD 程序打开。例如,要想使用 AutoCAD 2008 创建的图形文件能够被 AutoCAD 2004 打开,需要选择"AutoCAD 2004/LT2004 图形(*.dwg)"选项。

图 2-11　"图形另存为"对话框

(2) 另存

① 下拉菜单:"文件"→"另存为",弹出"图形另存为"对话框。

② 命令行: saveas 或 save✓。

③ 快捷键：Ctrl＋Shift＋S。

（3）关闭图形文件

① 下拉菜单："文件"→"关闭"。

② 菜单栏右侧的关闭按钮：![X]。

③ 命令行：close↙。

④ 快捷键：Ctrl＋F4。

（4）关闭 AutoCAD 程序

① 下拉菜单："文件"→"退出"。

② 程序窗口右上角的关闭按钮：![X]。

③ 命令行：quit↙或 exit↙。

④ 快捷键：Ctrl＋Q。

注意：AutoCAD 的命令行方式不区分大小写。

2.2.4　AutoCAD 操作基础

任何一幅工程图都是由一些基本图形元素，如直线、圆、圆弧、矩形和文字等组合而成的，掌握基本图形元素的计算机绘图方法是学习 AutoCAD 软件的重要基础。

1. AutoCAD 命令的获取方式

基本绘图命令一般可以通过以下 4 种方式调用。

（1）在命令行中输入命令全称或命令别名（缩写）。

（2）单击绘图工具栏中的相应图标。

（3）单击控制台面板中的相应图标。

（4）单击菜单栏中"绘图"下拉菜单中的相应选项。

对于一些基本的修改（如复制、移动、镜像、阵列等）和格式设置（如文字样式、表格样式、线型、线宽等）命令的执行也可通过下拉菜单、工具栏、面板和命令 4 种方式。

AutoCAD 中的命令即为英文，别名即为其缩写，为避免重复一般取英文字母的头一、二或三个字母。如绘制直线命令为 line，别名为 L；绘制矩形命令为 rectang，别名为 REC。命令若由两个单词组成，则由两个单词的前几个字母组成其命令别名。如线型标注的命令全称为 dimlinear，其别名为 DLI 或 DIMLIN；对齐标注命令全称为 dimaligned，别名为 DAL 或 DIMALI。

建议一些常用的直线、圆、矩形等命令使用别名方式实现，适当结合鼠标来完成绘图，即充分体现"左手键盘，右手鼠标"的特点，可以提高绘图效率。初学 CAD 制图，可将绘图工具栏及修改工具栏调出，有利于快速调用命令，方便绘图。

注意：AutoCAD 中的所有命令必须在英文、半角状态下输入，否则无效，命令不区分大小写。

2. 选择与修改对象

在 AutoCAD 中选中某对象时，其特征点会呈现蓝色块，如端点、中点、基点等，图形的线条呈现虚线。选中后，悬停到某特征点（AutoCAD 中称"夹点"）时，呈现绿色块；单击某夹点,呈现红色,此时可对该特征点进行修改。

　　AutoCAD 中对象的选择不用按住 Shift 或 Ctrl 键,直接通过单击某些对象即可进行图形的连选,并且可以使用不同的方式,如单击和拖曳进行图形的连选。在 CAD 中拖曳交叉选择时分以下两种情形:从左上角向右下角拖曳时,只有全部包括在内的对象也都会被选中;从右下角向左上角拖曳时,只要与拖曳出的矩形相交叉即使是部分交叉,整个对象也都会被选中。当多个对象聚在一起时,选中其中的某一部分对象,可通过从左上角开始拖曳的方法来选中;而当选择所有对象时,可从右下角拖曳。

　　例 2-1　绘制一矩形,悬停在某角点获得其边长,然后拖曳其右下角,使其成为一个梯形。

　　(1) 单击面板中的矩形图标 ▱ ,在绘图区单击两点作为矩形的两个对角点。

　　(2) 单击矩形将其选中,再次单击矩形的某角点获得其边长信息,如图 2-12(b)所示。

　　(3) 单击右下角点,呈现红色方块,水平向右拖曳到某点并单击,如图 2-12(c)所示。

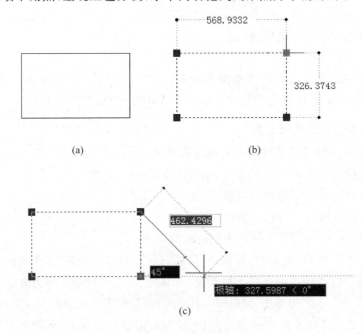

图 2-12　选择对象

3. AutoCAD 的快捷键与右键

　　在 AutoCAD 中有一些与 Word 相同的快捷键操作,如,Ctrl+A:全选;Ctrl+X:剪切;Ctrl+C:复制;Ctrl+V:粘贴;Ctrl+Z:撤销;Delete:删除;右击拖动可进行移动和复制;Esc:退出已选择图形状态。

　　与 Office 类似,右键菜单集合了一些常用的操作命令,在绘图区和执行命令时都可以右击,在弹出的菜单中选择要进行的操作。下面是在绘图区右击,弹出的菜单如图 2-13 所示。灰色命令,说明暂时不可用。但在 CAD 的绘图中,建议使用快捷键或命令形式,而不是通过右击方式实现绘图与修改。

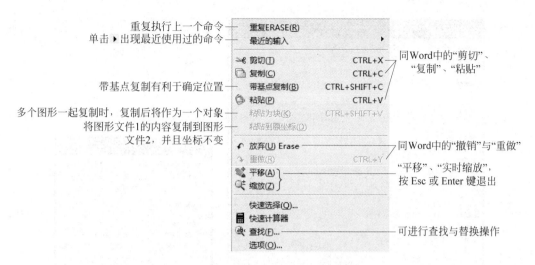

重复执行上一个命令 —— 重复ERASE(R)
单击▸出现最近使用过的命令 —— 最近的输入

剪切(T)   CTRL+X —— 同Word中的"剪切"、
复制(C)   CTRL+C   "复制"、"粘贴"
带基点复制有利于确定位置 —— 带基点复制(B) CTRL+SHIFT+C
粘贴(P)   CTRL+V
多个图形一起复制时，复制后将作为一个对象 —— 粘贴为块(K)   CTRL+SHIFT+V
将图形文件1的内容复制到图形 —— 粘贴到原坐标(D)
文件2，并且坐标不变
放弃(U) Erase —— 同Word中的"撤销"与"重做"
重做(R)   CTRL+Y
平移(A) —— "平移"、"实时缩放"，
缩放(Z) ——   按 Esc 或 Enter 键退出

快速选择(Q)...
快速计算器
查找(F)... —— 可进行查找与替换操作
选项(O)...

图 2-13 在绘图区右击弹出的快捷菜单

2.3 设置绘图环境

熟悉 AutoCAD 的绘图环境，特别是捕捉与追踪的熟练运用将有利于高效准确制图。

2.3.1 通信工程中绘图区的基本设置

在通信工程设计中，一般会对绘图单位、线型及绘图窗口颜色进行设置，具体如下。

1. 绘图单位设置

在通信工程中图中的尺寸单位，除标高和管线长度以米（m）为单位外，其他尺寸均以毫米（mm）为单位。设置绘图单位的方法如下。

（1）命令行：units ↙。

（2）下拉菜单："格式"→"单位"。

执行 units 命令后，系统将弹出如图 2-14(a)所示的"图形单位"对话框。用户可根据需要分别在"长度"和"角度"两个组合框内设定绘图的长度单位及其精度、角度单位及其精度。单击"方向"按钮，将弹出如图 2-14(b)所示的"方向控制"对话框。该对话框用来设置角度测量的起始位置，默认状态是水平向右为角度测量的起始位置，即 0°。默认角度的方向为逆时针，即输入坐标角度或进行旋转时将沿逆时针方向旋转指定角度。

说明：

（1）"图形单位"对话框中的单位是"缩放插入内容的单位"，即 AutoCAD 根据此处设置的单位调节插入的块或外部参照的相对大小。如当前文件此处设置为"毫米"，插入永久块"矩形"的单位为"米"，则在插入块时，其"插入"对话框右下角块单位比例为"1000"，如图 2-15 所示，这正是为了保证插入块的相对大小不变所致，1m ＝ 1000mm，所以默认放大1000 倍。

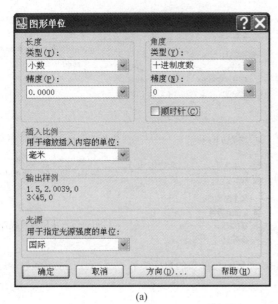

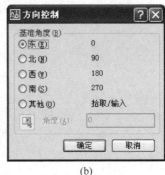

(a)　　　　　　　　　　　　(b)

图 2-14　"图形单位"和"方向控制"对话框

图 2-15　"插入"对话框

(2) 同一图形文件即使设置不同的单位,如毫米和米,绘制长度为 10 的线段,其长度依然一样长。

因此,可以说此处的单位只作用于外来插入对象,体现其相对大小。

2. 线型加载与当前线型设置

AutoCAD 提供了大量的非连续线型,而通信工程制图一般使用实线、虚线、点划线和双点划线。AutoCAD 中默认的只有实线与点线两种,而线型在使用前必须将其加载到图形文件中。加载线型的命令调用方式如下。

(1) 命令行:it 或 linetype ↙。

(2) 下拉菜单:"格式"→"线型"。

执行 it 命令后,会弹出如图 2-16(a)所示的"线型管理器"对话框,单击"加载"按钮,在弹出的"加载或重载线型"对话框中选择所需线型,单击"确定"按钮即可,如图 2-16(b)所示。在"可用线型"列表中左边是线型的名称,右边是简单的说明及线型显示,而具体的线型定义在 CAD 的线型文件 acadiso.lin 中,在 C 盘搜索此文件,将其打开,将看到其中所有可加载线型的定义,其中以"ACAD_ISO"开头的虚线、点划线、双点划线的线型定义如下。

　　* ACAD_ISO02W100,ISO dash __ __ __ __ __ __ __ __ __ __ __ __ __

　　A,12,−3

　　* ACAD_ISO10W100,ISO dash dot __ . __ . __ . __ . __ . __ . __ .

　　A,12,−3,0,−3

　　* ACAD_ISO12W100,ISO dash double-dot __ . . __ . . __ . . __ .

　　A,12,−3,0,−3,0,−3

即每段虚线长为 12,空格长为 3。通信工程图纸中的虚线即为此 3 种线型。

设置当前线型:选中某线型,单击"当前"按钮。当前线型显示在"线型管理器"对话框中,如图 2-16(a)所示。当前线型的设置将应用于设置后所绘制的所有图形。

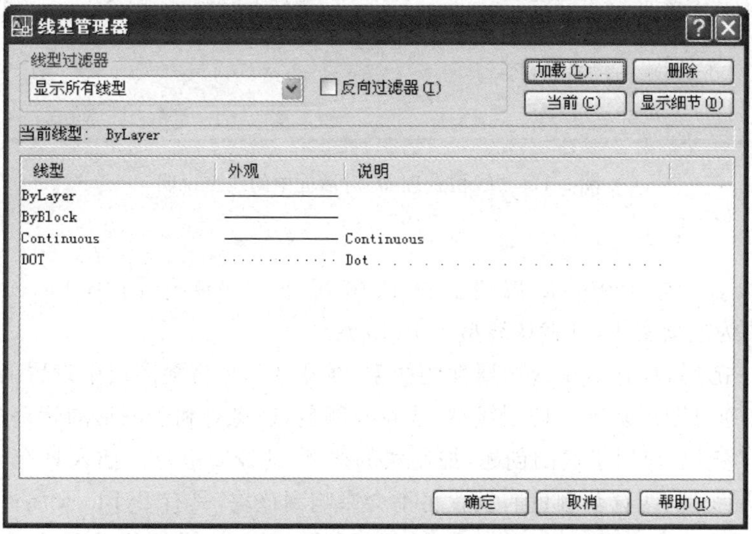

(a)

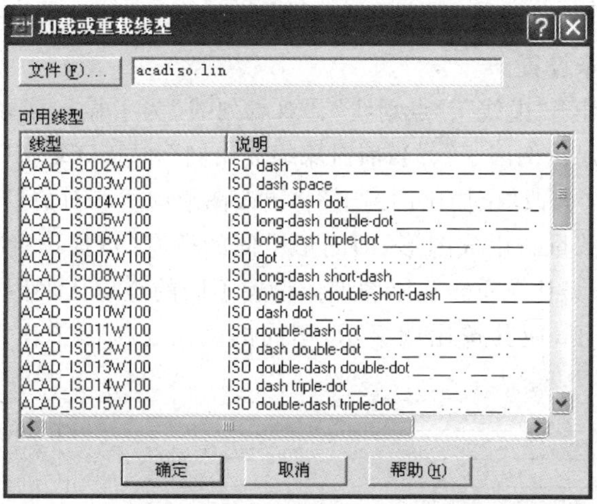

(b)

图 2-16 "线型管理器"与"加载或重载线型"对话框

"删除"按钮用于删除指定的线型；单击"显示细节"按钮将在对话框下方显示某个处于选中状态的线型的详细信息，如图 2-17 所示，可修改"名称"及"说明"（其中，ByLayer、ByBlock 和 Continuous 不可修改）。

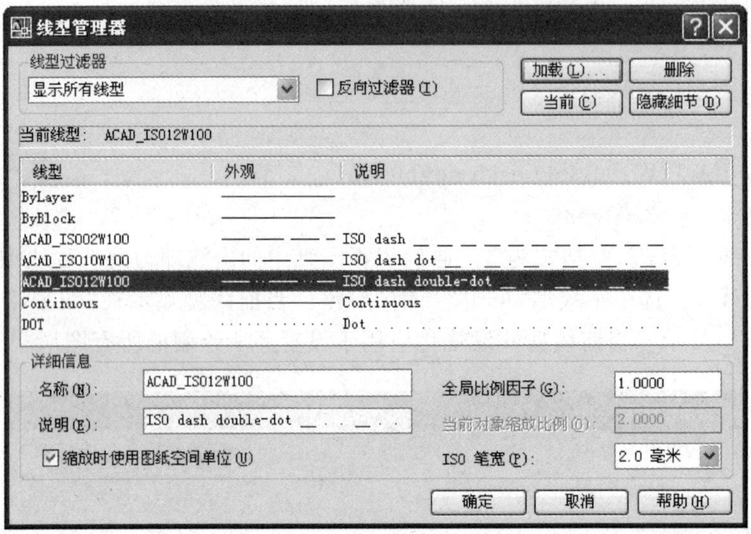

图 2-17　"线型管理器"对话框中的线型说明

说明：

（1）ByLayer 与 ByBlock 属性。默认情况下，CAD 中的 ByLayer、ByBlock 及 Continuous 均为连续实线，且默认线型为 ByLayer。

ByLayer：随层，具有 ByLayer 属性的线型、线宽及颜色将随图层中设置的线型、线宽及颜色变化。即通过图层来统一控制线型、线宽及颜色，这将有利于图形的管理与修改。

ByBlock：随块，应用于块的创建，控制块的线型、线宽及颜色。插入具有 ByBlock 属性的块，当前图层线型、线宽及颜色的设置将不会影响到该块，具有 ByBlock 属性的块只与"线型管理器"对话框、"线宽设置"对话框和"选择颜色"对话框中设置的线型、线宽及颜色一致。

建议使用默认"ByLayer"线型，对于个别线型的使用可以通过"特性"选项板来修改，或通过后续学习的图层来设置。

（2）线型比例。对于"虚线"、"点划线"、"双点划线"为了显示清晰，需要设置不同的比例，此比例设置有"全局比例因子"、"当前对象缩放比例"和"ISO 笔宽"3 种，说明如下。

"全局比例因子"：修改"全局比例因子"将更改图形中所有对象的线型比例因子。修改线型的比例因子将导致重新生成图形，即图形空间的所有（包括设置"全局比例因子"之前的）图形对象将以此线型比例重新显示图形。设置不同的全局比例因子将影响线型的宽度及虚线或点划线的长度，使其按比例显示，不同的全局比例因子作用于点划线的结果如图 2-18 所示。

图 2-18　"全局比例因子"应用示例

"当前对象缩放比例"：设置新建对象的线型比例，此线型比例即为"特性"快捷菜单中显示的"线型比例"。当 ByLayer、ByBlock、Continuous 及 Dot 线型置为当前时，此项可设置。

"ISO 笔宽"：将线型比例设置为标准 ISO 值列表中的一个。ByLayer、ByBlock、Continuous 及 Dot 线型置为当前时，"ISO 笔宽"处于灰色不可设置状态，其数值与"当前对象缩放比例"相同，但此时的"ISO 笔宽"并不起作用。当将其他线型设置为当前后，"ISO 笔宽"亮色显示，可设置。此时的"ISO 笔宽"不但可以修改线宽设置，对线条的长度也进行了比例缩放。此比例将作用于此后新建的图形对象，且此线宽设置将改变"线宽设置"对话框中的"线宽"，因此不建议使用"ISO 笔宽"来修改线宽和比例。

线型的最终比例是"全局比例因子"与"当前对象缩放比例"的乘积。在"全局比例因子"和"当前对象缩放比例"的设置中，更推荐使用前者，因为前者更有利于线型比例的统一显示。

3. 修改绘图窗口颜色

"选项"对话框可对窗口的显示、文件的打开与保存等进行配置。输入命令 OP，或选择菜单栏中的"工具"→"选项"命令，或在绘图区右击"选项"按钮，此时将弹出"选项"对话框，选择"显示"选项卡，如图 2-19 所示。

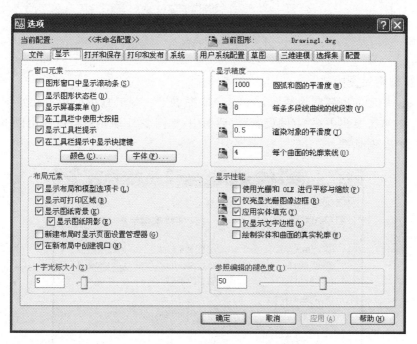

图 2-19　"选项"对话框中的"显示"选项卡

在默认情况下，AutoCAD 的绘图区是黑色背景、白色线条，用户可以对其颜色进行修改，单击图 2-19 中的"颜色"按钮，打开"图形窗口颜色"对话框，如图 2-20 所示。在"背景"列表框中选择"二维模型空间"选项，在"界面元素"下拉列表框中选择"统一背景"选项，在"颜色"下拉列表中选择需要的窗口颜色，左下角可预览设置后的效果，单击"应用并关闭"按钮，此时绘图区变成了刚刚设置的窗口背景颜色。一般会将背景色设置成白色，当背景为白色时,默认线条为黑色。

　　同理,也可以通过以上方法设置"图纸/布局"、"光标"等的显示颜色。

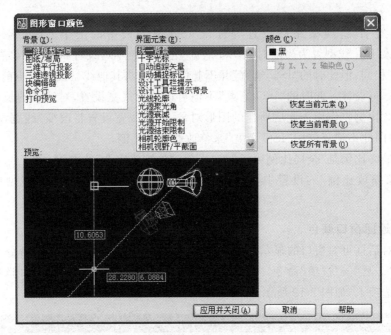

图 2-20　"图形窗口颜色"对话框

4. 设置精确绘图模式

　　为了使绘图者能更精确地绘图,AutoCAD 提供了一些工具帮助用户在绘图区域内选取定位点。这些工具集中在"草图设置"对话框中,如图 2-21 所示。可以使用以下 3 种方法打开"草图设置"对话框。

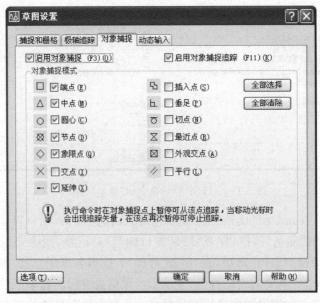

图 2-21　"草图设置"对话框中的"对象捕捉"选项卡

（1）状态栏：在"捕捉"或"栅格"或"极轴"或"对象捕捉"或"对象追踪"上右击，在弹出的快捷菜单中选择"设置"选项。

（2）命令行：dsettings ✓ 或 ds ✓ 或 os ✓。

（3）下拉菜单："工具"→"草图设置"。

"草图设置"对话框中的"捕捉"、"栅格"、"极轴"、"对象捕捉"、"对象追踪"、"动态输入"功能可通过单击状态栏中相应的按钮或使用快捷键来启用，而其各项功能的具体设置可通过"对象捕捉"选项卡来实现。"草图设置"可透明使用，即在其他命令执行过程中，也可以通过快捷键或状态栏上右键的方式打开"草图设置"对话框，对各选项卡进行设置，并不会中断正在执行的命令。但若要透明运行 dsettings 命令，则不能通过"草图设置"对话框左下角的"选项"按钮打开"选项"对话框。

在通信工程制图中经常用到对象捕捉与追踪功能，这就涉及了"草图设置"中"对象捕捉"选项卡的设置，其他选项卡的设置采用默认即可，但作为一般了解下面进行介绍。

（1）对象捕捉与追踪

"对象捕捉"可以快速、精确地定位在已有图形的特征点上。在执行绘图命令的过程中，在某对象特征点的短暂停留，将出现橙色特征点标记，如图 2-22（a）所示，单击将选中该点。有时，虽然光标已离开该特征点，但只要特征点标记仍在，说明该特征点仍处于被捕捉状，如图 2-22（b）所示，此时单击，仍将定位在该特征点上。在图 2-21 中，"节点"是通过 AutoCAD 中"点"工具所绘制的点；"象限点"是专门针对于圆或椭圆说的，每一个圆或椭圆的特征点有五个，除圆心外其余四个都叫象限点；"插入点"是块的插入点；"平行"可以用来绘制与已有直线相平行的直线。

"对象捕捉"和"对象追踪"同时按下，可以实现对已有特征点的水平或垂直方向的追踪和定位。在执行绘图命令的过程中，在某对象特征点附近悬停后沿水平或垂直方向移动，会在特征点标记的基础上出现小橙色十字，并显示虚线，表示实现了对该特征点此方向上的追踪，如图 2-22（c）所示，64 位系统中处于追踪状态的特征点将只显示小橙色十字，如图 2-22（d）所示，可以通过单击或直接输入距离的方式确定追踪距离。对象追踪经常用于对象间的对齐，或用来确定沿某特征点极轴方向的微小偏移。在执行的命令过程中，可以通过快捷键 F3 和 F11 来透明地启用和关闭对象捕捉与对象追踪。

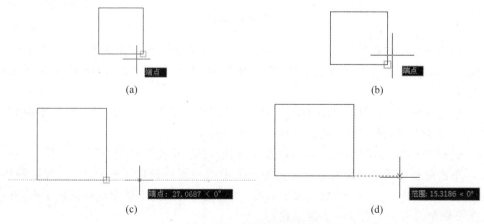

图 2-22　对象捕捉与追踪

在图 2-21 中,当选中"启用对象捕捉"和"启用对象捕捉追踪"复选框时,通过在对象捕捉点的短暂停留可实现对此特征点的追踪。

例 2-2　如图 2-23(a)所示,绘制两个矩形,然后将两个矩形的中心连在一起。

实现步骤如下。

① 设置捕捉点:在状态栏的"捕捉"按钮上右击,在"草图设置"对话框的"对象捕捉"选项卡中选中"启用对象捕捉"和"对象捕捉追踪",在"对象捕捉模式"中选中"中点"复选框,单击"确定"按钮。

② 绘制矩形:单击面板中的矩形图标 □ ,在绘图区单击两点作为矩形的两个对角点,另一个矩形的绘制同理。

③ 连接两中心点:单击面板中的直线图标 ╱ ,在左侧矩形某边中点上短暂停留当出现极轴时即已实现对此中点的追踪,同理在另一临边中点作短暂停留实现中点追踪,当光标移至靠近两中线交点时就会出现如图 2-23(b)所示的两极轴的交点,单击完成对该矩形中心点的捕捉,另一个矩形中心点的捕捉同理。

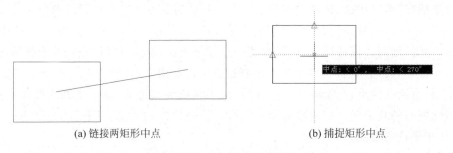

(a) 链接两矩形中点　　　　　　　　　　(b) 捕捉矩形中点

图 2-23　例 2-2 中的图形

例 2-3　绘制如图 2-24 所示图形,图中两个矩形相同,边长约为(10,10)。

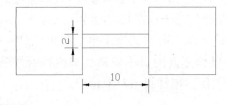

图 2-24　例 2-3 中的图形

① 单击面板中的矩形图标 □ ,在绘图区单击确定矩形的左上角点,在向右下角移动的过程中,观察光标右下角的动态信息,使之约为(10,10),如图 2-25(a)所示,然后单击确定右下角点。

② 单击矩形,执行 Ctrl+C、Ctrl+V 命令后,在矩形右下角短暂停留后,水平向右出现极轴,输入距离"10",然后回车确认,如图 2-25(b)所示。

③ 执行 OS 命令,在打开的"草图设置"对话框勾选"中点"与"交点"。

④ 单击面板中的直线图标 ╱ ,在左侧矩形中点短暂停留后垂直向上,出现极轴后,输入距离"1",如图 2-25(c)所示,然后水平向右,当出现与右侧矩形的交点标记后单击,并回车结束直线命令。另一条直线的绘制同理。

通常只设置常用的捕捉点,当用到没有设置的捕捉点时,可以设置临时捕捉点实现捕

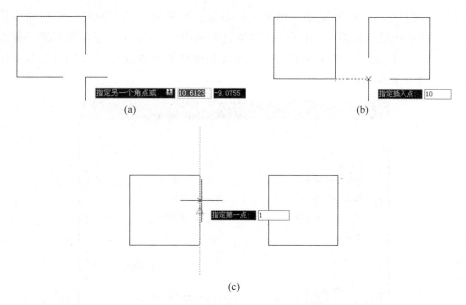

图 2-25 绘制步骤

捉。按住 Ctrl 键或 Shift 键的同时右击,在弹出的如图 2-26 所示的快捷菜单中选择想要捕捉的点。设置了临时捕捉点后将屏蔽掉已设置的捕捉点,只显示临时设置的捕捉点。临时捕捉点和临时追踪点只存在于本次执行的命令中。

适当设置"对象捕捉与追踪"将带来以下好处。

① 适时打开和关闭"对象捕捉与追踪"功能将有利于快速且准确绘图。

② 适当打开相应的特征点捕捉,可以避免线条之间或图形之间该连接的地方出现空当,或连接过头的现象。绘图时可能没有发现,但当将图形放大或打印后就会看到此现象。如图 2-27 所示,图 2-27(a)看似已经闭合,但放大后效果如图 2-27(b)所示。而非闭合区域将不可以被填充,这也是后续填充图案失败的重要原因之一。

③ 适时关闭不常用的特征点捕捉,有利于常用特征点的快速捕捉。

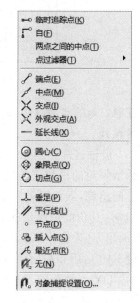

图 2-26 临时捕捉点快捷菜单

(2)捕捉和栅格。在"捕捉和栅格"选项卡中可分别设置捕捉和栅格的 X 轴和 Y 轴间距,如图 2-28 所示。捕捉模式用于限制十字光标的移动间

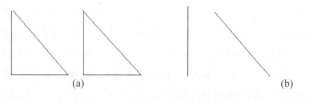

图 2-27 图形未闭合

距,使其按照用户定义的间距移动。栅格是分布在绘图界限里的点矩阵。使用栅格就好像在图形下面放了一张网格纸,可直观显示对象之间的距离,并有助于对象的对齐。栅格不属于图形的一部分,因此不能被输出和打印。捕捉与栅格的快捷键分别为 F9、F7,且可透明使用,即不会中断正在执行的命令。

图 2-28   "草图设置"对话框中的"捕捉和栅格"选项卡

注意:如若启动捕捉,光标将以此捕捉间距跳跃式移动,将不利于以小于捕捉间距进行的绘图操作。

(3)极轴追踪。创建和修改对象时,可以通过使用极轴追踪来使光标沿 0°角和所定义的极轴增量角的整数倍进行方向捕捉。默认增量角为 90°,即默认情况下,对象追踪仅使用正交方向追踪,默认极轴角度是绝对角度,如图 2-29 所示,也就是说即使是在使用相对坐标 @ρ<θ 时,其角度仍然是绝对角度。当需要在某些特殊角度显示提示信息时,可将其输入到"附加角"列表框中,设置后光标移动到此角度时也将出现极轴线进行提示。可以通过按快捷键 F10 启用和关闭极轴追踪,且可透明使用,即不会中断正在执行的命令。

(4)DYN(动态输入)。打开"动态输入"选项卡,默认选中"启动指针输入"、"可能时启动标注输入"和"动态提示"复选框,如图 2-30 所示。这些信息随着光标的移动动态更新,且动态显示每个命令的可用选项。可使用户专注于绘图区,从而方便绘图。可以通过按快捷键 F12 启用和关闭动态输入,且可透明使用,即不会中断正在执行的命令。下面通过直线命令理解动态输入。

在默认状态下,执行 L 命令后,光标右下角出现"指定第一点"命令提示,且给出了指针当前的坐标值"1472.5583 1438.7772",如图 2-31(a)所示。当单击绘图区某点确定第一点后,移动光标,出现直线长度和角度的动态标注信息 116.0424 和 18°,光标右下角会出现 **指定下一点或** 命令提示,如图 2-31(b)所示。移动光标后,标注信息随之动态更新,单击命令提示右侧的向下箭头"↓"会出现可选命令提示,如图 2-31(c)所示,此时可通过单击相应命令或直接按快捷键,确定执行哪个命令可选项。

图 2-29　"草图设置"对话框中的"极轴追踪"选项卡

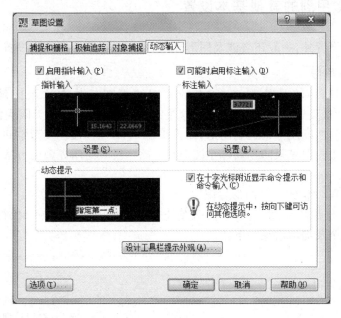

图 2-30　"草图设置"对话框中的"动态输入"选项卡

（5）正交模式。当正交模式被打开时，光标只能沿水平和垂直方向移动。正交模式的快捷键是 F8，可透明使用。

（6）动态 UCS。AutoCAD 中有两个坐标系：一个是被称为世界坐标系（WCS）的固定坐标系，一个是被称为用户坐标系（UCS）的可移动坐标系。默认情况下，这两个坐标系在新图形中是重合的。用户可建立自己的 UCS，在三维绘图中方便图形的观察。动态 UCS 主要应用于三维制图中实体模型的绘制。

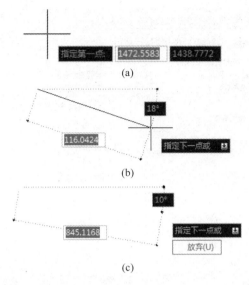

图 2-31　动态输入说明

2.3.2　常用到的其他基本设置

除上述基本设置外，一般还会涉及图形界限、十字光标等一些基本设置。

1. 设置图形界限

AutoCAD 界面中心是绘图区，所有的绘图结果都反映在这个区域中。通常打开 AutoCAD 后的默认设置界面为模型空间，这是一个没有任何边界、无限大的区域。因此可以按照所绘图形的实际尺寸来绘制图形，即采用 1∶1 的比例尺在模型空间中绘图。

在绘图区设置绘图界限防止局部小图形被忽略。设置绘图界限的方法有以下两种。

(1) 命令行：limits↙。

(2) 下拉菜单："格式"→"图形界限"。

例如设置图形界限为 297×210，并且禁止在图形界限之外绘图。执行 limits 命令后，其命令窗内的命令及提示信息如下。

```
命令: limits↙
重新设置模型空间界限:
指定左下角点或[开(ON)/关(OFF)] < 0.0000,0.0000 >: ↙    // < >为命令的默认值,若采用默认
                                                          值,直接回车即可,这里将左下角
                                                          点采用默认值< 0.0000,0.0000 >,
                                                          直接按回车键
指定右上角点< 230.0000,142.0000 >: 297,210 ↙    //输入右上角点的 x,y 坐标值
命令: limits↙
重新设置模型空间界限:
指定左下角点或[开(ON)/关(OFF)] < 0.0000,0.0000 >: on↙   //打开图形界限,禁止在其范围之外
                                                          绘图
```

注意：//后面是本书编者添加的注释和说明，CAD 命令窗口中没有。

一般左下角点总设在世界坐标系(WCS)的原点(0,0)处,右上角点则采用图纸的长和宽做点坐标。其中,"开"即打开图形界限检查,只允许在图形界限范围内绘图;"关"则是保留图形界限值,但允许在图形界限外绘图,这是系统的默认值。

图形界限命令虽然改变了绘图区域的大小,但绘图窗口内显示的范围并没有改变,仍保持原来的显示状态。若要使改变后的绘图区域充满绘图窗口,必须使用缩放(ZOOM)命令来改变:"视图"→"缩放"→"全部"。

2. 设置线宽

设置线宽的方法有以下两种。

(1) 命令行:lw 或 lweight ∠。

(2) 下拉菜单:"格式"→"线宽"。

执行设置线宽命令后,弹出图 2-32 所示的"线宽设置"对话框,选择单位 mm,若同一幅图上有不同的线宽,请选中"显示线宽"复选框,否则可能显示不出线宽差异,"显示线宽"也可以通过状态栏中的"线宽"按钮。"调整显示比例"将设置不同线宽的比例关系,设置后的效果可通过左侧"线宽"列表中的线型观察到。通过选择"线宽"列表中的某线宽选项,可将其置为当前线宽,当前线宽显示于"线宽设置"对话框左下角,如图 2-32 所示。通过此对话框修改"默认"线宽,将影响到绘图区中所有的 ByLayer 和 ByBlock 线型的线宽,包括设置线宽之前绘制的直线。默认情况下,CAD 中线宽为 ByLayer(随层),修改"图层"线宽,ByLayer 也将随之变化。且 ByLayer、ByBlock 及默认线宽均为 0.25mm。建议使用默认 ByLayer 线宽,对于个别线宽的使用可以通过"特性"快捷菜单来修改,或通过后续学习的图层来设置。

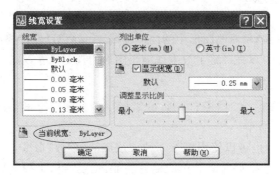

图 2-32　"线宽设置"对话框

3. 设置颜色

设置颜色的方法有以下两种。

(1) 命令行:color ∠。

(2) 下拉菜单:"格式"→"颜色"。

执行设置颜色命令后,在弹出的"选择颜色"对话框中可设置当前颜色,如图 2-33 所示,其中包括"索引颜色"、"真彩色"和"配色系统"3 个选项卡。在"索引颜色"选项卡中,左下方为常用的索引颜色,右下方两个色块显示的是当前颜色设置,当改变颜色后,左下角前方的色块显示的是当前的颜色设置,后方右上角色块显示的是上一次设置的颜色。CAD 中默认颜色为 ByLayer,修改图层颜色,ByLayer 也将随之变化。默认情况下,ByLayer、ByBlock 都为白色(背景色为黑色时,默认为白色,背景色为白色时,默认为黑色)。建议颜色使用默认ByLayer,对于个别颜色的使用可以通过"特性"选项板来修改,或通过后续学习的图层来设置。

说明:在白色背景中设置的黑色,到黑色背景中自动变为白色;同理,在黑色背景中设置的白色,到白色背景中自动变为黑色;而其他颜色在变换背景色时保持不变。

图 2-33 "选择颜色"对话框

2.3.3 图形显示

为方便用户详细地观察、修改图形中的局部区域,AutoCAD 软件提供了缩放和平移命令,其中 ZOOM(缩放)命令可以在屏幕上放大或缩小图形的视觉尺寸,但其实际尺寸并未改变。

1. 缩放

最常用的缩放命令为"实时" ，可通过鼠标中轮的滚动实现,中轮向上滚动,视图放大,中轮向下滚动,视图缩小。

对于其他缩放命令,也可以使用以下 3 种方法激活"缩放"命令。

(1) 控制台面板的二维导航有简单的缩放功能,也是通信工程中最常用的缩放功能。

(2) 下拉菜单:"视图"→"缩放"。

(3) 命令行:z 或 zoom 。

通过下拉菜单"视图"→"缩放"所获得的缩放下拉列表如图 2-34 所示。其中,常用的缩放命令介绍如下。

(1) 范围:将整个图形最大限度地显示出来(并非一定从坐标原点开始)。

(2) 窗口:将选择区域内的图形放大至整个绘图区。

(3) 全部:从(0,0)坐标开始,显示当前视区中图形界限内的全部图形。

(4) 上一步:显示上一次通过缩放或移动所改变的视图。

2. 平移

在绘图过程中,有时需要平移图形来观察局部,最常用的是"实时" ，可通过按住鼠标中轮或单击面板中的按钮 ，按 Esc 键或 Enter 键或右击退出平移。

当然也可以通过下拉菜单获取更加丰富的平移操作,选择"视图"→"平移"命令,弹出如图 2-35 所示的下拉列表。其中的"定点",可以某点为基点,将图形移到指定位置。

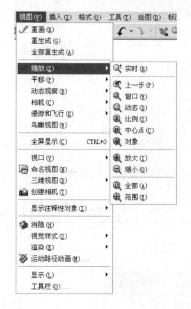

图 2-34　"缩放"菜单选项　　　　图 2-35　"平移"菜单选项

2.4　设置文字和表格样式

2.4.1　设置文字样式

在使用 AutoCAD 制图时,经常需要进行文字输入,用于说明图形中未表达出的设计信息。图形中的文字主要有数字、字母和汉字等。文字样式命令用于定义新的文字样式,或者修改已有的文字样式。AutoCAD 默认 Standard 文字样式为当前样式,不符合通信工程制图统一标准,需要重新定义。

获得文字样式对话框有以下 3 种方式。

(1)命令行: st 或 style ↙。

(2)面板或样式工具栏:单击其中的文字样式图标 。

(3)下拉菜单:"格式"→"文字样式"。

设置本任务中的"标准仿宋"文字样式,字体为仿宋体、高为 2.5、宽为 1.75,"高仿宋"文字样式,字体仿宋、高为 5、宽为 3.5,设置步骤如下。

(1)执行 st 命令,打开如图 2-36 所示的"文字样式"对话框,通过该对话框即可建立新的文字样式,或对当前文字样式的参数进行修改。

(2)在"文字样式"对话框中单击"新建"按钮,打开"新建文字样式"对话框,如图 2-37所示。在该对话框的"样式名"文本框中输入新文字样式的名称如"标准仿宋",单击"确定"按钮,返回"文字样式"对话框。

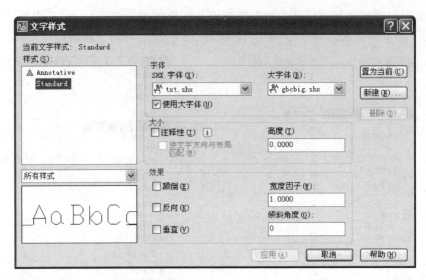

图 2-36   "文字样式"对话框

图 2-37   "新建文字样式"对话框

(3) 在"字体名"处,取消选中"使用大写字体"复选框,在字体名下拉列表项中选中"仿宋"选项。

(4) 在"高度"文本框中输入当前文字样式所采用的文字高度为 2.5。

(5) 在"效果"栏中选中相应的复选框,用于设置文字样式的特殊效果,这里只需设置"宽度比例",输入 0.7(1.75/2.5),"角度倾斜"为 0。

(6) "预览"栏中会显示出所设置的相应文字效果,如图 2-38 所示。

(7) 完成设置,单击"应用"按钮,并单击右上角的"置为当前"按钮,则此后输入的文字将默认使用该样式。

"高仿宋"文字样式的设置过程同上,但不"置为当前"。

注意:

(1) 文字的实际占用高度比文字样式中设置的高度要高,约为设置高度的 4/3 倍,这在此后设置表格高度时要用到。

(2) AutoCAD 2008 的 64 位系统和 32 位系统中的仿宋字体分别为"T 仿宋"和"仿宋_GB2312",而"T@仿宋"和"@仿宋_GB2312"分别是"T 仿宋"和"仿宋_GB2312"旋转 270°后的字体。

说明:

(1) 在样式列表中右击。除了可以通过右侧按钮将某文字样式置为当前、删除以外,还可以通过在文字样式列表中右击相应的文字样式实现,并且可通过右击重命名文字样式。

图 2-38　"标准仿宋"文字样式设置

但 Standard 和图形中已使用的文字样式及"置为当前"的文字样式不能被删除。

（2）AutoCAD 中的文字高度。在 AutoCAD 中定义文字样式时，可以不设定文字高度（即在"文字样式"对话框中，其高度为 0），可以在输入文字时进行设置，如 Standard 文字样式中未对文字的高度进行设置，默认高度为 2.5，但可在输入文字时进行改变。

在通信工程中使用的都是仿宋字体，且以高度为 2.5 的字体为主，因此也可以只设置一个文字样式，设置字体为"T 仿宋"或"仿宋_GB2312"，文字高度设置为 0，宽度因子为 0.7，在以后的文字输入时指定文字高度即可。

（3）AutoCAD 中的大字体。AutoCAD 文字样式中左侧的大字体指的是中文、日文、韩文等 SHX 格式的东方字体，右边的 SHX 字体是西文字体。AutoCAD 的字体保存在 AutoCAD 安装目录下的 Fonts 文件夹中，默认不带有宋体等中文字体，在不勾选中"使用大字体"复选框的情况下，AutoCAD 会将 Windows 的 Fonts 文件夹中的字体映射到左边的 SHX 字体里来，因此，可以看到宋体、楷体等中文样式。如此操作之后，已经打开此图形文件，可能会出现文字变成"?"的情况，打开"文字样式"对话框，查看文字样式会发现，此时的文字样式发生了变化，如图 2-39 所示，原本的"T 仿宋"字体变成了 FangSong，将其选回为"T 仿宋"字体即可。如果修改了文字样式，依然无效，可在命令行输入 RE 或 regen 命令重新生成模型。

（4）AutoCAD 中的乱码文字。当移动或使用不同版本的 AutoCAD 打开同一文件时可能会出现找不到相应字体的情况，如图 2-40 所示，提示"未找到字体：hztxt"，"指定字体给样式 HZ"。这是因为本机中没有安装这张图中所使用字体"hztxt"的缘故，只要指定别的字体替代掉即可，一般选择国标字体 gbcbig.shx。如果一定要使用此文字样式，可从网络上找到相应字体"hztxt"放到 AutoCAD 安装目录下的 Fonts 文件夹中即可。

（5）注释性。选中该选项，文字将以注释比例 1∶N 进行缩放，在任务 4 中将讲解注释性，及文字样式等注释性的设置与使用。

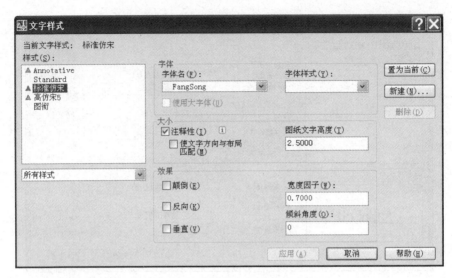

图 2-39 文字样式的变化

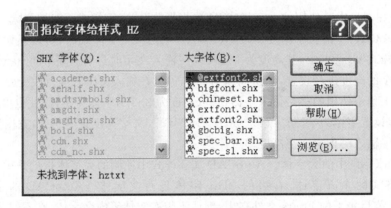

图 2-40 缺少字体提示对话框

2.4.2 设置表格样式

在通信工程图纸中,表格最为常见,如图衔、工程量表、设备配置表、图例等,都要使用表格来呈现。在 AutoCAD 中通过表格样式,可以完成对表格边框、内嵌文字及对齐方式等的控制,在比用直线、矩形等工具绘制的图衔要美观、准确,特别是在文字对齐方面。

获得表格样式对话框有以下 3 种方式。

(1)命令行:tablestyle✓。

(2)控制台面板或工具栏:单击表格样式图标 ▦ 。

(3)下拉菜单:"格式"→"表格样式"。

建立任务中的表格样式"图衔",步骤如下。

(1)执行 tablestyle 命令,弹出如图 2-41 所示的"表格样式"对话框,单击"新建"按钮,弹出图 2-42 所示的"创建新的表格样式"对话框,输入新样式名称"图衔",单击"继续"按钮。

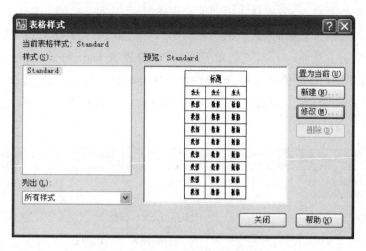

图 2-41　"表格样式"对话框

图 2-42　设置新表格样式名称为"图衔"

（2）在弹出的"新建表格样式：图衔"对话框中，默认"单元样式"为数据 Data。这里仅修改 Data 单元样式。在"基本"选项卡中只需修改基本属性中的对齐方式为"正中"，水平及垂直页边距分别为 1 和 0.5，其他为默认，如图 2-43 所示。

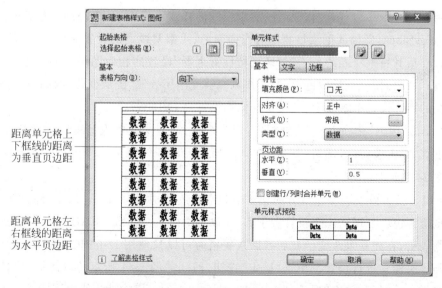

图 2-43　"新建表格样式：图衔"对话框中的"基本"选项卡设置

说明：在 AutoCAD 的表格样式中，"单元样式"分为 3 种：（数据）Data、（标题）Title 和（表头）Header。在插入表格时，默认的第一行为 Title，第二行为 Header，其他单元格样式为 Data。对于所有只要求一种格式的单元格，可以仅设置 Data 格式，在插入表格时，将第一行和第二行修改为 Data 格式即可，但要注意行高会稍有差异，需统一修改。

（3）单击"文字"选项卡，修改文字样式为"标准仿宋"，颜色为 ByLayer，文字角度为 0，如图 2-44 所示。

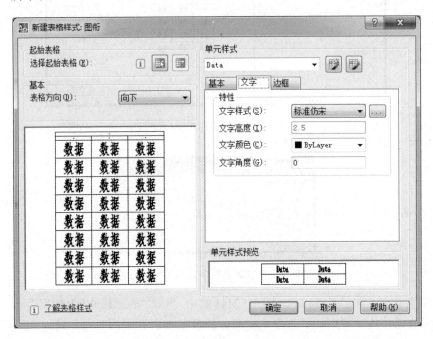

图 2-44　"新建表格样式：图衔"对话框中的"文字"选项卡

说明：在 AutoCAD 的表格、标注、多重引线的样式设置中，其内部的线型、颜色及线宽均默认为 ByBlock，即插入的表格将随着当前颜色、线型及线宽的设置而变化。而将其修改为 ByLayer 后其特性将始终与通过"图层特性管理器"设置的相应图层中的颜色、线型及线宽相一致。一般而言，希望颜色、线型及线宽能够受图层控制，随层变化，因此在表格、标注、多重引线的样式设置中将线型、颜色及线宽均设置为 ByLayer。

（4）单击"边框"选项卡，在特性框中，修改线宽、线型及颜色为 ByLayer，将以上特性应用于内框线，单击按钮田即可，如图 2-45（a）所示。改变线宽为 0.5mm，单击外框线按钮回，如图 2-45（b）所示。

（5）以上设置效果会在左下方的预览中观察到效果，如图 2-45（b）所示，外边框已加粗，字体及页边距也已显现。因为仅设置了 Data 单元格样式，而 AutoCAD 默认的表格前两行为标题与表头，在此并未改变。在后续插入表格时可以只使用 Data 单元格样式，所以不用对标题与表头样式进行设置。单击"确定"按钮，回到如图 2-41 所示的对话框，此时已经添加了表格样式"图衔"，单击"置为当前"按钮，此后插入的表格将默认使用该样式。

(a) 内边框设置

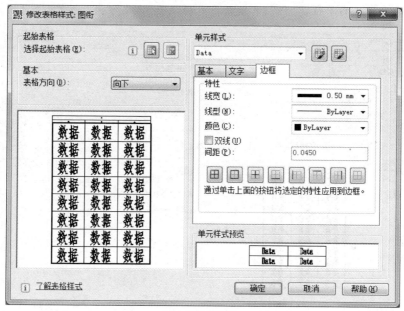

(b) 外边框设置

图 2-45　"修改表格样式：图衔"对话框中的"边框"选项卡

2.5　基本绘图命令

2.5.1　插入表格

使用表格样式插入的表格不仅能够控制格式，而且可以方便地进行添加、删除行/列等操作，因此建议通信工程图纸中的表格全部使用插入表格命令来创建。

获得插入表格对话框有以下 3 种方式。

（1）命令行：table↙。

（2）面板或绘图工具栏：单击其中的 ⊞ 表格图标。

（3）下拉菜单："绘图"→"表格"。

完成本任务中的图衔的绘制分析如下。

（1）先插入一个有 5 行 6 列的表格，指定单元格样式为 Data，指定列宽为 20mm。

（2）修改行高、列宽。

（3）合并右上角单元格。

（4）输入文字，修改右上角两个单元格的文字样式。

具体步骤如下。

（1）插入表格，并设置表格的大小与单元格样式。在执行 Table 插入表格命令后，弹出如图 2-46 所示的对话框，进行如下设置：表格样式为"图衔"，列数为 5，数据行为 3，列宽为 20，行高为 1 行，设置单元格样式均为 Data，单击"确定"按钮。数据行之所以设置为"3"，是因为 AutoCAD 中的表格默认存在标题和表头两行。

注意：这里的行高单位是"行"，其默认 1 行的高度为"文字高度+2×垂直页边距"。

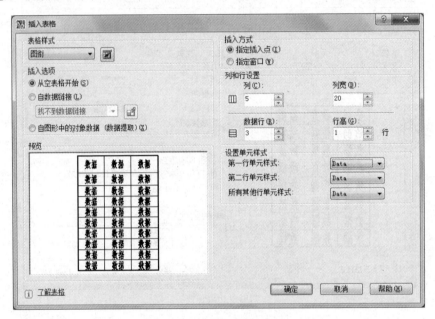

图 2-46　"插入表格"对话框

（2）修改行高列宽。单击表格的外边框选中表格，此时表格会出现列标与行标，且呈灰色，如图 2-47 所示，可对表格进行移动、复制等操作。再次单击表格左上角的灰色部分，选中表格各单元格及内容，此时列标与行标呈现橙色，如图 2-48 所示，可对表格进行行高、列宽等设置。按 Ctrl+1 快捷键（或单击工具栏中的特性图标 ![icon]）出现表格特性快捷菜单，如图 2-49 所示，找到"单元高度"一行，其后的数值为当前单元格的实际高度（因为表格的头两行是由 Title 和 Header 修改而来，因此高度不统一，显示为" * 多种 * "），单击并修改其值为 6。同理，单击列标 B、E 和 F，将其列宽分别修改为 30、10 和 80。

可能出现问题：无法设置行高为 6。

原因：未修改默认的垂直页边距 1.5，在默认垂直页边距为 1.5 时的行高为 $2.5×4/3+1.5×2>6$，已超出行高 6。

解决方法如下。

① 修改表格样式"图衔"，将"垂直单元格边距"设为 0.5。

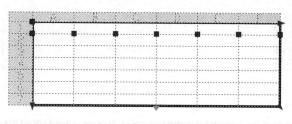

图 2-47　选中表格

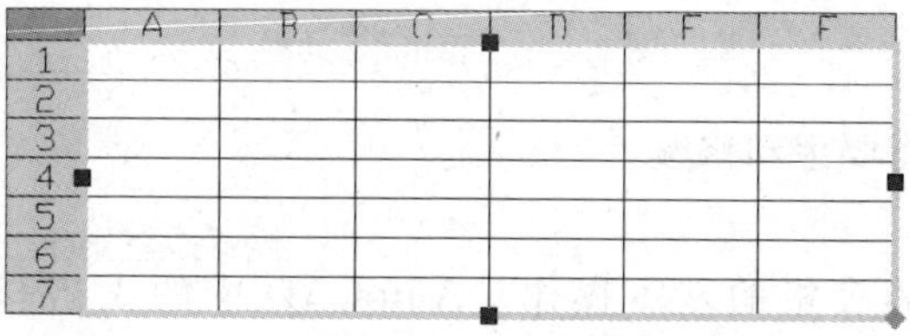

图 2-48　选中单元格与内容

图 2-49　表格特性快捷菜单

② 直接在特性面板中修改表格的垂直页边距为 0.5。

二者的区别是，通过特性面板只能修改当前对象，并不影响"图衔"表格样式，即在"图衔"表格样式中"垂直单元格边距"仍为原值，并未变成当前的 0.5，下次应用此样式绘制表格时，其垂直页边距仍为 1.5。修改表格样式"图衔"中的垂直页边距为 0.5，则所有应用此样式的表格其垂直页边距自动变为 0.5。

（3）合并单元格。拖选或以按 Shift 键的形式选中右上角的 4 个单元格，如图 2-50 所示，选中表格后会弹出"表格"工具栏，如图 2-51 所示。单击工具栏中合并单元格图标 ![icon]，右侧的下三角，选择"全部"命令，即可实现单元格 E1 至 F2 单元的合并。E3 至 F4 单元的合并同理。

（4）输入文字。双击表格中的某单元格可输入文字，且在文字的输入过程中，会出现"文字"工具栏。AutoCAD 中单元格内容的输入与 Word 表格中输入文字的操作相同，可以按键盘中的 ↑ ↓ ← → 键进行单元格的选择。图衔右上角两单元格的文字样式需要利用"文字格式"工具栏将样式设为"高仿宋"，文字高度设为 5。这里要注意，有时虽然修改了样式，

图 2-50　拖选单元格

图 2-51　"表格"工具栏

但高度并未随之改变,需要手动修改。

说明:

(1) AutoCAD 中的表格的基本操作。AutoCAD 中的表格与 Word 中的表格操作相似。

① 表格的选中。

a. 选中表格的方法:单击表框,此时整个表格呈灰色,带蓝点,如图 2-47 所示。

b. 选中表格内容:单击某单元格,即选中此单元格;拖动光标可选中多个单元格,或通过单击图 2-50 中的右下角的淡蓝色菱形块将其放到某行或列,即选择单元格行或列的拓展;单击表框后,再次单击左上角灰色单元格,全部选中。表格内容被选中后其边框及对应的行标及列标会变为橙色,如图 2-50 所示。

② 修改行高列宽。单击表格边框后拖动单元格或表格各角点可以修改单元格的行高和列宽,具体如图 2-52 所示。

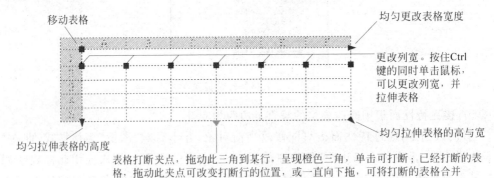

图 2-52　表格的简单调整

a. 单击表格左上角点可移动表格。

b. 单击表格右上角点向左或向右可均匀改变表格宽度。

c. 单击表格左下角点向下或向上可均匀改变表格高度。

d. 单击表格右下角点并拖动可均匀拉伸表格的高度和宽度。

e. 单击表格各列的蓝色夹点可改变与之相邻的两列表格的宽度,不改变整个表格的宽度,按住 Ctrl 键的同时,单击某夹点并拖动,可改变此夹点左侧列宽,并拉伸表格。

f. 单击表格中下方浅蓝色三角夹点,并拖动到某行,将以此行为界打断表格,打断部分位于表格的右侧。打断操作可以将表格打断为多个,且将此夹点拉伸至最下方可将打断的表格还原成一个完整的表格。

（2）AutoCAD 中的"表格"工具栏。AutoCAD 中的"表格"工具栏可以实现表格行与列的插入、删除、单元格的合并、边框设置等多项操作。各选项具体意义如下。

　　行操作：在上方插入行、在下方插入行和删除行。

　　列操作：在左边插入列、在右边插入列和删除列。

　　合并操作：合并单元格、取消合并单元格。

　　单元格边框设置：选中的单元格呈橙色，单击按钮 　，在弹出的"单元边框特性"对话框中可以单独修改单元格的内边框、外边框的颜色、线型及线宽，如图 2-53 所示。要去除边框线，单击最右侧的按钮 　无边框线即可。

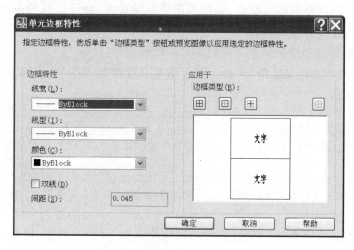

图 2-53　"单元边框特性"对话框

　　文字对正：修改文字对正为左上、中上、右上、左中、正中、右中、左下、中下、右下。AutoCAD 表格中的数字默认对齐方式为右上。

　　锁定设置：通过向下箭头可以选择锁定内容、锁定格式、锁定内容与格式和解锁。格式或内容被锁定后，将不可修改，可对某单元格或整个表格进行锁定操作。被锁定的单元格光标悬停于其上时将出现锁定图标 　。

　　数据格式：设置数据为日期、百分比、整数、十进制数等格式。表格中的十进制数采用"格式"菜单"单位"中所设置的精度，也可以通过"数据格式"下拉菜单的"自定义表格单元格式"单独设置数据的类型、格式与精度。

　　、　：在单元格中插入临时块或字段。

　　公式：对所选单元格内容求和、求均值、计数；复制单元格内容（格式为数字）；单击方程式，出现"＝"，此时输入数学运算式，可进行数学运算。

　　单元格样式：通过下拉列表对所选单元格应用"数据"、"表头"或"标题"样式。

若以上仍不能满足对单元格的修改操作，可按 Ctrl＋1 快捷键，通过特性面板来实现。

2.5.2　绘制矩形

矩形命令是通信工程图纸中最常见的图形元素，如系统框图、机房设备平面图和设备图中的各类设备、线路图中的房屋等。

获得矩形命令有以下 3 种方式。

(1) 命令行：rec 或 rectang↙。

(2) 面板或绘图工具栏：单击矩形图标 ▭ 。

(3) 下拉菜单："绘图"→"矩形"。

无论是通过下拉菜单、控制台工具图标还是快捷键来执行命令，在命令执行过程中，下方的命令窗口都会显示提示信息，据此可指导下一步操作，因此清楚命令及参数设置是非常重要的。所以，首先借助矩形命令并结合具体例子介绍如何理解命令行信息。

AutoCAD 命令的执行步骤为：在命令提示符"命令："后面输入命令，按 Enter 键或空格键确认，系统会出现命令提示信息，包括当前命令的设置、命令可选项及出错提示。命令结束时，按 Enter 键或空格键确认。

例 2-4　用矩形命令绘制一个边长(100,50)的长方形。

单击绘图工具栏中的 ▭ 图标，命令提示信息及操作如下(↙代表回车，//后面的内容为说明，不必输入)。

```
命令: _rectang↙    //绘制矩形的命令是: rectang,即单击图标会在命令行出现其命令行形式
指定第一个角点或[倒角(C)/标高(E)/圆角(F)/厚度(T)/宽度(W)]:        //在绘图区单击"确定"
                                                                      按钮
指定另一个角点或[面积(A)/尺寸(D)/旋转(R)]: @100,50 ↙
        //以@开头的为相对坐标的 x,y 值,相对于起点,向右上角绘制一个宽 100,高 50 的矩形
```

例 2-5　用矩形命令绘制一个边长 100，圆角半径为 10 的正方形，如图 2-54 所示，其中的尺寸标注不用绘制。

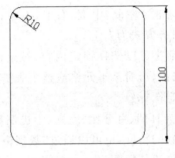

图 2-54　圆角矩形

命令提示信息及操作如下。

```
命令: rec↙
RECTANG
指定第一个角点或[倒角(C)/标高(E)/圆角(F)/厚度(T)/宽度(W)]: f↙
指定矩形的圆角半径<0.0000>: 10↙        // <>中的内容为当前默认设置,重新输入将替换默认
                                            设置,直接按 Enter 键将采用默认设置
指定第一个角点或[倒角(C)/标高(E)/圆角(F)/厚度(T)/宽度(W)]:    //在绘图区单击"确定"按钮
指定另一个角点或[面积(A)/尺寸(D)/旋转(R)]: @100,100 ↙        //以@开头的相对坐标
```

说明：

（1）命令行中的"或"与"/"。命令行的提示中"或"为可选项，其中"/"是子命令分隔符，大写字母为任选关键字，即子命令名英文字母的头一、二或三个字母（视子命令前面字母的重复度而定）。当用到可选项时，请先设置相应可选项。

（2）＜　＞默认值。命令提示＜　＞中的内容为当前默认设置，直接按 Enter 键将采用默认设置，重新输入将替换默认设置。在"指定矩形的圆角半径＜0.0000＞："中的＜0.0000＞是圆角半径，也就是默认为直角。

（3）确认命令。在确认命令时，多数情况下按 Enter 键与空格键是等效的（手动输入标注信息时除外，此时只能通过按 Enter 键确认命令结束），也可以通过右击，在弹出的快捷菜单中选择"确定"命令来确认命令。

（4）撤销上一步操作。若命令输入错误，且已执行，可输入 u 放弃上一步操作，或通过右击，在弹出的快捷菜单中，选择"放弃"命令。

（5）坐标的表示方法。在 AutoCAD 中的坐标有直角坐标和极坐标两种：直角坐标命令行形式为：x,y；极坐标命令行形式为：ρ＜θ。相对坐标以@开头，相对直角坐标命令行形式为：@x,y；相对极坐标命令行形式为：@ρ＜θ。相对坐标，即相对于上一点，此点的 x 轴和 y 轴的增量，默认的 x 轴水平向右为正，y 轴垂直向上为正。在绘制图形过程中，经常用相对坐标来确定起点以外的各点。

（6）矩形命令各选项说明如下。

① 倒角(C)：指定两个倒角距离切割矩形原来的直角。

② 圆角(F)：指定圆角半径，圆角后矩形原来的直角用指定半径的弧来代替。

③ 宽度(W)：指定矩形各边的线宽。

④ 标高(E)与厚度(T)为三维制图可选项，这里不加说明。

在指定另一个角点时各选项说明如下。

① 面积(A)：可通过指定矩形的面积，然后指定长度或宽度来绘制矩形。

② 尺寸(D)：指定矩形的长度和宽度，由光标来确定第二个角点的位置。

③ 旋转(R)：使矩形旋转一定的角度。

（7）重复执行命令。若用户接下来还是绘制矩形，可以通过按空格或 Enter 键，或单击键盘上的↑键并按 Enter 键重复执行刚刚调用的命令；或通过右击，在弹出的快捷菜单中，选择"重复 RECTANG"命令，如图 2-55 所示，也可从"最近的输入"选项中选择最近的操作。

经过以上操作后，系统会记住上次可选项的设置，再次输入矩形命令时，将会出现如下命令提示信息。

```
命令: rec↙
RECTANG
当前矩形模式: 圆角 = 10.0000
指定第一个角点或[倒角(C)/标高(E)/圆角(F)/厚度(T)/宽度(W)]:
```

因此，要注意命令行的提示以防错误操作。

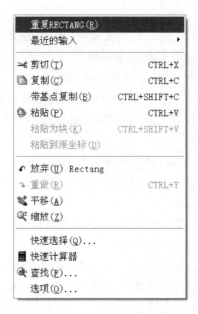

图 2-55　右击弹出的快捷菜单

2.5.3　设置临时追踪点

指定临时追踪点用以辅助特征点的选择。特别是在以下情况最为适用,绘制沿某点有横纵两个方向偏移的图形对象的起始点或其余各点,一般用于确定起始点较多。

在命令执行过程中输入 tt↙可设置临时追踪点。设置后,单击某点使其成为临时捕捉点,例如端点、中点或利用对象捕捉与追踪确定的某点,此时会在原有的特征符号基础上增加一个橙色小十字或单独的橙色小十字,将光标沿这个小十字水平或者竖直方向上移动时会有极轴出现,输入数字,即表示距离这个"小十字"水平或者竖直方向上的距离。

注意:在进行临时追踪过程中不得进行放大或缩小操作,否则追踪点将消失。

例 2-6　绘制如图 2-56 所示的两个矩形。

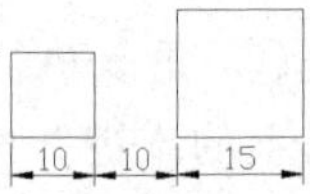

分析:两个矩形的对齐关系需要用到对象捕捉与追踪。具体如下所示。

图 2-56　两个矩形

```
//第一个矩形
rec↙
RECTANG
当前矩形模式: 圆角 = 10.0000
指定第一个角点或 [倒角(C)/标高(E)/圆角(F)/厚度(T)/宽度(W)]:f↙
指定矩形的圆角半径 <10.0000>: 0↙                    //去掉圆角
指定第一个角点或 [倒角(C)/标高(E)/圆角(F)/厚度(T)/宽度(W)]:  //光标在绘图区单击
指定另一个角点或 [面积(A)/尺寸(D)/旋转(R)]: @10,10↙
//第二个矩形
rec↙
```

```
RECTANG
指定第一个角点或 [倒角(C)/标高(E)/圆角(F)/厚度(T)/宽度(W)]:10↙  //光标悬停于矩形右下
                                                                  角点,出现端点标记
                                                                  后,水平向右移动光
                                                                  标,出现极轴追踪后
                                                                  输入10↙,如图2-57
                                                                  所示
指定另一个角点或 [面积(A)/尺寸(D)/旋转(R)]: @15,15↙
```

例 2-7　绘制如图 2-58 所示的 PC 工作站,尺寸标注如图 2-58 所示,但不用绘制,其中底座及连接部分以外框为中点呈对称分布。

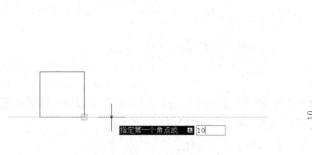

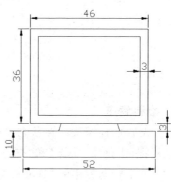

图 2-57　出现极轴追踪后输入 10↙

图 2-58　PC 工作站

1. 绘制 PC 工作站的内外框

利用临时追踪点绘制 PC 工作站的内外框。命令及操作如下。

```
命令:rec↙
指定第一个角点或[倒角(C)/标高(E)/圆角(F)/厚度(T)/宽度(W)]: //光标指定
指定另一个角点或[面积(A)/尺寸(D)/旋转(R)]: @46,36↙
命令:↙    //直接按 Enter 键或空格键,重复执行矩形命令
指定第一个角点或[倒角(C)/标高(E)/圆角(F)/厚度(T)/宽度(W)]:tt↙
指定临时对象追踪点:3↙ //光标捕捉矩形左上角,从选取水平向右方向,从键盘输入相对距离
                          "3",此点即为临时对象追踪点,如图2-59(a)所示,设置制作完成
                          后,临时对象追踪点会出现橙色十字标记
指定第一个角点或[倒角(C)/标高(E)/圆角(F)/厚度(T)/宽度(W)]:3↙  //沿橙色十字垂直向下
                                                                的 极 轴 方 向,如
                                                                图 2-59(b)所示,输
                                                                入相对临时追踪点的
                                                                距离"3"来确定矩形
                                                                的 第 一 个 顶 点,如
                                                                图 2-59(c)所示
指定另一个角点或[面积(A)/尺寸(D)/旋转(R)]: @40,-30↙
```

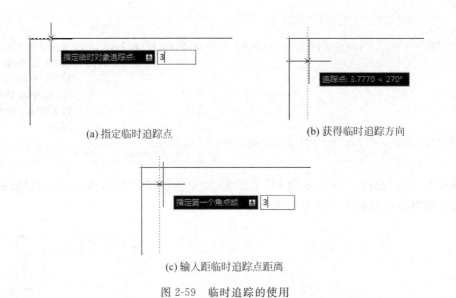

(a) 指定临时追踪点   (b) 获得临时追踪方向

(c) 输入距临时追踪点距离

图 2-59   临时追踪的使用

2. 绘制底座

(1) 设置捕捉模式。在状态栏的"捕捉"按钮上右击,在弹出的"草图设置"对话框的"启用对象捕捉"中选中"中点"和"交点"复选框,单击"确定"按钮。

(2) 单击状态栏中的"对象捕捉"与"对象追踪"按钮。

(3) 绘制底座。

分析:底座左上角距离 PC 外框左下角相对距离为(-3,-3),可利用临时追踪点 tt 得到。执行 REC→tt 命令,光标捕捉 PC 外框左下角,选取水平向左方向,输入相对距离为-3,沿已设置的临时追踪点选取垂直向下的极轴方向,同时输入相对距离-3,从而得到底座矩形的右上角点坐标。第二个角点坐标:直接输入" @52,-10 ↙"。

3. 绘制连接件

(1) 绘制连接件左侧边的方法如下。

① 单击面板中的直线图标 ╱,在 PC 外框底边中点上短暂停留,当出现极轴时,光标沿极轴水平方向向左移动,同时输入 8,得到左侧边的一个端点。

② 执行 tt 命令,单击底座上边中点,水平向左输入 12,按空格键结束命令。

(2) 右侧边的绘制同理,此处省略。

2.6   完成任务——制作样板文件

绘图前,可以通过执行"文件"→"新建"命令打开"选择样板"对话框,从中选择一个合适的样板文件开始图形绘制。但是,AutoCAD 自带的样板文件不能满足不同行业的需要,用户最好制作自己的样板文件。创建样板文件的主要目的是把每次绘图都要进行的各种重复性工作以样板文件的形式保存下来,下一次绘图时可直接使用样板文件的这些内容。这样,可避免重复劳动,提高绘图效率,同时保证了各种图形文件使用标准的一致性。样板文件的内容通常包括图形单位、线型、线宽、文字样式、标注样式、表格样式、图层和布局等设置。在学习 AutoCAD 的过程中，会逐步学习各类样式及图层等设置，每学习一部分都会按照通信工程标准制作一些标准的样式或图层添加到样板文件中，因此样板文件是逐渐增添并完善的，以后新建图形文件时都使用此样板文件。

本任务中的样板文件包括了绘图环境的设置和图形（图框与图衔）的制作，AutoCAD 绘图的一般过程为设置绘图环境、设置样式、绘图、检查并保存。因此完成本任务的步骤为新建文件夹及样板文件，设置绘图环境，设置文字样式及表格样式，绘制图衔与图框，检查并保存。

1. 新建文件夹及样本文件

（1）在 D 盘中右击新建文件夹 CAD。

（2）设置样板文件路径。打开 AutoCAD 软件，执行 OP 命令，在弹出的"选项"对话框中，单击"文件"选项卡，找到"样板设置"，单击前面的"＋"号，找到并打开"样板图形文件位置"选项，如图 2-60 所示。通过单击右侧的"浏览"按钮弹出如图 2-61 所示的选择文件对话框，找到 D:\CAD 路径，单击"确定"按钮回到"选项"对话框，单击"确定"按钮后使设置生效。

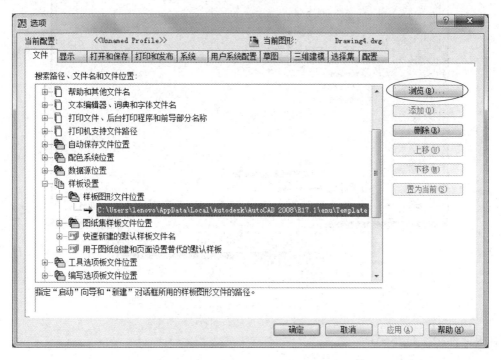

图 2-60 设置"样板图形文件"位置

（3）保存样板文件。

按 Ctrl＋S 快捷键，弹出"图形另存为"对话框，在下方的文件类型下拉列表中选择"AutoCAD 图形样板（＊.dwt）"选项，如图 2-62 所示，并命名为"通信工程"，此时会弹出"样板选项"对话框，可对样板进行说明，如图 2-63 所示。

说明：设置了样板文件的位置后，只要选择文件类型为样板文件，其保存路径会自动转

图 2-61　选择文件夹

图 2-62　"图形另存为"对话框

到样板文件路径 D:\CAD。

2. 设置绘图环境

（1）单位设置与精度。选择"格式"→"单位"命令，在弹出的"图形单位"对话框中设置长度精度为 0.000，用于缩放插入内容的单位为"毫米"，其他为默认设置。

（2）加载线型。执行 lt 命令，在弹出的"线型管理器"对话框中，单击"加载"按钮，在弹出的"加载或重载线型"对话框中选择 ACAD_ISO02W100 选项，单击"确定"按钮加载此线型。对 ACAD_ISO10W100 和 ACAD_ISO12W100 线型的加载同理。

图 2-63　"样板选项"对话框

3. 设置文字样式与表格样式

（1）设置文字样式。执行 st 命令，按照任务要求设置文字样式为"标准仿宋"和"高仿宋"，具体内容见 2.4.1 小节。

（2）设置表格样式。执行 tablestyle 命令，按照任务要求设置"图衔"表格样式，具体内容见 2.4.2 小节。

4. 绘制图衔与图框

（1）绘制图衔。按照 2.5.1 小节中的步骤绘制图衔。

（2）绘制图框。以图衔右下角为内边框的右下角，通过临时追踪点获得外边框右下角点绘制外边框，具体过程如下。

```
命令：rec↙
指定第一个角点或[倒角(C)/标高(E)/圆角(F)/厚度(T)/宽度(W)]：    //单击图衔右下角
指定另一个角点或[面积(A)/尺寸(D)/旋转(R)]：@－390,287↙        //向左绘制矩形，因此 x 坐标
                                                             为负值

命令：↙    //直接按 Enter 键或空格键，重复执行矩形命令
指定第一个角点或[倒角(C)/标高(E)/圆角(F)/厚度(T)/宽度(W)]：tt↙
指定临时对象追踪点：5↙    //光标捕捉矩形右下角，选取水平向右方向，键盘输入相对距离为 5，
                            此点即为临时对象追踪点，设置制完成后，此点出现橙色十字标记
指定第一个角点或[倒角(C)/标高(E)/圆角(F)/厚度(T)/宽度(W)]：5↙
//沿橙色十字垂直向下的极轴方向输入相对临时追踪点的距离 5 来确定外边框的第一个顶点
指定另一个角点或[面积(A)/尺寸(D)/旋转(R)]：@－420,297↙
```

（3）加粗内边框。单击内边框，按 Ctrl＋1 快捷键将线宽修改为 0.5mm。

5. 检查并保存样板文件

说明：

（1）将图形文件另存为样板文件。如果将上图保存成了"通信工程.dwg"，只需打开将其另存为样板文件即可，步骤如下。

① 选择"文件"菜单中的"打开"命令（或按 Ctrl＋O 快捷键），在"选择文件"对话框中，选择"通信工程.dwg"，单击"确定"按钮。

② 单击"文件"菜单中"另存为"(或 Ctrl＋Shift＋S 快捷键)。在"图形另存为"对话框的"文件类型"下,选择"图形样板"文件类型,输入图形样板文件名"通信工程",在弹出的"样板选项"中输入样板说明,单击"确定"按钮。

如果是将一个有其他内容的图形文件保存为样板,需要删除图形内容再保存。

(2) 关于双击打开文件。直接双击某图形文件"∗.dwg",可以打开该文件,但直接双击某样板文件"∗.dwt"时,将新建一个以此样板文件为基础图形的文件"Drawing∗.dwg"。因此只有通过 CAD 程序中的"打开"命令,并选择"样板文件"类型才会打开样板文件。

(3) 在以上的绘图过程中,如果是先绘制了图框后绘制图衔,则存在内边框与图衔对不齐的现象,而且通过右键拖动或按 Ctrl＋C 快捷键和 Ctrl＋V 快捷键是无法完全对齐的,这时需要使用 move 移动命令,具体内容见 2.7 节。

2.7 绘图中可能用到的基本操作

2.7.1 移动

移动命令主要用于把单个对象或多个对象从当前的位置移至新位置,并且不改变对象的尺寸与方位。右键的快捷菜单中的剪切、粘贴命令及 Ctrl＋X 快捷键和 Ctrl＋V 快捷键使用的是默认的左下角为基点移动和对齐,而使用移动命令可以通过设置临时基点移动和放置被移动对象,使之能够更精确地与目标对象对齐。获得移动命令有以下3种方式。

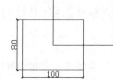

图 2-64 移动矩形

(1) 命令行：m 或 move↙。

(2) 面板或修改工具栏：单击矩形图标 ✛。

(3) 下拉菜单："修改"→"移动"。

例 2-8 并排绘制两个(100×80)的矩形,然后把右侧矩形的左下角移到左侧矩形的中心位置,如图 2-64 所示。

```
命令：move↙
选择对象:找到 1 个
选择对象：↙   //按 Enter 键或空格键结束对象的选择
指定基点或[位移(D)] <位移>：   //单击选择矩形的左下角,此基点为跟随光标走的那一点
指定第二个点或<使用第一个点作为位移>：   //借助"捕捉"与"追踪"命令用光标选择矩形的中心
```

本例是无法用鼠标右键完成的,对比右键的拖动,以命令方式进行移动,因为可以指定临时基点而更加有利于对齐和精确位移。

2.7.2 "特性"选项板

图形的修改除了专门的编辑命令和简单的拖曳特征点之外,还有一种可精确修改图形各特征的方法,就是"特性"选项板。"特性"选项板中会列出已选定对象或对象集的几乎所

有特性的当前值。在"特性"选项板中可以修改任何可以通过指定新值进行修改的特性。选择多个对象时,"特性"选项板只显示选择集中所有对象的公共特性。如果未选择对象,"特性"选项板只显示当前图层的基本特性、图层附着的打印样式表的名称、查看特性以及有关UCS 的信息。

打开"特性"选项板的方法有以下 3 种。

(1) 选定对象后,按 Ctrl＋1 快捷键或输入命令 properties ↙。

(2) 选定对象后,单击工具栏中的特性图标 。

(3) 选定对象后,右击在弹出的快捷菜单中,选择"特性"命令。

大部分对象还可以通过双击来打开"特性"选项板。块和属性、图案填充、渐变填充、文字、多线以及外部参照除外,如果双击这些对象中的任何一个,将显示专用于该对象的对话框而不是"特性"选项板。

下面以表格为例,介绍"特性"选项板的使用。单击表格,按 Ctrl＋1 快捷键,弹出如图 2-65 所示的"特性"选项板。在"特性"选项板的最上边一栏显示了当前选中对象的类型,拖动右侧的滚动条可查看"特性"选项板中的不同类别的详细信息。可以单击每个类别右侧的向上箭头 ⌃ 或向下箭头 ⌄,折叠或展开列表。

图 2-65　表格的"特性"选项板

单击要修改的行,可以通过以下几种方式修改相应的值。

(1) 直接输入新值。如单元格的宽度、高度。

(2) 单击右侧的下箭头▼,从列表中选择一个值,如对齐方式。

(3) 单击"快速计算"计算器按钮 ▦ 可计算新值,如单元格的宽度、高度。

（4）单击左或右箭头可增大或减小该值。

（5）单击"拾取点"按钮 ⬚，使用光标指定的方法更改某点的坐标值。

（6）单击"…"按钮并在对话框中修改特性值，如边界颜色、边界线宽。

要放弃修改，在"特性"选项板的空白区域中右击，在弹出的快捷菜单中选择"放弃"命令。

单击"特性"选项板左下角的按钮 ⬚ 可将"特性"选项板自动隐藏，单击按钮 ⬚ 可对"特性"选项板的放置位置及透明等做更多设置。在"特性"选项板的空白区域中右击，在弹出的快捷菜单中去除"说明"前的"√"，将不显示"特性"选项板中的最下方的选项说明。

2.8 技能提升

2.8.1 制作与使用字段

文字字段是包含有一段说明性文字的多行文字。这些说明性文字包含有"日期和时间"、"打印"、"文档"等相关说明，当这些数据以字段形式插入时，它们会随着图形文件的更新而自动更新。因此将可能会在图形生命周期中修改的数据定义为字段，将有利于文字的显示更新，如可将保存日期、打印比例、文件名等内容以字段形式插入文字或表格中。

1. 创建字段

字段中的"创建日期"、"保存日期"、"文件大小"、"文件名"等是系统自动生成的，而"作者"、"主题"等也可以将其做成自定义字段，当插入图形文件时可自动更新。设置及自定义字段的方法如下。

选择"文件"→"图形特性"命令，在弹出的"Drawing2 属性"对话框中的"概要"选项卡中可输入标题、主题、作者、关键字、注释及超链接及地址，如图 2-66(a)所示。在"自定义"选项卡中单击右侧的"添加"按钮，如图 2-66(b)所示，在弹出的"添加自定义特性"对话框中输入"自定义特性名"及"值"，如图 2-66(c)所示。

2. 插入字段

字段可以插入任意种类的文字（公差除外）中，其中包括多行文字、单行文字、属性定义及表格中的文字。

插入字段的方法有以下 4 种。

（1）命令行方式：field ↙。

（2）图标方式：单击表格或多行文字工具栏或块属性定义对话框中的插入字段图标 ⬚。

（3）快捷菜单方式：激活任意文字命令后，右击，在弹出的快捷菜单中选择"插入字段"命令。

（4）下拉菜单方式："插入"→"字段"。

执行插入字段命令后，弹出"字段"对话框，通过"字段类别"下拉列表可以选择要插入字段的类别，若选中某类别，如"日期和时间"，下方会列出可用字段，右侧为显示格式，若为日期，中间还会给出样例，且右侧给出提示说明，如图 2-67 所示。"文件名"字段不仅可以设置其格式，还可以设置其显示的内容，如是否加文件扩展名、是否带有路径，如图 2-68 所示。

(a) "Drawing2属性"对话框

(b) "自定义"选项卡

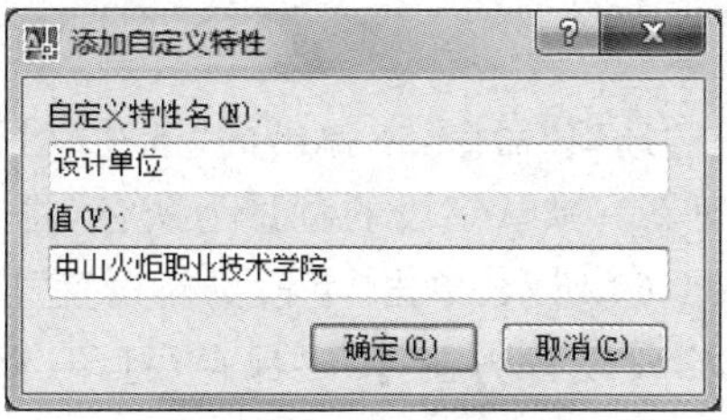

(c) 添加"设计单位"特性及值

图 2-66　设置图形文件属性

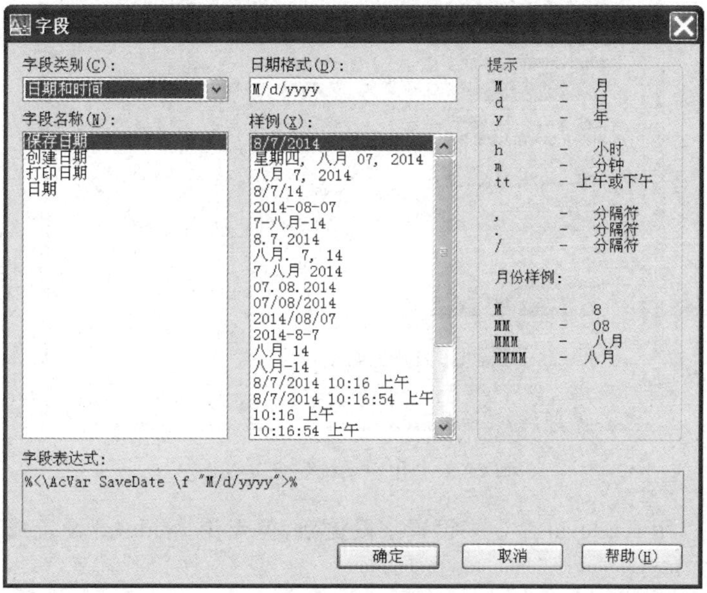

图 2-67　"字段"对话框

图 2-68　设置"文件名"字段

3. 更新字段

选择菜单栏中的"工具"→"选项"命令,在弹出的"选项"对话框中的"用户系统配置"选项卡中可设置字段的背景和更新。默认字段的背景为灰色,将"显示字段的背景"前的"√"去掉,将不再显示背景。如图 2-69 所示,单击"字段更新设置"按钮,弹出"字段更新设置"对话框,如图 2-70 所示,默认将字段设置为在打开、保存、打印、重生成、电子传递时自动进行更新。

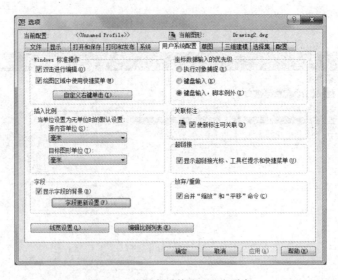

图 2-69　"用户系统配置"选项卡

此外,还可以用 fieldeval 命令来设置字段更新,但无论 fieldeval 设置成什么值,都无法自动更新"日期"字段。

手动更新字段的方法:双击"字段",在空白区域右击,在弹出的快捷菜单中单击"更新字段"。

图 2-70 "字段更新设置"对话框

例 2-9 将本任务中"图衔"的"日期"和"图名"设置为字段,"日期"为保存日期,格式为 2013-10-08 形式,"图名"仅显示文件名,不带扩展名,将背景色设为无。

(1)设置"日期"为字段。单击"表格"工具栏中的插入字段图标 [图],在弹出的"字段"对话框中,选择"字段类别"为"日期和时间",在下方的列表中选择"保存日期"字段,"格式"为 yyyy-MM-dd,如图 2-67 所示,单击"确定"按钮。

(2)设置"图名"为字段。选择"字段类别"为"文档",字段为"文件名","格式"为"无",选择"仅文件名",不勾选"显示文件扩展名",如图 2-68 所示,单击"确定"按钮。

2.8.2 定义工作空间

工作空间是经过分组和组织的菜单、工具栏、选项板和控制面板的集合,使用户可以在自定义的、面向任务的绘图环境中工作。使用工作空间时,可以只显示与任务相关的菜单、工具栏和选项板。

AutoCAD 中已定义了 3 个基于任务的工作空间:二维草图与注释、三维建模和 AutoCAD 经典。在二维工作空间,仅包含了与二维绘图相关的工具栏、菜单和选项板;三维建模工作空间,仅包含与三维相关的工具栏、菜单和选项板。这样可以使用户的工作屏幕区域最大化。AutoCAD 2008 默认的工作空间是"二维草图与注释"。这几个工作空间的切换,可以通过单击"工作空间"工具栏向下箭头来选择,如图 2-71 所示。

用户可以创建自己的工作空间,也可以修改默认工作空间。在显示、隐藏或重新排列了工具栏和窗口,修改了面板设置等界面显示后,如希望保留这些设置以备将来使用时,即可将当前设置保存到工作空间中,方法如下。

单击"工作空间"工具栏中的向下箭头,然后选择"将当前工作空间另存为"命令,此时将弹出"保存工作空间"对话框,如图 2-72 所示,用户可以选择已有的工作空间,即对已有的工作空间进行修改,也可以重新命名,建立自己的工作空间。

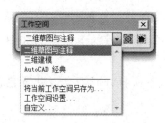

图 2-71 "工作空间"工具栏

图 2-72 "保存工作空间"对话框

控制所保存的工作空间和其他选项在"工作空间设置"对话框中的显示次序可以单击"工作空间设置"按钮。要进行更多的更改,可以打开"自定义用户界面"对话框来设置工作空间环境,或者也可以使用 workspace 命令来调整工作空间的显示顺序、编辑、保存当前工作空间。

例 2-10 在通信工程绘图中,我们只涉及二维绘图及修改,因此定义一个自己的工作空间为"通信工程制图"。要求:在"二维草图与注释"基础上添加"绘图"及"修改"工具栏,在面板中添加"对象特性"、"块属性"两个面板工具。

(1) 在工具栏上右击,在弹出的快捷菜单中的"绘图"及"修改"命令前打√。

(2) 在面板上右击,在弹出快捷菜单如图 2-73 所示,然后在"控制台"后面的"对象特性"、"块属性"前打√,设置完成后的面板如图 2-74 所示。

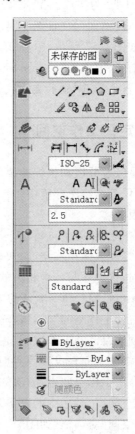

图 2-73　面板右击快捷菜单　　　　图 2-74　设置后的面板

(3) 单击"工作空间"工具栏中的向下箭头,选择"将当前工作空间另存为"命令,在弹出的"保存工作空间"对话框中,选择"二维草图与注释"选项即可,修改后的工作空间如图 2-75 所示。

背景色和当前工作空间一旦设置,CAD 软件就会记住,下次打开时即会以此背景色和工作空间显示 CAD 绘图窗口。

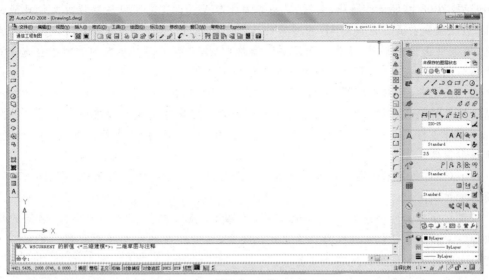

图 2-75　"通信工程制图"工作空间

2.9　任务单

任务名称	制作 A4 纵向图框样板文件
要求	（1）在 D 盘建立文件夹"通信工程图纸练习"，将样板文件保存在此文件夹，并命名为"A4 纵向图框.dwt"。 （2）样板文件包括外框为 210mm×297mm，细实线，0.25mm，内框为 180mm×287mm，边框宽度为 0.5mm。 （3）图纸中所用文字及表格需要做成相应的文字及表格样式。 （4）图中所用文字及线条需按照"通信工程制图统一规定"中的字体、线型等要求绘制。
步骤	
收获与总结	

任务小结

在操作 AutoCAD 2008 时，牢记"左手键盘、右手鼠标"，以提高绘图效率。

AutoCAD 2008 的工作窗口由菜单栏、工具栏、绘图区、命令区、状态栏等组成。

AutoCAD 2008 图形文件操作、复制、粘贴等操作与 Word 类似。但注意样板文件只能通过 Ctrl＋O 快捷键打开。AutoCAD 中对象的选择不用按住 Shift 键或 Ctrl 键，单击即可实现连选，用拖曳选择图形时，从左上角向右下角拖曳时，只有全部包括在内的对象被选中；从右下角向左上角拖曳时，只要与拖曳出的矩形相交叉即被选中。

在绘图之前，可以制作符合绘图需求的工作空间及样板文件（＊.dwt），且通过"选项"对话框设置样板文件的位置后，以后新建图形文件可直接选用该文件夹中的样板文件。但注意不要修改格式菜单中的线型、颜色和线宽的 ByLayer 属性，且在绘图中，打开"线宽"以显示线型宽度。

AutoCAD 的基本绘图及修改命令可通过命令行、工具栏、控制台面板和下拉菜单 4 种常用的方式调用。

设置文字样式的命令为 st 或 style，图标为 ，注意只有去掉"使用大字体"前面的钩才可以看到宋体。在已经打开文件文字出现乱码时，修改相应的文字样式即可。文字的实际高度为文字样式中设置高度的 4/3 倍。

设置表格样式的命令为 tablestyle，图标为 ，插入表格的命令为 table，图标为 。表格的行高为"垂直页边距×2＋文字实际高度"，因此垂直页边距将影响行高。使用 table 命令插入的表格，可通过"表格"工具栏实现合并单元格、删除行/列、修改边框等操作，更多的操作可通过 Ctrl＋1 快捷键调出的"特性"选项板实现。

绘制矩形的命令为 rec 或 rectang，图标为 。绘图中的坐标点一般通过相对坐标@形式的直角坐标（@x,y）或极坐标（@ρ<θ）方式来确定。@ρ<θ 虽为相对坐标，但其中的 θ 为绝对角度。

将一些随文件变化的文字定义为字段，有利于文字的实时更新。

关于特征点的选取常用以下两种方法。

（1）利用对象追踪与捕捉得到沿某特征点水平或垂直方向一定位移的起始点（例 2-6）、或两特征点所在直线的延长交叉点（例 2-2）。

（2）绘制沿某特征点有横纵两个方向偏移的起始点时可利用临时追踪点命令 tt（例 2-6）。

自测习题

1. 打开、关闭及保存和另存图形文件的快捷键是什么？
2. 如何将命令窗口以单独的"AutoCAD 文本窗口"形式打开？
3. 控制面板包含了哪些工具？
4. 如何调出"绘图"、"修改"及"标注"工具栏？
5. AutoCAD 的绘图的一般原则和学习方法是什么？
6. AutoCAD 2008 的特点是什么？
7. 谈谈 AutoCAD 与 Word 的重要区别是什么？
8. AutoCAD 2008 绘制的图形可否用 AutoCAD 2004 打开吗？应如何操作？
9. AutoCAD 具有哪些文件类型？各有何作用？

10. 通过"特性"选项板和"样式"两种方式修改表格的行高,有什么区别?

11. 设置图形界限的目的是什么?

12. 制作样板文件的目的是什么?

13. 如何加载虚线(ACAD_ISO02W100)、点划线(ACAD_ISO10W100)、双点划线(ACAD_ISO12W100)?

14. CAD 默认的线型、线宽及颜色是什么? 有何特点?

15. 对象捕捉与追踪的作用是什么? 对象捕捉与捕捉的区别是什么?

16. AutoCAD 指定一点的方法有几种?

17. 调用 AutoCAD 绘图命令的方法有几种? 分别是什么?

18. 沿某个特征点单一方向偏移时和相距某个特征点有横纵两个方向偏移时的起始点如何选择?

19. 最常用的实时缩放和平移命令如何实现?

20. 选择题。

(1) CAD 默认的角度旋转方向和起始角度是(　　　)。

　　A. 顺时针　水平向右为 0° 　　　　　　　B. 逆时针　水平向右为 0°

　　C. 顺时针　水平向左为 0° 　　　　　　　D. 逆时针　水平向左为 0°

(2) 当光标呈跳跃式移动时,应如何修改(　　　)。

　　A. 向上滚动鼠标中轮,放大视图　　　　　B. 按 F9 键关闭捕捉

　　C. 按 F3 键关闭对象捕捉　　　　　　　　D. 按 F11 键关闭对象捕捉追踪

(3) CAD 图形文件和样板文件的后缀是(　　　)。

　　A. .dwg .dwf 　　　B. .dwg .dwt 　　　C. .dws .dwf 　　　D. .dwg .dxf

21. 创建一个新的图形文件,要求如下。

(1) 将背景设置为白色。

(2) 分别用命令行的方式绘制两个矩形,长 180,宽 150;长 80,宽 50 的矩形。

(3) 将以上两个矩形的中心连接起来。

22. 用矩形命令绘制一个边长分别为 100、50,倒角边长均为 10,线宽为 2 的矩形,效果如图 2-76 所示,标注信息不用绘制。

23. 绘制一台电视机如图 2-77 所示,内边框与外边框相距 1,底边与内边框相距为 2,连接部分矩形边长为(4,4),其余尺寸如图 2-77 所示,标注信息不用绘制。

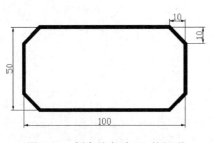

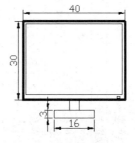

图 2-76　倒角边长为 10 的矩形　　　　　　　图 2-77　电视机

24. 制作表 2-1、表 2-2 所示的表格。

表 2-1　某电源工程导线计划

导线编号	导线路由 起	导线路由 止	设计电压/V	RVVZ-1kV 4×35mm²	RVVZ-1kV 1×95mm²	RVVZ-1kV 1×70mm²	RVVZ-1kV 1×50mm²	RVVZ-1kV 1×35mm²	RVVZ-1kV 1×25mm²	RVVZ-1kV 1×16mm²	RVVZ-1kV 1×10mm²
							导线规格长度				
901	交流配电箱	开关电源交流配电单元	-380	11							
902	交流配电箱	室内防雷箱	-380	3							
201	开关电源1直流配电单元(一)	蓄电池组 A(一)	-48		6						
202	开关电源1直流配电单元	蓄电池组 A(+)	-48		6						
203	开关电源1直流配电单元	蓄电池组 B(一)	-48		6						
204	开关电源1直流配电单元	蓄电池组 B(+)	-48		6						
205	开关电源1直流配电单元 输出(一)	DCS 机架 A1/B1/C1(一)	-48			11					
206	开关电源1直流配电单元	DCS 机架 A1/B1/C1(+)	-48			11					
001	室内地线排	开关电源1工作地						10			
002	室内地线排	开关电源1保护地						10			
003	室内地线排	交流配电箱						2			
004	室内地线排	爱立信地线排					5				
005	DCS 机架(设备母地线)	DCS 机架(设备地线)						4			
006	室内地线排	DF									
007	室内地线排	CH 综合柜							5		
008	室内地线排	室内馈线母地线						10			
009	室内地线排	室内防雷箱						2			
走线架	走线架									6	
合计/m				14	24	22	5	38	5	6	

表 2-2 某线路工程量表

名　　称	单　位	数　量
架空光缆施工测量	百米条	1.7300
直埋光缆施工测量	百米条	0.3200
水泥杆架设 7/2.2 吊线	千米条	0.0640
夹板法装 7/2.2 单股拉线	条	1.0000
敷设吊挂式墙壁光缆	百米条	1.0900
敷设架空赶路光缆	千米条	0.0640
布防直埋光缆	千米条	0.0320

任务 3

绘制某传输工程系统框图

系统图(网络图、原理图)是常用的图纸类型,它反映了网络的拓扑结构及网元之间的连接关系,注重网元的定量和连接的定性说明,是指导下一步平面图设计与绘制的基础。其特点是要清晰体现网络拓扑结构和网络层次,一般需体现网络的演化、调整情况前后对比。对网元、链路注重定性的描述,兼顾定量说明。具体绘制时,一般应先确定主要设备位置,根据信号流向确定绘图顺序,注意图元之间的排列与对齐关系,并控制网元图标及标签文字大小,根据网元数量,合理确定图纸版面。

3.1 提出任务

任务目标:熟练制作通信工程系统框图。

任务要求:

(1)利用任务2中的样板文件"通信工程.dwt"制作如图3-1所示的某传输工程系统框图,保存在"D:\通信工程图纸"文件夹中,并命名为"任务3某传输工程系统框图.dwg"。

(2)建立多重引线样式"多重引线",并使用此样式完成图中标注。

(3)图中各图框彼此对齐,文字位于图框正中。

(4)绘图完成后,将图框、图衔一起做成临时块"A3横向",将原图形删除另存并替换图形样板文件"通信工程.dwt"。

任务分析:图3-1解读:图中分组传输设备通过ODF(光纤配线架)与外部线路相连,通过DDF(数字配线架)与基站相连,从而完成信号的传递,通过开关电源将交流220V电压转换为-48V直流,实现PTN供电。根据通信设备机房要求,图中所有机架、设备外壳都要接地,此外,还要有信号地和防雷地。

图3-1框图在绘制过程中涉及直线、圆弧、镜像等基本的绘图及修改命令,在使用多重引线之前要定义多重引线样式,图纸中重复使用的图框、指北针、图例等做成临时块放到样板文件中将有利于提高绘图效率,因此本任务包括以下分任务。

(1)基本绘图与修改命令。

(2)多重引线标注样式的制作与使用。

(3)绘制系统框图。

(4)制作临时块。

另外,插入块时,对于一些如序号等可变的内容,可将其定义为临时块的属性,将更便于临时块的使用;此外,其在绘图过程中可能会用到一些不常用的或没有用过的绘图命令,可

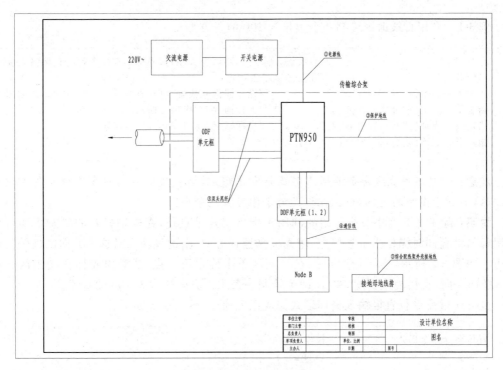

图 3-1　某传输工程系统框图

到 CAD 自带的帮助中查找,这两部分内容作为技能提升将在 3.5 节中给予介绍。

本任务的技能要求:

(1) 熟练掌握基本绘图命令:直线、单行文字、多行文字、圆弧。

(2) 熟练掌握基本修改命令:镜像、分解、拉伸、缩放、复制。

(3) 掌握多重引线样式的制作与使用方法。

(4) 掌握临时块的定义、编辑与使用方法。

(5) 掌握通信工程制图的基本步骤和方法。

(6) 会使用 CAD 帮助文件查找和自学相应的绘图、修改等命令及设置。

(7) 会定义及使用临时块属性。

(8) 会清理文件中没有使用的样式、图层和块。

3.2　基本绘图与修改命令

3.2.1　绘制直线

在通信工程图中直线常用于设备之间的链接,较少用于折线及封闭多边形,后者可使用多段线或正多边形来实现,这样更利于图形后期的修改和编辑。获得直线命令有以下 3 种方式。

(1) 命令行:l 或 line ↙。

(2) 面板或绘图工具栏中的 ╱ 图标。

(3) 下拉菜单:"绘图"→"直线"。

例 3-1   利用直线命令绘制一个边长为 100 的正方形。

命令:1✓   //直接键盘输入 L,不区分大小写,光标不在命令行时直接输入也可
指定第一点: //在绘图区单击指定
指定下一点或[放弃(U)]: 100 ✓   //光标捕捉 0°极轴方向,直接输入 100,按 Enter 键即可
指定下一点或[放弃(U)]: 100 ✓   //光标捕捉 90°极轴方向,直接输入 100
指定下一点或[闭合(C)/放弃(U)]: 100 ✓ //光标捕捉 180°极轴方向,直接输入 100
指定下一点或[闭合(C)/放弃(U)]: c✓

注意:一般不用直线命令绘制矩形及正多边形,因为直线所绘制的多边形其各条边是分立的,不利于图形的选取,以上仅仅是为了学习直线命令。

说明:除了 2.5.2 小节中介绍的利用坐标来确定某点外,在极轴打开的状态下还可以由鼠标与键盘同时操作指定坐标点,用光标来捕捉方向,由键盘输入沿这一方向的极轴长度即可。如图 3-2 所示,执行 l 命令后,在绘图区单击确定第一点,然后由光标在绘图区选择 0°角极轴方向,直接输入长度 100 ✓即可绘制一条水平方向长度为 100 的直线。

也可通过命令行直接输入坐标形式完成以上命令,输入命令如下。

直角坐标命令形式   极坐标命令形式
line ✓   line ✓
0,0 ✓   0,0 ✓
@0,100 ✓   @100 < 0 ✓
@100,0 ✓   @100 < 90 ✓
@0, − 100 ✓   @100 < 180 ✓
c ✓   c ✓

例 3-2   使用直线命令绘制一个梯形,如图 3-3 所示,不用输入标注信息。

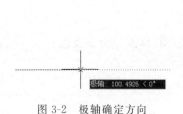

图 3-2   极轴确定方向   图 3-3   梯形

(1) 绘制梯形。

命令:1✓
LINE 指定第一点: //单击确定梯形左上角点
指定下一点或[放弃(U)]: 50 ✓   //利用极轴选择水平向右方向,在命令行中直接输入长度 50
指定下一点或[放弃(U)]: @50 < − 60 ✓
                                  //相对极坐标,50 为极轴的长度,顺时针旋转 60°,因此其角度为负
指定下一点或[闭合(C)/放弃(U)]:   //利用对象捕捉与追踪实现,即光标靠近左上角端点实现捕
                                    捉,然后垂直向下追踪至与底边相交,如图 3-4(a)所示,单
                                    击确定此点
指定下一点或[闭合(C)/放弃(U)]: c✓   //也可右击在出现的下拉列表中选择"闭合"命令

（2）绘制梯形腰线。

```
命令:l↙ LINE 指定第一点:20↙   //光标靠近梯形的左上角,在出现端点橙色方块标志后,光标
                             垂直向下,如图 3-4(b)所示,当出现虚线时,证明已实现追
                             踪,输入 20,即选中了第一点坐标位置,如图 3-4(c)所示
指定下一点或[放弃(U)]:↙       //用极轴选择方向,在出现与侧边交点橙色十字叉时按 Enter 键
指定下一点或[放弃(U)]:↙       //按 Enter 键结束命令
```

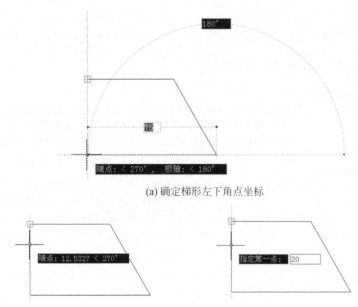

(a) 确定梯形左下角点坐标

(b) 捕捉并追踪梯形左上角点　　(c) 确定距梯形左上角点垂直向下20的腰线左端点

图 3-4　梯形绘制过程

例 3-3　利用直线绘制一个十字路口,路宽及长度自定,经过岔路口后横纵两个方向的路宽不变,岔路口的标号不用标,效果如图 3-5(a)所示。

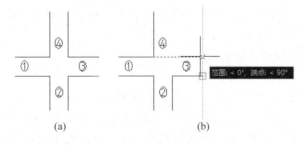

(a)　　　　　　　　　(b)

图 3-5　交叉路口

分析:岔路口由 4 条折现构成,从左上角开始,沿逆时针方向绘制,十字路口及路口的长短的对齐利用对象捕捉与追踪。关键是最后一条折线首个端点的确定,路口③的宽度与路口①的宽度一致,水平方向长度要与下边第三条折线对齐。具体绘制过程如下。

```
//绘制左上角第一条折线
命令: l↙ LINE 指定第一点:                    //在绘图区单击确定该点
指定下一点或[放弃(U)]:                       //光标沿垂直向下方向移动一定距离后单击
指定下一点或[放弃(U)]:                       //光标沿水平向左方向移动一定距离后单击
指定下一点或[放弃(U)]:↙                      //按 Enter 键结束命令
//绘制第二条折线
//空格重复执行直线命令
命令: LINE 指定第一点:
            //光标悬停于第一条折现的左端点,出现橙色方块后,垂直向下移动一定距离后单击
指定下一点或[放弃(U)]:
            //光标沿水平向右方向移动,捕捉到第一条折现拐角与本直线的交点后单击
指定下一点或[放弃(U)]:                       //光标沿垂直向下方向移动一定距离后单击
指定下一点或[放弃(U)]:↙                      //按 Enter 键结束命令
//第三条折线的绘制同理于第二条折线,略
//绘制第四条折线
//空格重复执行直线命令
命令: LINE 指定第一点:   //光标悬停于岔路口③的右侧端点,出现橙色方块后沿垂直方向移动使
                         之出现极轴,然后悬停于岔路口①的拐点,出现橙色方块后沿水平向
                         右方向移动使之与刚刚出现的垂直方向的极轴相交,单击确定该点,
                         如图 3-5(b)所示
指定下一点或[放弃(U)]:
            //同第一点,光标分别捕捉和追踪左上角折线和右下角折线的拐点定位此拐点
指定下一点或[放弃(U)]:                       //捕捉并水平追踪第一条折现的首个端点
指定下一点或[放弃(U)]:↙                      //按 Enter 键结束命令
```

3.2.2 编辑文字

1. 单行文字

在绘图过程中,很多情况下需要给图形标注一些恰当的文本说明,使图形更加明白、清楚,从而完整地表达其设计意图。CAD 中的文字分多行文字和单行文字。单行文字 Text 常用来为图形标注一行或几行文本,可按 Enter 键重复执行,直至连续两次按 Enter 键结束文字输入,或单击任意处后按 Esc(或 Enter)键结束文字输入。单行文字输入的多行文本,每一行文本可作为一个实体进行移动、复制等操作。单行文字命令的获取方式有以下 3 种。

(1) 命令行: dt 或 dtext↙。

(2) 面板: 单击单行文字图标 **A** 。

(3) 下拉菜单:"绘图"→"文字"→"单行文字"。

执行 dtext 命令后,命令行会显示当前文字样式、文字高度,并提示输入文字的起点或对正或样式,直接在绘图区单击确定起点时,则默认左下角为文字输入的基点;其后提示指定文字的旋转角度,直接按 Enter 键,默认角度为 0;输入文本,按 Enter 键可输入多行文字,直至连续两次按 Enter 键结束文字输入。

```
命令: dtext↙
当前文字样式:"标准仿宋"文字高度: 3.5000 注释性: 否
指定文字的起点或[对正(J)/样式(S)]:↙      //键盘输入坐标或绘图区单击指定起点
指定文字的旋转角度<0>:↙                    //采用默认 0,也可输入文字旋转角度,如 45↙
```

执行 dtext 命令后,输入 j↙,出现"对齐"、"调整"等正对选项,其含义如下。

```
命令: dtext ↙
当前文字样式:"标准仿宋"文字高度: 3.5000 注释性: 否
指定文字的起点或[对正(J)/样式(S)]: j↙
输入选项
[对齐(A)/调整(F)/中心(C)/中间(M)/右(R)/左上(TL)/中上(TC)/右上(TR)/左中(ML)/正中(MC)/
右中(MR)/左下(BL)/中下(BC)/右下(BR)]:
```

单行文字命令中各可选项说明如下。

(1) 对齐:当输入文字时,需要指定文字基线的第一个端点和第二个端点来放置文字,且根据两端点的距离变化文字的宽窄与高度,其中文字的高度自动根据宽高比例自动变化,不可设置。在放置文字基线位置时,如果选择的顺序相反,则文字也将反向显示。

(2) 调整:调整文字格式选项与设置对齐文字选项相似,但此选项设置时可以输入或修改文字高度。

(3) 中心:使用该方式后,文本底端中心位置与指定点对齐,输入文字向两侧填充。

(4) 中间:使用该方式后,文本的文本中心和高度中心与指定点对齐,输入文字向两侧填充。

(5) 正中:使用该方式后,文本中部中心点与指定点对齐,输入文字向两侧填充。

(6) 右:使用该方式后,在图形中指定的点与文本的右端对齐,输入文字向左侧填充。左、左上、中上、右上、左中、右中、左下、中下及右下位置同理于"右",不赘述。

说明:

(1) 关于文字对齐中的"中"。文字对齐中的"中上"、"左中"、"右中"、"中下"、"正中"的"中"均指文本大写字母高度的中点,即文本基线到文本顶端距离的中点;"中间"所指的文本中点是文本的总高度(包括如 j、y 等字符的下沉部分)的中点,即文本底端到文本顶端距离的中点,如图 3-6 所示。如果文本串中不含 j、y 等下沉字母,则文本底端线与文本基线重合,"正中"与"中间"相同。汉字也是同理,因此在一般的对齐中,我们采用"中间"对正方式,以免出现文字压边现象。

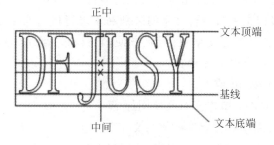

图 3-6　文字对正中"正中"与"中间"的区别

(2) 单行文字的基点。在不设置基点的情况下,文字的默认基点为左下角,如按 Ctrl＋C、Ctrl＋V 快捷键和右键拖动时的基点即为此基点。在指定了左下角为基点后,文字的左下角与指定点对齐,输入的文字将向右移动填充;指定中间对齐后,输入的文字的中点与指定点对齐,输入的文字将向两边填充;其他对齐方式同理。

（3）单行文字中的样式设置。执行 dtext 命令后，默认采用"置为当前"的文字样式，但也可以利用 s↙命令修改。输入 s↙直接输入要使用的文字样式名称，或者输入? ↙后再次↙，此时会弹出"文字样式"清单，如图 3-7 所示，从中选择要使用的文字样式即可。

```
命令: dtext ↙
当前文字样式:"标准仿宋"文字高度: 3.5000 注释性:否
指定文字的起点或[对正(J)/样式(S)]:s ↙
输入样式名或[?]<Standard>: ? ↙
输入要列出的文字样式<＊>:↙        //此时将弹出文本窗口显示所有的文字样式,如图 3-7 所示
指定文字的起点或[对正(J)/样式(S)]:s ↙
输入样式名或[?]<Standard>:        //此时根据弹出窗口提供的样式信息输入要使用的文字样
                                      式名称
```

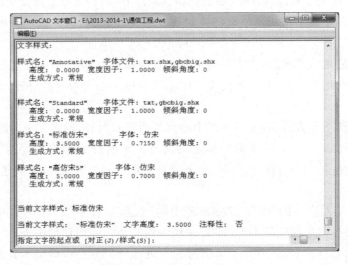

图 3-7　"文字样式"清单

2. 多行文字

多行文字又称段落文字，它允许用户一次创建多行文字，用多行文字创建的文字可以有不同的高度和颜色。多行文字与单行文字的区别在于多行段落文字是一个整体，可以进行统一编辑，因此多行文字比单行文字更灵活、方便，它具有一般文字编辑软件的各种功能。多行文字命令的获取方式有以下 3 种。

（1）命令行: mtext 或 mt 或 t ↙。

（2）面板或绘图工具栏: 单击多行文字图标 **A**。

（3）下拉菜单:"绘图"→"文字"→"多行文字"。

执行多行文字命令后，命令行会出现当前文字样式，文字高度等信息如下。

```
命令: mtext ↙
当前文字样式:"标准仿宋"文字高度: 3.5 注释性:否
指定第一角点:
指定对角点或[高度(H)/对正(J)/行距(L)/旋转(R)/样式(S)/宽度(W)/栏(C)]:
```

通过第一角点和对角点可以指定文本框的宽度,如图 3-8(a)所示,单击任意处结束文字输入。指定对角点后,此后输入的英文单词或汉字将按此宽度自动换行,无须输入回车符。对于连续输入的英文字母串(即中间不含空格)将不受文本框宽度限制,只有输入空格或回车符才会换行,否则将生成单行长文本串。此文本框可通过拖动左下角和右上角的三角块◁▷改变文本框的大小。

注意:拖此文本框时,请观察以极轴方式显示的右下角坐标的大小,如图 3-8(b)所示。不要太大,不然文本框将填满整个绘图区,只留有左侧制表符 ┗ 下面的一小条空白,单击此空白处可退出文字输入也可以向下滚动鼠标滑轮缩小多行文本框。

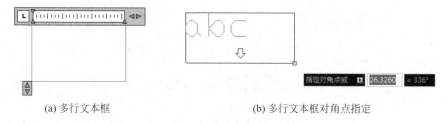

(a) 多行文本框   (b) 多行文本框对角点指定

图 3-8 指定文本框的宽度

执行多行文字命令后,系统打开如图 3-9 所示的"文字格式"编辑器。其中"文字格式"编辑器用于修改或设置字符的格式。各选项的作用同 Microsoft Office Word,简单介绍如下。

图 3-9 "文字格式"编辑器

左上角两项分别为文字样式和字体:用户可以从该下拉列表框中选择文字样式和字体作为当前标注文本的样式和字体。

⚠ 注释性:当注释性图标 ⚠ 呈按下状态,文字成为注释性文字,列表显示高度为图纸文字高度,模型文字高度由图纸文字高度和"注释比例"决定(注释比例=图纸文字高度:模型文字高度),后面会详细介绍注释性。

字高:设置当前字体高度。可在下拉列表框中选取,也可直接输入。

B、**I**、U、O 加黑/倾斜/加下划线/加上划线:四个开关按钮用于设置当前标注文本是否加黑、倾斜、加下划线、加上划线。

↰ ↱ 撤消/恢复:该按钮用于撤消/恢复上一步操作。

⅔ 堆叠:该按钮用于设置文本的重叠方式。只有在文本中含有/、╲、# 3 种分隔符号,该按钮才被执行,且分别转为"水平分数线、斜分数线和上下角标",选中要堆叠的内容,单击⅔ 按钮实现堆叠。分别选中 x、y 及相应符号,堆叠后效果如图 3-10 所示。

堆叠命令也可自动完成。应用自动堆叠时若前面为普通数字需要与要堆叠的内容以空格隔开(汉字、字母或堆叠数字不要空格),然后在要堆叠的内容后面按空格键启动堆叠命令(当要堆叠的对象是汉字或字母时按空格键不会启动堆叠命令),此时会弹出如图 3-11 所示

分数 x/y x#y 上下角标 zx^ z^y zx^y

分数 $\frac{x}{y}$ $\frac{x}{y}$ 上下角标 z^x z_y z_y^x

图 3-10 堆叠效果图

的"自动堆叠特性"对话框。选中"删除前导空格"复选框可以删除前面的空格,但后面的空格不会自动删除;选中"不再显示此对话框,始终使用这些设置"复选框此后将自动堆叠,并删除前面的空格。

颜色:通过下拉列表设置文字的颜色。

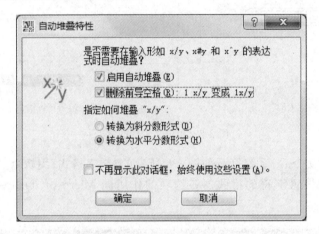

图 3-11 "自动堆叠特性"对话框

██████ 文本框:按下显示文本框。

确定:按下结束多行文字输入。

▤▾分栏:按照指定栏宽和栏间距显示文字,栏高可由光标拖动。静态栏,分栏个数确定;动态栏,分栏个数根据内容多少及栏宽自动设置。

▣▾对齐方式:可从下拉列表中选择。

▤ 段落:对以按 Enter 键确认的段落进行制表位、缩进、段落对齐、段落间距及段落行距的设置,其缩进、对齐单位默认是格式中设置的单位,如图 3-12 所示。

对齐方式:▤ ▤ ▤ ▤ ▤分别为左对齐、居中、右对齐、对正、分布(两端对齐)。

▤▾行距:对以按 Enter 键确认的段落设置行距。

▤▾编号:可以使用数字、字母和项目符号对段落进行标记。

▤插入字段:可以插入一些如日期、文件名、作者等属性字段。需在"图形特性"中定义过作者才会显示。

ẫA Aẫ切换字母大小写:分别为全部大写、全部小写,只对选定的字母有效。

0/:设置文字的倾斜角度,选择该命令,可以把所有新输入的文字转换成设置的角度,但不作用于已有的文字,倾角范围是 $-85°\sim85°$。

@▾:特殊字符,如一些数学符号 Ø、°、≈ 等,这些符号也可以利用某些输入法如"搜狗"或"谷歌"等输入法自带的"特殊符号"输入。除此 CAD 的特殊字符还包括一些工程绘图中的图形符号,如地界线 ▣、界碑线 ▣ 等。常用的特殊符号如表 3-1 所示。

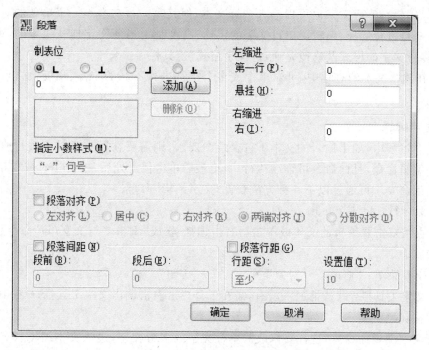

图 3-12 "段落"对话框

表 3-1 常用的特殊符号列表

特殊符号	输入代码	解　释	特殊符号	输入代码	解　释
±	%%p	公差符号	≈	\U+2248	约等号
‾	%%O	上划线	_	%%U	下划线
$_2$	\U+2082	下标 2	Ø	%%c	直径符号
°	%%d	度数	∠	\U+2220	角度
Ω	\U+2126	欧姆	ℳ	\U+E102	界碑线
℞	\U+214A	地界线	^{2}	\U+00B2	平方
^{3}	\U+00B3	立方	ϸ	\U+0278	点相位

a•b：文字间隙。 ◑：文字宽度。

◔：单击此向下箭头，可进行段落对齐、分栏等文字工具栏第二行中有的操作，此外还可以进行以下操作。

输入文字(I)...：可从已有的"＊.txt"文档中导入输入的内容。

编辑器设置：对"文字格式"编辑器进行设置。

背景遮罩：设置文本背景。

字符集：更改输入文字的字符集。

在文字输入窗口中右击，将弹出一个快捷菜单，利用它也可以对多行文本进行设置，比◔多了选择、复制、粘贴功能。

说明：

（1）多行文字与单行文字的区别。多行文字中的多个段落是一个整体，只能对其进行整体选择、编辑；单行文字也可以输入多行文本，但其每一行文本是一个单独的对象，可以分别对每一行进行选择、编辑。单行文字的字体、高度是由当前文字样式决定的，可通过特性修改，多行文字的样式及修改是通过"文字格式"工具栏。

（2）在输入文本的过程中，可对单个或多个字符进行不同的字体、高度、加粗、倾斜、划线等设置。

3. 文字编辑

在绘图过程中，如果输入的文本不符合绘图要求，则需要在原有基础上进行修改，可以使用文字编辑命令，且此命令可连续执行，直至最后单击任意处后，按 Enter（或空格或 Esc）键确认结束命令。可通过以下 4 种方法获得"文字编辑"命令。

（1）命令行：ed 或 ddedit ↙。

（2）直接双击要编辑的文本或单击后右击选择 **A/** 或"编辑多行文字（I）"命令也可进入文本编辑状态。

（3）下拉菜单："修改"→"对象"→"文字"→"编辑"。

（4）文字工具栏：默认情况下没有，需在工具栏上右击调出文字工具栏，单击其中的 **A/** 文字编辑按钮。

执行文字编辑命令后，选择要修改的单行文字或多行文字，进入文本编辑状态，可连续修改多处文字，按 Esc 键退出。

移动文字位置：单击文字，其基点以蓝色块显示，再单击呈红色，此时可进行移动或复制。命令提示行出现提示信息"指定拉伸点或［基点（B）/复制（C）/放弃（U）/退出（X）］："。

指定拉伸点：即以当前基点移动文本到指定位置。

基点（B）：重新设置临时基点以便于移动和对齐，移动后文本的基点仍是原来的位置。

复制（C）：移动文本的副本。

放弃（U）：放弃上一步操作。

退出（X）：同 Esc 键退出命令。

例 3-4 绘制如图 3-13（a）所示的任务中的一部分图框，注意其中的对齐关系和框的大小。

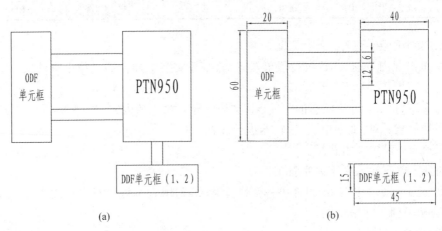

图 3-13 图框

分析：在系统框图中，图框最好能容纳 2～3 行文字，以适应内容较多的文字的输入，因此可适当将图框画高些、大些，如图 3-13 所示大小。图中的光纤跳线和电缆连线要保持对称，因此绘制过程中指定连线之间的距离。

（1）绘制单元框。

```
命令：rec↙       //绘制中间矩形
指定第一个角点或 [倒角(C)/标高(E)/圆角(F)/厚度(T)/宽度(W)]:              //单击确定起点
指定另一个角点或 [面积(A)/尺寸(D)/旋转(R)]:@40,60↙

命令：rec↙       //绘制左侧矩形
指定第一个角点或 [倒角(C)/标高(E)/圆角(F)/厚度(T)/宽度(W)]:
                  //光标捕捉中间矩形左下角点，水平向右追踪一定距离后单击
指定另一个角点或 [面积(A)/尺寸(D)/旋转(R)]:@20,60↙

命令：rec↙       //绘制下方矩形
指定第一个角点或 [倒角(C)/标高(E)/圆角(F)/厚度(T)/宽度(W)]:tt↙
指定临时对象追踪点：              //光标捕捉中间矩形下边中点，垂直向下追踪一定距离后单击
指定第一个角点或 [倒角(C)/标高(E)/圆角(F)/厚度(T)/宽度(W)]:22.5↙
                  //光标水平向右选择方向，键盘输入距离
指定另一个角点或 [面积(A)/尺寸(D)/旋转(R)]:@45,-15↙
```

说明：下方矩形的绘制中，利用 tt 指定位置时，需要输入水平偏移才能够绘制出对称的矩形，由光标在绘图区确定的距离不够精确，无法精确的得到矩形的边长。当然，也可以先绘制(45,15)的矩形之后移动对齐。

（2）绘制连接线。

PTN950 与"ODF 单元框"上边的双线的连接与定位，其中一条直线的定位利用对象捕捉捕捉到 PTN950 左边中点并垂直向上追踪距离 12 得到；第二条直线的定位捕捉上一条直线的端点垂直向上追踪 6 得到；PTN950 与"DDF 单元(1,2)"的双线的连接定位同理。

（3）输入文字。

所有文字的输入都需要指定"对正"方式为"正中"，其中"ODF 单元框"使用多行文字 t，其他使用单行文字 dt 即可。

① 使用多行文字实现，步骤提示。

```
mt↙
指定第一角点：光标选定矩形区域左上角点
j↙                 //设置文字对正
mc↙                //设置文字对正为"正中"
指定对角点：光标选定矩形区域右下角点
```

② 使用单行文字实现，步骤提示。

```
dt↙
j↙                 //设置文字对正
mc↙                //设置文字对正为"正中"
指定文字的中间点：  //利用对象捕捉与追踪选取矩形中心点
```

3.2.3　圆弧

圆弧可以看成是圆的一部分,圆弧不仅有圆心,还有起点和端点。因此,可通过指定圆弧的圆心、半径、起点、端点、方向或弦长等参数来绘制。默认以三点的形式来绘制圆弧,若要以其他方式绘制,可以在命令的执行过程中输入相应可选项来设置。其各可选项介绍如下。

(1) 三点:通过指定不在一条直线上的任意三点来画一段圆弧。

(2) 圆心、起点、端点:以指定圆弧的圆心、起点及端点来绘制圆弧。

(3) 圆心、起点、角度:以指定圆弧的圆心、起点及角度来绘制圆弧。

(4) 圆心、起点、弦长:以指定圆弧的圆心、起点及弦长来绘制圆弧。

(5) 起点、端点、角度:以指定圆弧的起点、端点及圆心角来绘制圆弧。

(6) 起点、端点、方向:以指定圆弧的起点、端点及起点切线方向来绘制圆弧。

(7) 起点、端点、半径:以指定圆弧的起点、端点及半径来绘制圆弧。

(8) 起点、圆心、端点:以指定圆弧的起点、圆心及端点来绘制圆弧。

(9) 起点、圆心、角度:以指定圆弧的起点、圆心及角度来绘制圆弧。

(10) 起点、圆心、弦长:以指定圆弧的起点、圆心及弦长来绘制圆弧。

(11) 继续:以上一次圆弧的端点为起点,然后指定圆弧的另外一个端点来绘制圆弧,此种方式只能通过绘图下拉菜单获得。

获得圆弧命令有以下 3 种方式。

(1) 命令行:a 或 arc ↙。

(2) 面板或绘图工具栏:单击 ⌒ 圆弧图标。

(3) 下拉菜单:"绘图"→"圆弧"。

圆弧的画法很多,根据情况不同,按提示来绘制,也可以通过先画出整圆,再修剪或打断得到圆弧。

3.2.4　复制

复制、镜像、缩放、分解、拉伸是绘图中常用到的编辑命令,这些编辑命令位于"修改"下拉菜单和"修改"工具栏中,在面板 ◣ 二维绘图区可找到复制和镜像的工具图标,拉伸、缩放、分解需单击右侧的 ▾ 按钮,在下拉列表中查找。

复制命令用来对原图作一次或多次复制,并复制到指定位置。和 Ctrl+C 快捷键相比以命令方式进行复制可以指定临时基点,用以准确的定位。获得复制命令有以下 3 种方式。

(1) 命令行:co 或 copy ↙。

(2) 面板或修改工具栏:单击复制图标 %。

(3) 下拉菜单:"修改"→"复制"。

例 3-5　使用复制命令将长 100 宽 80 的矩形复制到距其水平向右 100 的位置,效果如图 3-14 所示。

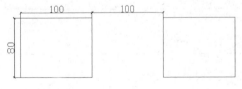

图 3-14　复制矩形

具体绘图命令如下。

```
命令: copy↙
选择对象:找到 1 个                         //单击矩形
选择对象:↙                               //按 Enter 键确认选择对象结束
当前设置:复制模式 = 多个
指定基点或[位移(D)/模式(O)] <位移>:     //单击矩形左上角点作为临时基点
指定第二个点或<使用第一个点作为位移>: 200↙
指定第二个点或[退出(E)/放弃(U)] <退出>:↙ //按 Enter 键确认复制命令结束
```

3.2.5 镜像

镜像命令可以按给定的镜像线产生指定目标的镜像图形,原图既可保留,也可删除。执行镜像命令时屏幕上不显示镜像线,在选择要镜像的对象时,可连选,直到按 Enter 键确认为止。获得镜像命令有以下 3 种方式。

(1) 命令行:mi 或 mirror↙。

(2) 面板或修改工具栏:单击镜像图标 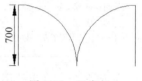 。

(3) 下拉菜单:"修改"→"镜像"。

例 3-6 绘制一个宽度为 700 的双扇门,如图 3-15 所示。

步骤:绘制右侧门,通过镜像得到左侧门。

图 3-15 双扇门

具体绘图命令如下。

```
命令: line↙
指定第一点:
指定下一点或[放弃(U)]: 700↙
命令: arc↙
指定圆弧的起点或[圆心(C)]: c↙
指定圆弧的圆心:                        //单击直线下面端点
指定圆弧的起点:                        //单击直线上面端点
指定圆弧的端点或[角度(A)/弦长(L)]: a↙
指定包含角: 90↙
命令: mirror↙
选择对象:找到 1 个
选择对象:找到 1 个,总计 2 个           //光标选择直线和弧形两对象
选择对象:↙                            //按 Enter 键确定对象选择已结束
指定镜像线的第一点:指定镜像线的第二点:   //分别由光标指定镜像线的两个端点
要删除源对象吗?[是(Y)/否(N)] <N>:↙    //默认不删除原对象,直接按 Enter 键即可
```

3.2.6 缩放

若在绘制完成后发现所绘制的图形过小(或过大),可通过缩放命令来放大(或缩小),且缩放命令可以通过连选同时对多个对象进行缩放。获得缩放命令有以下 3 种方式。

（1）命令行：sc 或 scale ✓。

（2）面板或修改工具栏：单击缩放图标 ⊡。

（3）下拉菜单："修改"→"缩放"。

例 3-7　将图 3-16（a）中的边长为（8,5）的矩形以左下角为基点，将图形放大两倍成图 3-16（b）。

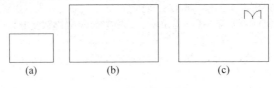

图 3-16　缩放举例

具体操作过程如下。

```
命令：sc ✓
选择对象：找到 1 个
选择对象：✓          //确认对象选择完毕
指定基点：            //鼠标选取左下角，以此点为基准点放大
指定比例因子或[复制(C)/参照(R)]<1.0000>: 2 ✓
```

缩放命令很难直接用鼠标控制缩放的大小，因此在已知缩放比例的情况下可以直接输入缩放比例，否则可以使用参照。缩放命令可选项说明如下。

复制：缩放的同时实现复制。

参照：在不知道具体缩放多少倍的情况下使用此选项，将"参照长度"缩放为"新的长度"。通常量取被缩放对象的某一长度作为"参照长度"，"新的长度"的起点默认为"基点"；也可通过可选项 P 来重新设置新长度的第一个端点。通常用于将示意性图形通过缩放放置于图框或某图形中，使用此命令，可以省去计算缩放倍数的过程，非常实用。

例 3-8　将图 3-15 中的双扇门放置到图 3-16（b）中，效果如图 3-16（c）所示。

具体操作如下。

```
命令:sc ✓指定对角点;找到 4 个          //拖曳选择双扇门
指定基点：                            //光标选择左下角
指定比例因子或[复制(C)/参照(R)]<2.000>: r ✓
指定参照长度<7.0000>: 指定第二点：     //光标选择双扇门的底边两端点
指定新的长度或[点(P)]<1.0000>: P ✓指定第一点: 指定第二点：
                                    //光标到矩形的右上角点取某一长度
单击面板中的"实时" 🔍 按钮，因为上一步的缩放使双扇门变小，很容易看不到
m ✓
选择对象:指定对角点:找到 4 个          //拖曳选择双扇门
选择对象：✓确认对象选择完毕
指定基点或[位移(D)]<位移>：✓           //光标选择双扇门的左下角点为临时基点
指定第二个点或<使用第一个点作为位移>：   //光标选择矩形中的目标点
```

3.2.7　分解

分解命令可以分解图形、多行文字、块及标注,使之成为分离的多个部分。对图形运用分解命令,如矩形运用分解命令后将使其成为 4 条直线;对多行文字运用分解命令后将变为多个单行文字;对块运用分解命令后块将变为绘制块时的分立图形;对标注运用分解命令,将使标注的各部分元素均成为独立的部分,即分解为尺寸标注、尺寸界线、尺寸线和箭头。获得分解命令有以下 3 种方式。

(1) 命令行:x 或 explode ↙。

(2) 面板或修改工具栏:单击分解图标 。

(3) 下拉菜单:"修改"→"分解"。

例 3-9　绘制外联部分光缆示意图,如图 3-17(a)所示。

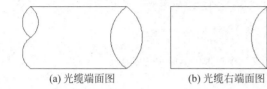

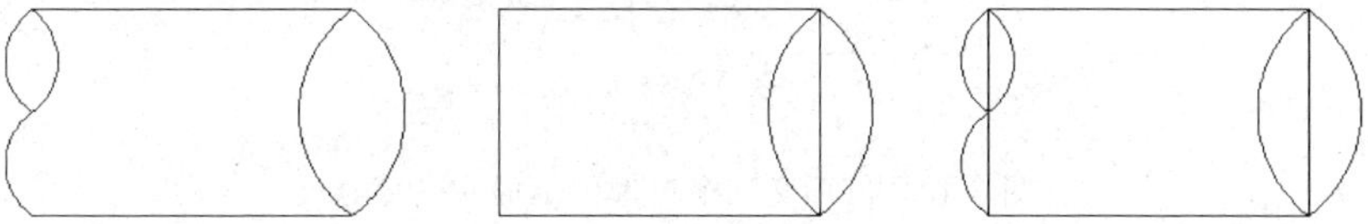

(a) 光缆端面图　　　　(b) 光缆右端面图　　　　(c) 光缆左端面图

图 3-17　部分光缆示意图

绘制步骤提示及说明如下。

(1) 对比观察图中的文字确定矩形的大小,绘制边长为(8,5)的矩形。之所以绘制矩形是为了辅助两端面的绘制。

(2) 使用指定 3 个端点的方法绘制右侧圆弧,其中圆弧的第二个点追踪矩形右侧边中点水平轴,通过镜像命令得到右侧圆弧,构成外联部分的光缆右端面,如图 3-17(b)所示。

(3) 通过复制及缩放命令完成右端面的绘制,如图 3-17(c)所示。

(4) 分解矩形,并删除矩形的左右两边。

3.2.8　拉伸

在绘制示意性的图形对象时,可能画的过长(或过短),这时可以使用拉伸命令使其缩短(或拉长)。拉伸命令可以按指定的方向和角度拉伸或缩短实体,它可以拉长、缩短或改变对象的形状。执行该命令后,必须用交叉窗口选择要拉伸或压缩的对象,交叉窗口内的端点被移动,而窗口外的端点不动。与窗口边界相交的对象被拉伸或压缩,同时保持与图形未动部分相连。获得拉伸命令有以下 3 种方式。

(1) 命令行:s 或 stretch ↙。

(2) 面板或修改工具栏:单击拉伸图标 。

(3) 下拉菜单:"修改"→"拉伸"。

例 3-10　将边长为(8,5)的矩形修改为(10,5)的矩形。

具体过程如下。

```
命令:s↙
以交叉窗口或交叉多边形选择要拉伸的对象...
选择对象:指定对角点,找到1个                    //光标从右下角拖曳选择矩形,如图3-18所示
选择对象:↙
指定基点或[位移(D)]<位移>:                     //光标选取右下角点
指定第二个点或<使用第一个点作为位移>:2↙        //极轴打开,光标水平向右选择方向
```

注意：在选择对象时,一定是用交叉窗口,将要修改部分包括其中,而非全选。

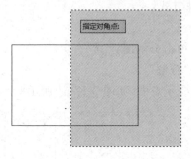

图 3-18　使用交叉窗口选中矩形右侧部分

3.3　多重引线标注

多重引线由引线、引线箭头、基线与标注内容组成,如图 3-19 所示。多重引线可包含多条引线,因此一个注解可以指向图形中的多个对象,这将有利于后续对多个引线标注做对齐等操作。因此可用多重引线标注代替引线标注,主要用在序号标注中。

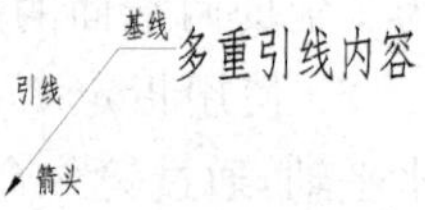

图 3-19　多重引线组成

3.3.1　设置多重引线样式

获得多重引线样式对话框有以下 3 种方式。

(1) 命令行：mleaderstyle 或 mls ↙。

(2) 面板或样式工具栏：单击多重引线图标 。

(3) 下拉菜单："格式"→"多重引线样式"。

设置本任务中的多重引线样式"多重引线",步骤如下。

(1) 执行 mleaderstyle 多重引线样式命令,弹出"多重引线样式管理器"对话框,如图 3-20 所示,此时可对引线的样式进行设置与修改。

(2) 单击"新建"按钮,弹出如图 3-21 所示的"创建新多重引线样式"对话框,设置样式名称为"多重引线",基础样式采用默认的 Standard,即将 Standard 作为新多重引线样式的默认设置,单击"继续"按钮。

(3) 在弹出的"修改多重引线样式：多重引线"对话框中选择"引线格式"选项卡,如图 3-22 所示,将直线的颜色、线型、线宽设为 ByLayer,箭头符号设为"无"。

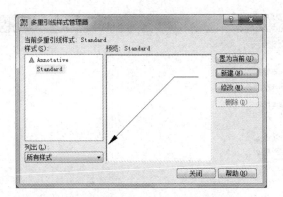

图 3-20 "多重引线样式管理器"对话框

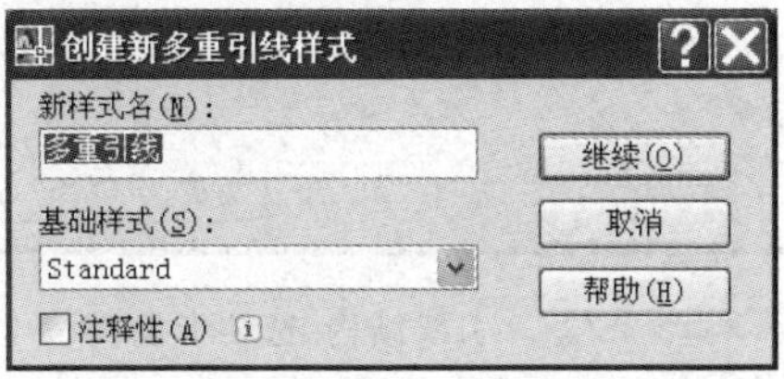

图 3-21 "创建新多重引线样式"对话框

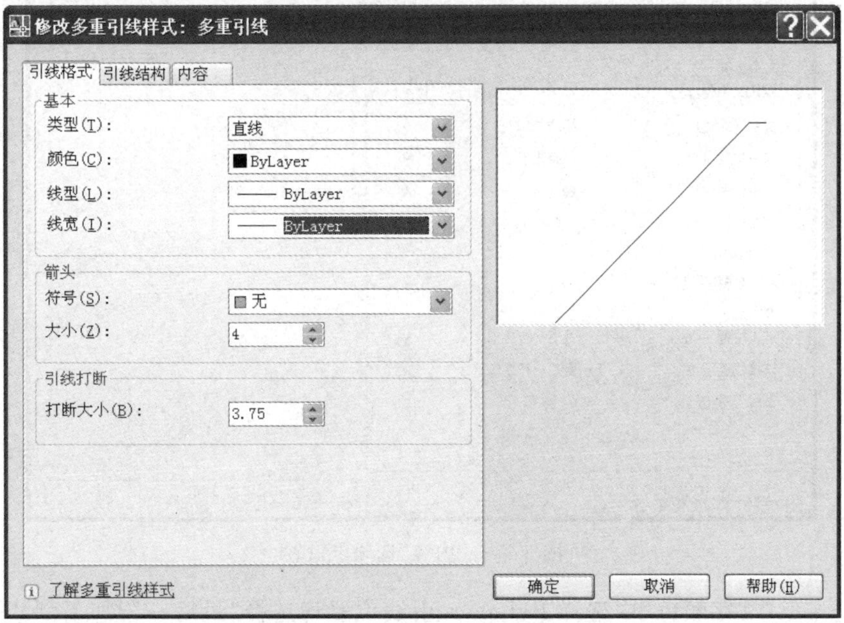

图 3-22 "引线格式"选项卡设置

（4）选择"引线结构"选项卡，如图 3-23 所示，"最大引线点数"选项采用默认 2，基线距离（即长度），将其设置为 2。基线距离加上"基线间距"就是此引线拐点与文字的距离。

其中的引线点数，即引线的可调整拐点数（端点和折点数的和）。

（5）选择"内容"选项卡，如图 3-24 所示，引线类型中选择"多行文字"，"文字样式"中选

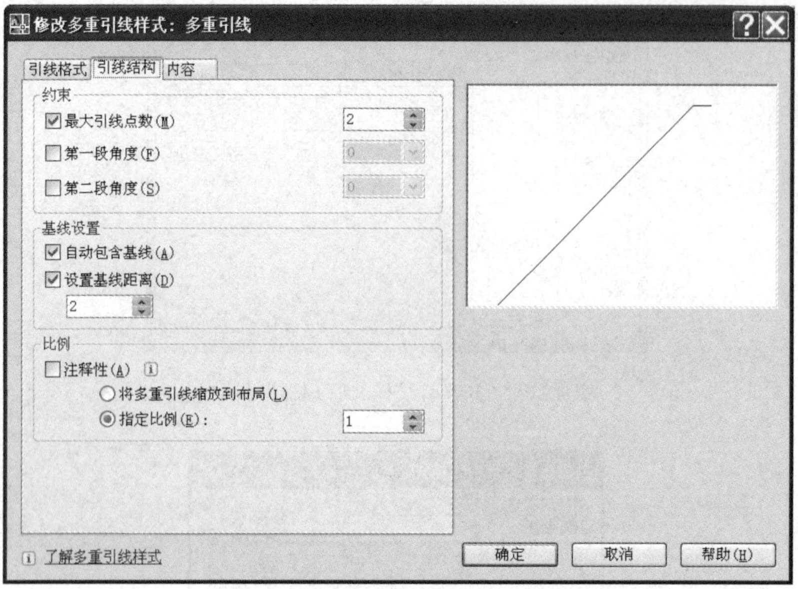

图 3-23   "引线结构"选项卡设置

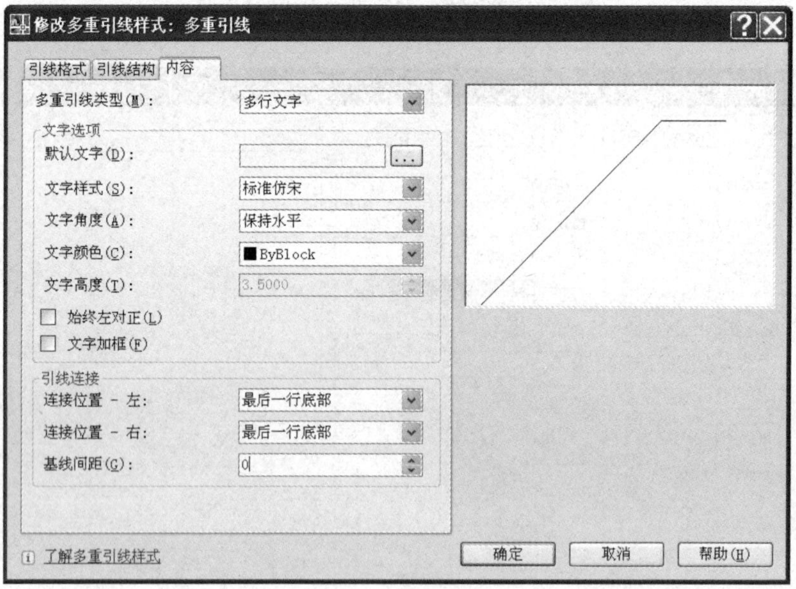

图 3-24   "内容"选项卡设置

择"标准仿宋","文字颜色"中选择 ByLayer,引线位置均选择"最后一行加下划线",即无论引线位置在左还是在右,与其关联的文字标注均为"最后一行加下划线。"基线间距"是基线与文字的间距。设置完成后,单击"确定"按钮回到"多重引线样式管理器"对话框,单击"置为当前"按钮,如图 3-25 所示。

说明:通信工程的引线标注为多行文字时,在第一行加下划线,但因 CAD 中设置"第一行加下划线"时会出现压线现象,如图 3-26 所示;所以我们设置为"最后一行加下划线",然后对引线内容为多行文本的多重引线分解后向上移动少许距离即可。

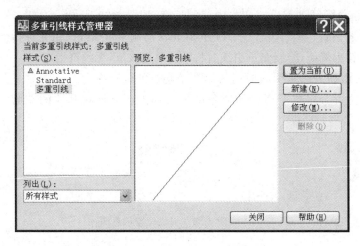

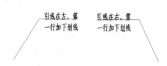

图 3-25　置"多重引线"样式为当前　　　　图 3-26　"第一行加下划线"效果

3.3.2　创建与编辑多重引线

对于多重引线，先放置引线对象的头部、尾部或内容都可以。可以将多条引线附着到同一注解，也可以均匀隔开并快速对齐多个注解。绘制完成后还可以通过"多重引线"工具条进行添加和删除引线及引线的对齐与合并操作。

获得多重引线命令有以下 3 种方式。

（1）命令行：mld 或 mleader ↙。

（2）面板或多重引线工具栏：单击其中多重引线图标 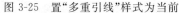。

（3）下拉菜单："标注"→"多重引线"。

在工具栏上右击，在弹出的快捷菜单中选择 ACAD→"多重引线"命令，将弹出"多重引线"工具条，如图 3-27 所示。

例 3-11　绘制图 3-28 所示的标注，绘制完成后删除右侧引线。

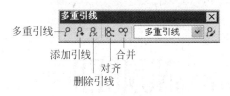

图 3-27　"多重引线"工具条　　　　图 3-28　多重引线标注

（1）单击引线 图标，在拐弯处单击，输入文字"⑤双头尾纤"，单击其他任意处结束。

（2）单击添加引线 图标，单击刚刚建立的引线标注，指向目标位置单击，重复操作两次，按 Enter 键结束引线添加，此时得到图 3-28 所示的引线标注。

（3）单击删除引线 图标，单击引线标注，然后单击要删除的右侧引线，按 Enter 键结束（删除引线可连续选择要删除的引线，直至按 Enter 键结束操作）。

说明：

（1）在多重引线的"内容"选项卡中选择"多行文字"选项，输入内容默认为一行，可在输入内容时或输入完成后单击上方的标尺 ◁▷ 设置文本内容的长度,如图 3-29 所示。

(2) 在"引线结构"选项卡中若设置"基线距离"为 0,则可在每次绘制多重引线时由光标指定或键盘输入;若设置"基线距离"为某值,绘制多重引线时将默认采用该值,无须再指定。

(3) 引线位置在左还是在右由插入多重引线时引线第二个拐点的位置决定。

(4) 在添加引线时,其引线位置会根据所要标注对象的位置不同而添加在基线的左侧或右侧,如图 3-30 所示。

图 3-29　多重引线内容换行　　　　图 3-30　引线位置示意图

例 3-12　使用多重引线完成序号标注,即自动生成序号,效果如图 3-31(a)所示的排列,然后利用对齐操作使其右对齐如图 3-31(b)所示。

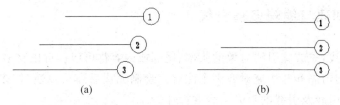

(a)　　　　　　　　　　　　(b)

图 3-31　序号标注

(1) 新建符合要求的多重引线样式。

① 新建多重引线样式名称为"序号"。

② "引线结构"选项卡采用默认。

③ 在"内容"选项卡中,类型为"块",源块为"○圆",附着为"中心范围",颜色为 ByLayer,如图 3-32 所示。

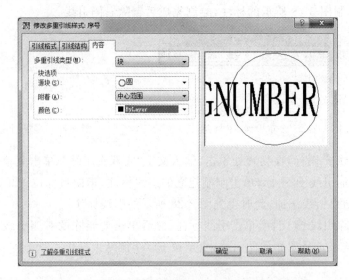

图 3-32　"序号"多重引线样式"内容"选项卡设置

（2）插入多重引线。

① 单击 🔎 图标，命令行提示与操作如下。

```
命令：_mleader ↙
指定引线箭头的位置或[引线基线优先(L)/内容优先(C)/选项(O)] <选项>:
                              //直接单击选择引线箭头起点
指定引线基线的位置：          //沿水平方向某点单击
输入属性值
Enter tag number <TAGNUMBER>:1↙  //必须按 Enter 键结束
```

② 序号标注②、③的插入同理。

（3）对齐引线，具体操作如下。

```
_mleaderalign                  //单击多重引线对齐图标
选择多重引线:找到 1 个
选择多重引线:找到 1 个,总计 2 个
选择多重引线:找到 1 个,总计 3 个
选择多重引线:                  //右击结束选择
当前模式:使用当前间距
选择要对齐到的多重引线或[选项(O)]: //单击引线①
指定方向:                      //光标选择 90°方向
```

说明：

（1）执行插入多重引线 mleader 命令后，也可以通过可选项先放置基线或内容，其中输入快捷键 O 出现提示"输入选项[引线类型(L)/引线基线(A)/内容类型(C)/最大节点数(M)/第一个角度(F)/第二个角度(S)/退出选项(X)]<退出选项>"可对多重引线的引线类型、基线、内容等进行重新设置。

（2）使用"多重引线对齐"命令选择对象结束后，默认使用当前间距对齐多重引线，也可通过输入快捷键 O，命令行出现提示"输入选项[分布(D)/使引线线段平行(P)/指定间距(S)/使用当前间距(U)]<使用当前间距>:"对各选项进行设置，各选项作用如下。

① 分布：在两个选定点之间等距离隔开所选的多个引线的"内容"。

② 使引线线段平行：不改变引线箭头位置，调整"内容"，从而使选定多重引线中的每条最后的引线线段均平行。在实际应用中，一般用于只有一条引线的多个多重引线的平行对齐操作。

③ 指定间距：指定选定的多重引线"内容"范围之间的间距。

④ 使用当前间距：使用多重引线"内容"之间的当前间距。

使用引线对齐命令有利于图形的美观，但建议在插入引线时就利用捕捉使各引线对齐。

3.4 制作与使用临时块

在通信工程绘图中，每幅图都需要有图框，但不同的图形可能会使用不同的图框（A4横向或 A4 纵向），且其比例也可能不同，如何有效地解决这一问题？可以通过将 A4 横向图

框和 A4 纵向图框分别做成注释性的临时块放到"通信工程.dwt"样板文件中,需要时直接插入即可。在后面学习的线路图中的指北针、图例等,可能重复使用的图形对象,都可以将其做成临时块保存在样板文件中,使用时直接插入,不用的临时块可在绘图完成后删除。

"块"就是将若干个对象组合起来,形成一个单一的对象。用户可以将"块"作为一个整体插入一张图的任意位置,也可以对"块"进行比例缩放、旋转等操作。块分为临时块和永久块,区别在于临时块只存在于创建块的文件中,且只能用于当前文件,其他文件不能使用。而永久块存在于单独的块文件中,可以被其他文件引用。

3.4.1　定义临时块

临时块已经定义,即可在当前文件(包括样板文件)中重复使用,且可为之定义属性。每个图形文件都具有一个称作块定义表的不可见数据区域,块定义表中存储着全部的块定义,包括块的全部关联信息。在图形中插入块时,可通过"名称"下拉列表找到这些块。

定义临时块的方法如下。

(1) 命令行:b 或 block ↙。

(2) 工具栏:单击绘图工具栏中的临时块图标 📇。

(3) 菜单栏:"绘图"→"块"→"创建块"。

(4) 右击在弹出的快捷菜单中选择"粘贴为块"命令。

1."B"命令定义块

将本任务中的图框及图衔制作一个"A3 横向",具体过程如下。

执行 Ctrl+N 命令,利用"通信工程.dwt"新建图形文件;执行 B 命令,打开"块定义"对话框,做如下设置,如图 3-33 所示。

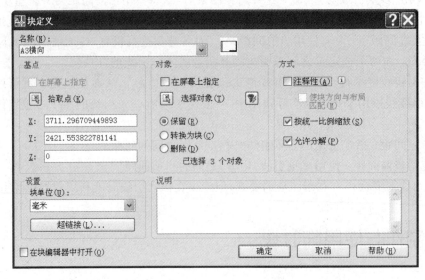

图 3-33　定义临时块"A3 横向"

（1）输入名称"A3 横向"。

（2）在"基点"选项中单击拾取点图标，在绘图区选择外框的左下角点。

（3）在"对象"选项中单击选择对象图标，在绘图区选择内外框及图衔，并选中"删除"复选框，用以删除原图。

（4）其他默认，"块单位"为"毫米"，"方式"为"按统一比例缩放"、"允许分解"。

（5）单击"确定"按钮完成临时块定义。

"块定义"对话框中的各选项的用法如下。

（1）基点：单击"拾取点"图标，在屏幕上用十字光标拾取某点，此点即为插入块时的跟随光标走的那一点。"在屏幕上指定"单击"确定"按钮后，光标在屏幕上拾取，或者直接输入其绝对坐标值（x，y，z）。

（2）对象：单击"选择对象"按钮，在屏幕上用十字光标选取要作为图块的对象，按空格或 Enter 键结束选择，回到写块对话框。下面的单选框是对原图形的处理，"保留"，即保留原图在当前图形文件中；"转换为块"，将原图转换为块保留在当前图形文件中；"从图形文件中删除"，将原图从当前图形文件中删除。为了使图形和块不相混淆，建议将其"删除"或"转换为块"。

（3）方式：指定插入块时可进行的一些操作。

（4）注释性：选中该选项，插入块时将自动以当前"注释比例"缩放该临时块。

（5）按统一比例缩放：插入时 x 与 y 方向将按统一比例缩放，不可单独调节。

（6）允许分解：选中该选项，插入块时或插入块之后可以对块分解，分解为创建块之前的各个组成部分，如直线、表格等。不选中该选项，无论是插入块时还是插入块后都不允许分解该块。

（7）块单位：默认为当前图形中的单位。

（8）在块编辑器中打开：将打开块编辑器，在块编辑器中可以修改块图形或编辑块属性。若在定义块时需要定义属性，可以选中该选项，直接打开块编辑器来定义属性。

2. 右击定义临时块

通过右击定义临时块步骤：选择要定义成块的图形对象，举例为矩形。选中矩形，光标移到矩形的左下角右击拖动到某位置后松开，此时弹出图 3-34 所示的提示快捷菜单，选择"粘贴为块"命令，此时的矩形将变为块，刚刚拖动的那一点默认为块的基点。分别选中原来的矩形与后来的矩形块可以体会其差异，如图 3-35 所示，已被定义为临时块的"矩形"只有一个默认基点，无特征点。通过右击创建的临时块，系统会自动为其分配一个名称，此名称由字母、数字和 $ 组成，与块的内容无关。

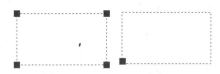

图 3-34 右击移动时的快捷菜单   图 3-35 矩形与矩形块的对比

3. 重命名块

执行 rename 命令，可以集中对 CAD 中的块、文字样式、表格样式、线型等重命名。执行将 rename 命令后,将弹出"重命名"对话框,在左侧选择对象类型,右侧将显现当前图形文件中此类型的所有对象,如图 3-36 所示,对右击创建的临时块重命名为"矩形"。

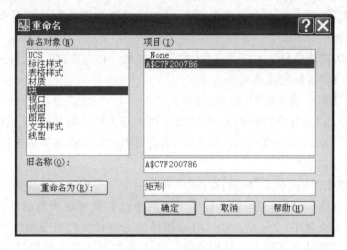

图 3-36　重命名块图

3.4.2　编辑临时块

在创建了临时块后,想要对其进行修改,需要打开块编辑器,在块编辑器中可以重新编辑临时块的图形及属性。打开块编辑器的方法有以下 3 种。

(1) 命令行: bedit ↙。

(2) 工具栏:单击"标准注释"工具栏中的块编辑器图标 📇。

(3) 下拉菜单:单击"工具"→"块编辑器"。

以上方法都可以打开"编辑块定义"对话框,如图 3-37 所示。在打开的"编辑块定义"对话框中选择要编辑的块,单击"确定"按钮打开块编辑器。在块编辑器中可以对块进行属性定义、修改基点等操作。单击"块编写选项板"中的基点参数图标 ⊕,可以重新指定块"基点"。

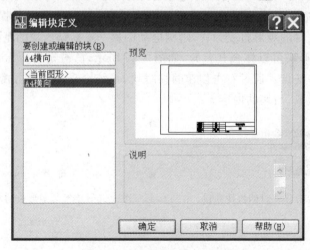

图 3-37　"编辑块定义"对话框

　　若在"编辑块定义"对话框中输入新的名称××，单击"确定"按钮将打开块编辑器创建以××命名的临时块。

　　注意：在块编辑器中绘图制作块时，若不指定基点，默认坐标"原点"即为块××的基点，这将不利于块的插入。此时可通过块编辑器中"块编写选项板"中的 ✛ "基点参数"重新指定基点。当基点不合适时都可通过块编辑器重新指定基点。

　　对于 32 位系统，直接在块上双击，可打开"编辑块定义"对话框，64 位系统在块上双击将直接打开"特性"选项板。

3.4.3　插入块

　　获得插入块命令的方式有以下 3 种。

　　(1) 命令行：i 或 insert ↙。

　　(2) 单击绘图工具栏中的插入块图标 ⬚ 。

　　(3) 下拉菜单："插入"→"块"。

　　执行 i 命令后，将弹出"插入"对话框，如图 3-38 所示，可在名称右侧的列表中选择临时块名。通过右击创建的块，无法通过名称区分，但可通过右侧预览其效果。

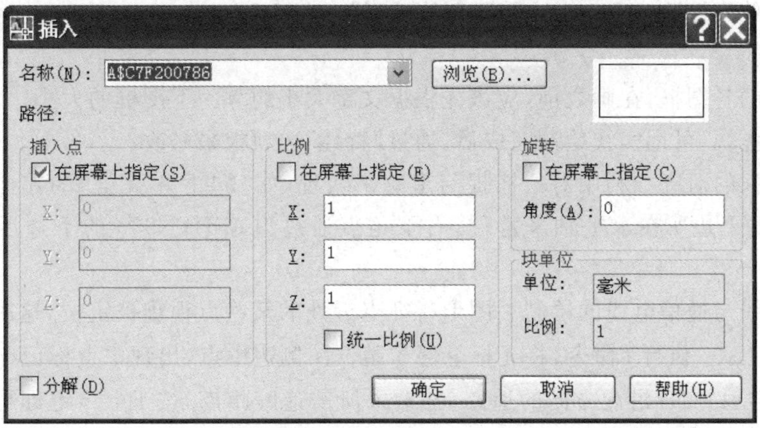

图 3-38　插入临时块

　　"插入"对话框各选项说明如下。

　　(1) 插入点：可以在屏幕上由光标指定或直接输入坐标。

　　(2) 比例：可按相同或不同的比例在 X、Y、Z 这 3 个方向缩放插入块的尺寸。

　　(3) 旋转：将插入的块旋转一定角度，默认为 0。

　　(4) 块单位：这里的单位为创建块时的单位，在插入块时默认保持原来大小插入，即当前文档的单位与块单位一致时，比例为 1，否则不为 1。如块单位为"毫米"，当前文档单位为"米"，则默认插入比例为 0.001。

　　(5) 分解：选择该选项，插入的块将被分解为创建块时的各分立图形。

　　若在插入块时选择了左下角的"分解"选项，则插入后图块会自动分解成绘制图块时的分立图形，其特性恢复为生成块之前所具有的特性，分解通常在需要对块进行重新编辑时使用。

3.5　完成任务——绘制系统框图

本任务主要分为两部分：绘制系统框图和完善样板文件。绘制系统框图的顺序为确定布局、绘图、注释、检查并保存图形文件。完善样板文件过程为制作临时块、删除图形、另存为样板文件。

1. 绘制系统框图

在系统图中，图框的绘制方法如下：图框的大小，主设备大些，适当体现实际设备间的相对大小，并以最小能放下两三行文字为宜。图框中的文字，用多行文字输入，可自动换行，适当图框的宽度。多个图框及文字的绘制，可以通过 CO 复制命令完成。如本任务中"开关电源"和 NodeB 的绘制，完全可以通过复制"交流电源"图框修改文字得到。

(1) 新建图形文件。利用样板文件新建"任务 3 某传输工程系统框图.dwg"，将其保存在"D:\通信工程图纸"文件夹中。

(2) 确定布局及绘图顺序。以 PTN950 为核心，将 PTN 设备至于图形中间位置，先画 PTN 设备，围绕 PTN 展开，分别绘制信号线、电源线和地线，绘制信号线时可根据信号流程，从"ODF 单元框"→PTN950→"DDF 单元框"→NodeB。

(3) 绘图。

① 图中的各图框，在画之前，应该先根据文字大小约算一下图框的大小。

② 图中虚线，可用实线绘制完成后，通过"特性"选项板来修改。

③ 各图框的对齐。利用对象捕捉与追踪来实现，如"ODF 单元框"的左上角点通过追踪 PTN950 的上边所在水平轴来定位，右下角点通过追踪 PTN950 的下边所在水平轴来定位。

④ 电源线与通信电缆的绘制。图形特征点近处的某些点很难被定位，这时就需要用到对象捕捉与追踪。执行 l 命令，将光标悬停于某框图侧边中点，出现中点标记 △ 后，沿水平或垂直方向移动，实现沿此方向的追踪，并输入所需追踪距离，按 Enter 键即可准确地定位该点。

⑤ 光纤端面的指向箭头可以用不带文本的多重引线实现。

⑥ 设备框中的文字的中心对齐，直接利用多行文字中的对正 j→mc 来实现。其中 PTN950 文字高度可相应的设大些，如 9mm。

⑦ 其中的 220V～由 220V 和～拼接而成，其中～需使用多行文字，设置字体为"宋体"。

(4) 注释。

① 设置多重引线样式，见 3.3.1 小节。

② 创建多重引线标注。执行 mld 命令按序号插入多重引线标注。全部输入完成后，单击选中标注⑤，采用分解命令，然后选中文本块向上移动适当距离。

(5) 检查并保存图形文件。

说明：当文本输入之后，无法被选中时，可以按 Ctrl＋A 快捷键全选之后，单击某对象，按 Esc 键退出之后，该对象即可以被选中。

2. 完善样板文件

（1）制作"A3 横向"临时块，具体过程见 3.4.1 小节。

（2）按 Ctrl＋A 快捷键全选，Delete 删除图形，按 Ctrl＋Shift＋S 快捷键另存并替换"通信工程.dwt"图形样板文件。

3.6　技能提升

3.6.1　定义块属性

在块中会有这样一些元素，它们具有共同属性，但其具体内容（或值）插入不同的图形会有所变化，这样的元素我们可以将其定义为块属性。例如图衔中的"图名"在不同的图中会有不同的内容。为临时块定义块属性，需要在块编辑器中进行。打开"属性定义"对话框的方法有以下 3 种。

（1）命令行：att 或 attdef ↙。

（2）工具栏：单击块属性定义图标 ✎ 。

（3）下拉菜单："绘图"→"块"→"定义属性"。

例 3-13　将"A3 横向"临时块中的"设计单位名称"及"图名"制作成属性。

（1）执行 bedit 命令，在"编辑块定义"对话框中选中"A3 横向"临时块，单击"确定"按钮将"A3 横向"临时块在块编辑器中打开。

（2）执行 ATT 命令，打开"属性定义"对话框，作图 3-39 所示的设置。定义"标记"为"设计单位名称"，并输入"请输入设计单位名称"作为提示内容，"默认"为"中山火炬职业技术学院"；设置文字样式为"高仿宋"，对正为"中间"，单击"确定"按钮，将此属性放于右上角单元格中间位置（光标捕捉到右上角单元格左边中间端点水平向右 45 即可）。

"图名"属性的制作同理于"设计单位名称"。

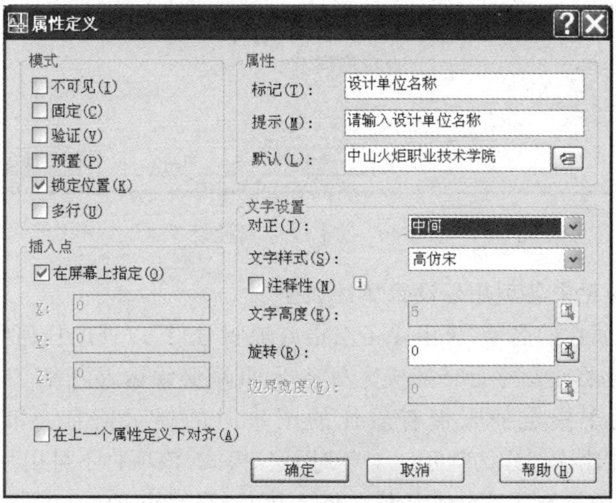

图 3-39　"属性定义"对话框

"属性定义"对话框中各选项说明如下。

(1)"模式"：该栏中各项用于设置属性值的使用方式。

①"不可见"：如果某属性仅用来存储信息并无须显示，则可选中此项。当插入块时，该属性值不出现在屏幕上。

②"固定"：如果选中此项，则必须指定属性的具体值。在插入块时会自动使用该属性值，而不进行提示，并且插入后也不能对它进行修改。

③"验证"：如果选中此项，则在插入块并指定相应的属性值后，系统会再次提示用户对属性值进行确认。

④"预置"：如果选中此项，则在插入块时将属性值设为默认值，并且系统不提示用户为属性赋值。

⑤"锁定位置"：如果选中此项，属性与块的相对位置将固定，不可更改；反之，则在插入块时，属性的位置可以移动。

⑥"多行"：如果选中此项，即输入的属性为多行文字，此时可通过设置"边界宽度"指定多行文字的宽度，"属性"中的"默认"输入栏为灰色，如图 3-40 所示，单击后面的 ... 按钮将打开简易的文字格式工具栏，此时可进行多行文字输入。在后续的属性修改时，也是通过单击"值"后面的 ... 按钮进行多行文字属性输入的。

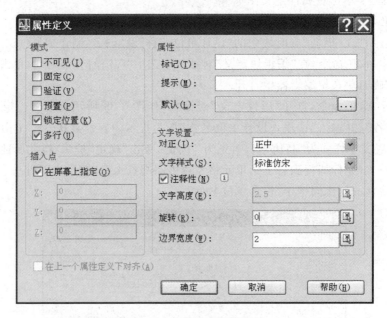

图 3-40 多行文字属性设置

(2)"属性"：该栏中各项用于设置属性数据。

①"标记"：即属性的名字，可由除了空格或惊叹号"!"以外的任何字符或符号组成，并且 AutoCAD 会自动将小写字母转变成大写字母，此项必须输入内容。

②"提示"：用于指定插入带有属性的图块时的提示信息。如果该项设为空，则 AutoCAD 将使用属性标记作为提示。对于"固定"模式，该项将不可用。

③"默认"：用于指定属性的默认值。插入块时，直接按 Enter 键所显示的属性值。

（3）"插入点"：用于指定属性的输入位置。

（4）"文字设置"：用于设置属性文字的对齐方式、文字样式、高度和旋转角度等。

（5）"在上一个属性定义下对齐"：选择该复选框，可以将属性标记直接置于上一个属性的下面。如果在这之前没有创建属性定义，则该选项不可用。

注意：为临时块定义块属性，需要在块编辑器中进行。

说明：

（1）插入具有属性的临时块。当插入具有块属性的临时块时，单击"确定"按钮后命令行将提示我们输入属性值，插入"序号"临时块，并将属性值设为5的命令执行过程如下。

```
命令：insert↙
指定插入点或[基点(B)/比例(S)/旋转(R)]:        //单击确定或直接输入某点的x、y坐标值，其中
                                              "基点"子命令可重新临时设置放置块的基点
输入属性值
请输入序号<1>: 5↙                             //此处只能按Enter键来结束命令
```

（2）具有属性的临时块的分解。若插入具有属性的块时，在插入后分解，属性将变成普通文本，而在插入时选择左下角的"分解"选项，则属性将变成定义块属性时的"标记"内容。

（3）属性内容输入完成后，只能以按Enter键作为结束，如果输入"空格"将被理解为属性内容的一部分。

（4）若在插入块时，插入点采用默认的原点(0,0,0)那么将弹出"编辑属性"对话框，填写属性值，如图3-41所示。

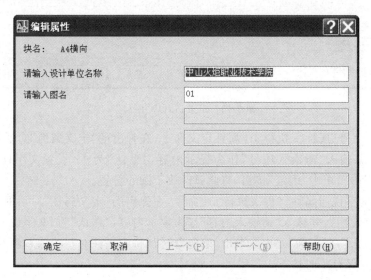

图3-41 "编辑属性"对话框

3.6.2 绘制带序号的多重引线

本任务中的标注文本中含有序号，若采用文字输入法中的序号直接输入，因文字的宽度比例因子为0.715，所以序号会变窄。为了美观我们可以定义一个"序号"临时块代替多重

引线中的序号。

例 3-14   定义一个具有"序号"和"文字说明"两个属性的外观为"①文字说明"的临时块,名称为"序号";新建名称为"序号＋内容"的多重引线样式,以"多重引线"为基础样式,以"序号"临时块为"内容",修改本任务中的多重引线标注成图 3-42 所示的样式。

图 3-42　临时块＋多重引线效果

1. 制作临时块

（1）单击绘图工具栏中的 ⊘ 按钮,绘制一个半径为 2 的圆,执行 B 命令定义临时块,弹出"块定义"对话框,作图 3-43 所示的设置,临时块名称为"序号",通过捕捉和追踪圆的象限点确定基点为圆的左下角,在"在块编辑器中打开"前面打钩,单击"确定"按钮打开块编辑器。

图 3-43　定义临时块"序号"

（2）定义"序号"属性。执行 att 属性定义命令,在弹出的"定义属性"对话框中定义属性的"标记"为 1,并输入"请输入序号"作为提示内容,"默认"为 1;设置文字样式为"标准仿宋",对正为"正中",单击"确定"按钮,将此属性放于圆心位置。

（3）定义文字说明属性。再次执行 att 命令,在弹出的"定义属性"对话框中定义属性的"标记"为"文字说明",并输入"请输入内容"作为提示内容,"默认"为"文字说明";设置文字样式为"标准仿宋",对正为"左中",单击"确定"按钮,将此属性对正于圆右侧的象限点。

（4）关闭并保存临时块。

2. 制作多重引线样式

（1）执行 mleaderstyle 多重引线样式命令,以"多重引线"为基础样式,在弹出的"修改多重引线样式：序号＋内容"对话框的"内容"选项卡中,选择"多重引线类型"为"块",通过单击向下箭头选择"源块"为"用户块",如图 3-44 所示。

（2）在弹出的"选择自定义内容块"对话框中通过向下箭头选择"序号"临时块,如图 3-45 所示,单击"确定"按钮。

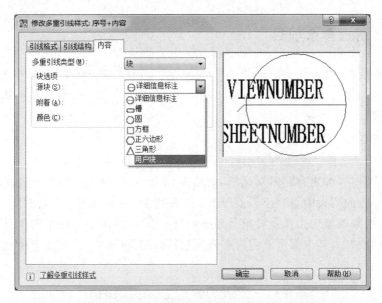

图 3-44 以自定义块为内容的多重引线样式"内容"选项卡设置

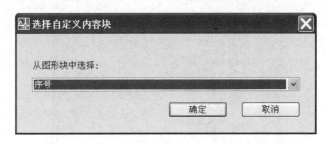

图 3-45 临时块的选择

（3）返回"修改多重引线样式"对话框，"附着"选择"中心范围"，预览满意后，单击"确定"按钮。

3. 插入多重引线

执行 mld 命令，分别输入"序号"和"文字说明"内容即可，但此时的多重引线将没有下划线。

说明：

（1）设置多重引线样式只能使用图形中的临时块，不能使用外部文件的永久块。

（2）附着方式中的"插入点"即为块定义时所指定的基点。

其他解决方法：通过多重引线"内容"无，后插入临时块来实现。在绘制多重引线输入内容时，直接在任意处单击，使内容为空，然后插入临时块"序号"。通过此方法制作的多重引线序号与多重引线是分立的。

在工具选项中 AutoCAD 2008 自带了很多引线样式，可以通过"工具"→"选项板"→"工具选项板"命令或 Ctrl＋3 快捷键调出"工具选项板"，在左下角处单击，在弹出的列表中选择"引线"选项即可，选项板中上方为"英制"，下方为"公制"，可根据需要选择相应的引线样式。

3.6.3　清理多余项目

及时清理文件中没有使用的样式、图层及块等,可以减少文件大小,使文件层次与结构更加清晰。AutoCAD 中的"清理"命令就可以实现图层、样式、块等对象的操作,获得"清理"命令的方式有以下 2 种。

(1) 命令行:pu 或 purge ↙。

(2) 菜单栏:"文件"→"绘图实用程序"→"清理"。

执行 pu 命令后,弹出"清理"对话框,如图 3-46 所示。默认选中"查看能清理的项目"复选框,此时在下方的列表中将列出当前图形中未使用的、可被清理的命名对象。可以通过单击加号或双击对象类型列出任意对象类型的项目。当在"图形中未使用的项目"列表中选中"所有项目"或"块"时,其内部可能包含有嵌套项目,此时可选中"清理嵌套项目"复选框将嵌入于其中的项目一同清理掉。

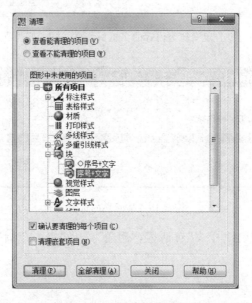

图 3-46　"清理"对话框

图形中正在使用的样式不能删除,使用过的样式有时也可能存在删除不掉的情况。可将图形全选复制到一个新键的图形文件中,然后执行 pu 命令删除没有使用的样式、图层及临时块等。

3.6.4　使用 F1 帮助信息

在单击某绘图或修改命令图标时,在命令窗口会出现其命令及提示信息,当对此提示不是很清楚时,可以使用 F1 帮助。如"延伸",单击修改工具栏中的 ━⁄ 按钮,命令行将出现以下内容。

```
命令：extend↙
当前设置:投影 = UCS,边 = 延伸
选择边界的边…找到 1 个
选择要延伸的对象,或按住 Shift 键选择要修剪的对象,或
[栏选(F)/窗交(C)/投影(P)/边(E)/放弃(U)]:
```

若不是很理解其提示信息,按 F1 键,弹出"AutoCAD 2008 帮助"文件窗口。在弹出的窗口右侧会出现 extend 命令的"概念"、"操作步骤"和"快速参考"。默认选中"快速参考"选项卡,可以了解延伸命令各选项的意思;若想简单有针对性地应用,可选择"操作步骤"选项卡;若想全面了解 extend 命令可选择"概念"选项卡。下面利用帮助文件实现例 3-15。

例 3-15　利用延伸命令绘制某光缆沟端面,如图 3-47(a)所示,尺寸信息不用输入。

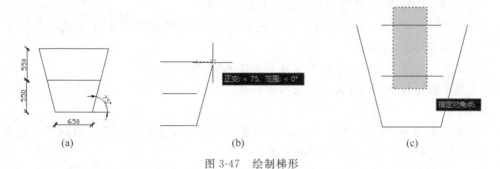

图 3-47　绘制梯形

分析:此图可通过直线和延伸命令实现。通过观察图形的尺寸标注信息,我们要先画两底及等腰线,然后画两边,最后延伸等腰线及顶使其与两侧边相交。在使用延伸命令过程中,可按 F1 键查询帮助信息。

步骤提示:

(1) 绘制底、中线和顶:用直线命令绘制光缆沟的底,再次执行直线命令,利用对象捕捉对齐底边左端点,然后垂直向上追踪 550 距离单击确定中线起点,水平长度 650。顶的绘制同理。

(2) 绘制侧边:右侧边的绘制,捕捉底边右端点,直接输入直线的角度<75,捕捉顶边右端点,并水平追踪至与该侧边相交处,如图 3-47(b)所示,按 Enter 键结束端点选择,再次按 Enter 键结束命令。左侧边的绘制同理。

(3) 延伸顶与腰线:利用延伸命令分别延长中线与梯形顶部,使其与两侧边相交。单击 ⚏ 按钮,命令行提示信息及操作如下。

```
命令：extend↙
当前设置:投影 = UCS,边 = 无              //系统显示当前延伸设置,延伸边界无延伸模式
选择边界的边…
选择对象或<全部选择>:                    //系统提示选择延伸边界,默认为"全部选择",即执行延伸
                                        时会自动寻找与其距离最近的边作为边界
选择要延伸的对象,或按住 Shift 键选择要修剪的对象,或
[栏选(F)/窗交(C)/投影(P)/边(E)/放弃(U)]:
                                //单击两对角即出现一矩形选择框,如图 3-47(c)所示
选择要延伸的对象,或按住 Shift 键选择要修剪的对象,或
[栏选(F)/窗交(C)/投影(P)/边(E)/放弃(U)]:↙          //选择完毕,按 Enter 键结束命令
```

总结延伸命令：延伸命令用于延伸指定的对象，使其到达图中所选定的边界，其命令为 extend 或 ex，图标 ⊸。使用延伸命令需要用户选择延伸边界和被延伸的线段，且两者必须处于未相交状态。可以使用以下 4 种方法激活"延伸"命令。

（1）命令行：ex 或 exteni ↙。

（2）工具栏方式：单击修改工具栏中的"延伸"图标 ⊸。

（3）下拉菜单："修改"→"延伸"。

（4）面板：单击面板二维绘图区 ◤ 修改中的向下箭头 ▽，找到 ⊸。

延伸命令中各选项说明如下。

（1）选择对象：选择延伸的边界。

（2）选择要延伸的对象：指定待延伸对象，可重复执行。

（3）栏选：绘制直线，延伸与直线相交的多个对象。

（4）窗交：绘制矩形，延伸与矩形相交的多个对象，此项为默认项，不必输入选项 C 直接操作即可。

（5）投影：选择三维图形编辑中实体延伸的不同投影方法。

（6）边：确定延伸的边界是否包含延伸模式。

说明：

（1）在选择要延伸的对象时，单击和交叉窗口选择对象为默认选项。直接单击选择要延伸的对象后，即会延伸至与之相邻的边界。

（2）在延伸的同时，按住 Shift 键，可进入修剪模式，后面会讲修剪命令，此处略。

（3）在使用窗交来选择对象时，窗交的矩形偏向被延伸对象的左侧，则只有左侧被延伸，若偏向被延伸对象的右侧，则只有右侧被延伸。

3.7　任务单 1

任务名称	绘制某基站系统连接图
要求	（1）利用样板文件"通信工程.dwt"制作图 3-48 所示的某基站系统连接图，保存在"通信工程图纸练习"文件夹中，并命名为"某基站系统连接图.dwg"。 （2）注意图中的布局与各图框彼此之间的对齐关系，文字位于图框正中。
步骤	
图中所使用样式	
图中所使用的绘图及修改命令	

续表

图中连接线与图框准确连接的方法	
图中光纤线路标记的绘制方法	
文字对正于图框的方法	
收获与总结	

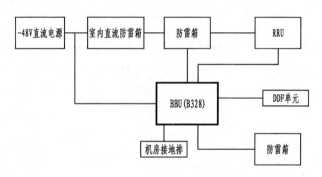

图 3-48 某基站系统连接图

3.8 任务单2

任务名称	绘制某传输工程专业分工图
要求	（1）利用样板文件"通信工程.dwt"制作图3-49所示的某传输工程专业分工图，保存在"通信工程图纸练习"文件夹中，并命名为"某传输工程专业分工图.dwg"。 （2）注意图中的布局与各图框彼此之间的对齐关系，文字位于图框正中。 （3）绘制完成后，保存原图，将图框及图衔制作成临时块，删除图中图形，另存并替换样板文件"通信工程.dwt"。
步骤	

图中所使用样式	
图中所使用的绘图及修改命令	
图中出局光缆中的椭圆如何绘制	
图中设备接口与设备及连接线之间的对齐方法	
收获与总结	

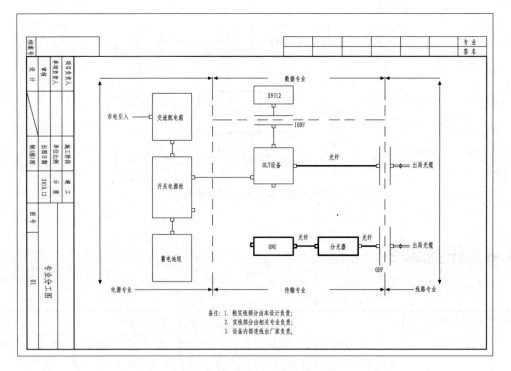

图 3-49　某传输工程专业分工图

任务小结

（1）本任务中包含的基本绘图及修改命令如下。

① 直线命令 l 或 line，图标 ✏。

② 单行文字 dtext 或 dt，图标 **A⌶**。

③ 多行文字 mtext 或 mt 或 t，图标 **A**。

④ 文字编辑 ed 或 ddedit。

⑤ 圆弧命令 a 或 arc，图标 **⌒**。

⑥ 镜像 mi 或 mirror，图标 **⚎**。

⑦ 缩放 sc 或 scale，图标 **▫**。

⑧ 分解 explode，图标 **▨**。

⑨ 拉伸 s 或 stretch，图标 **◩**。

⑩ 复制 co 或 copy，图标 **⚏**。

其中，文字用于通信工程图纸中的说明与注释用，AutoCAD 中的文字分为单行文字和多行文字，其差别主要是单行文字按 Enter 键为分割可单独编辑，而多行文字所创建的文本是一个整体，既可进行统一编辑，又可单独设置文字格式。

(2) 其他基本图形操作如下。

① 多重引线：设置多重引线样式的命令为 mleaderstyle，图标为 **🔏**，创建与编辑多重引线的命令为 mld 或 mleader，图标为 **🔏**。多重引线作为一个整体可对多个图形对象统一进行标注，有利于后续的编辑。

② 临时块：定义临时块的命令为 b 或 block，图标为 **🔳**，编辑临时块的命令为 bedit，图标为 **✐**，定义块属性命令为 att。临时块可在当前文件（包括样板文件）中重复使用，有利于提高绘图效率。临时块属性定义必须在块编辑器中进行。

③ 清理多余项目：使用 pu 或 purge 命令可以清理绘图中没使用的图层、样式、块等，以减小图形文件的大小。

(3) 绘图方法与技巧。

① 利用复制、镜像命令制图将有利于对称图形的美观。

② 注意观察图形，确定正确的绘图次序，有利于绘图效率的提高。

③ 熟能生巧，运用多种方法解决问题，从中找到适合自己的最快捷的方法，如多重引线的使用。

自测习题

1. 请说明 AutoCAD 中复制命令与使用 Ctrl＋C、Ctrl＋V 快捷键的区别？

2. 请使用帮助信息尝试找到删除命令和分解命令的别名（即缩写）？

3. 使用直线命令绘制的矩形和使用矩形命令绘制的矩形有何区别？使用哪种方式绘制矩形更好？

4. 多行文字和单行文字的区别是什么？在图 3-4 中适合使用多行文字输入吗？

5. 在通信工程制图中，你觉得哪些图形可以被做成临时块，使用起来较为方便？

任务 4

绘制传输机柜平面图

设备图不仅仅包括设备机架与设备,更重要的是设备的端口分配情况。在绘制设备图时应根据平面图所确认的设备型号、规格、安装位置信息,在获取设备相关资料的情况下开始。设备资源端口分配表可由系统原理图的链路情况及设备布线表信息进行编制。

4.1 提出任务

任务目标:熟练制作设备图。

任务要求:

1. 完善图形样板文件"通信工程.dwt"

(1) 修改其文字样式、多重引线样式为"注释性",制作注释性的 A3 横向临时块。

(2) 新建"注释性"尺寸标注样式"通信工程建筑",将其尺寸线的箭头改为建筑标记中的粗斜线,且引线无箭头,设置"基线间距"为 3.75。

2. 绘制设备图

(1) 利用样板文件"通信工程.dwt"制作图 4-1 所示的某传输系统设备图,保存在"D:\通信工程图纸"文件夹中,并命名为"任务 4 某传输系统设备图.dwg"。

(2) 注意图中各表格和说明的对齐关系。

任务分析:

图 4-1 解读:在二纤倒换环中,一对 GE 光口连接西向设备的 1-EG2-1 口,一对 GE 光口连接东向 2-EG2-1 口,设备的摆放位置如图 4-1 中的"传输综合柜面板图",而 PTN950 设备配置如图中的"PTN950 面板示意图"。通过观察,发现图中设备高 2000mm,而 A3 横向图框的内框高 287mm,因此需要将图框放大。同理,文字、多重引线也需要放大相应倍数,这些都可以通过 AutoCAD 中的"注释性"来解决。除了圆等基本绘图命令,本任务图形中还用到了尺寸标注,因此本任务包括以下分任务。

(1) 基本绘图与修改命令。

(2) 图纸的注释性。

(3) 尺寸标注。

(4) 绘制设备图。

另外,在任务 3 中,我们学习了临时块,这里作为任务提升,我们在 4.6 节中学习永久块的定义与使用。

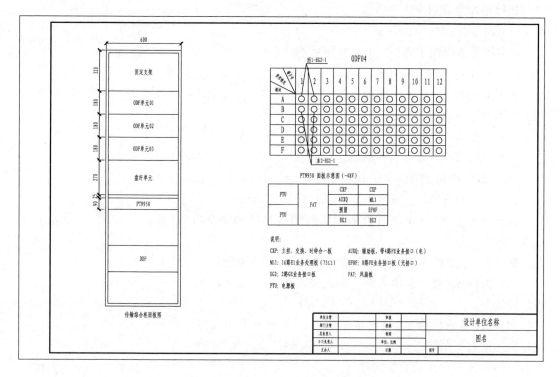

图 4-1 某传输系统设备图

本任务的技能要求：

（1）熟练掌握模型空间的比例与注释性。

（2）掌握通信工程图纸的布局关系。

（3）熟练掌握尺寸标注样式的定义与使用。

（4）熟练掌握基本绘图命令与工具的使用：圆、旋转、阵列和快速计算器。

（5）熟悉永久块的定义与使用。

4.2 基本绘图命令与工具

在 AutoCAD 的操作基础上，我们已经知道了，AutoCAD 中的绘图及修改命令的获取方式：绘图（或修改）工具栏相应图标，绘图（或修改）下拉菜单相应命令，面板中相应图标，命令行命令及别名。并且最好使用命令行方式，适当结合光标来完成绘图，可充分提高绘图效率。

4.2.1 圆

在通信工程图纸中 ODF 单元中的端子、水泥杆、木杆、PVC 管道及其子管都是用"圆"来绘制的。

获得圆命令有以下 3 种方式。

(1) 命令行：c 或 circle ⤶。

(2) 面板或绘图工具栏：单击圆图标 ⊘ 。

(3) 下拉菜单："绘图"→"圆"。

执行 C 命令后，命令行提示"指定圆的圆心或[三点(3P)/两点(2P)/相切、相切、半径(T)I"，其中各选项意义如下。

(1) 三点(3P)：过此三点确定的三角形的外接圆。

(2) 两点(2P)：通过直径画圆。

(3) 相切、相切、半径(T)：按照指定半径，画与两个对象相切的圆。

(4) 指定圆的圆心：通过圆心、半径(或直径)画圆。

另外还有一种"与 3 个对象都相切的圆"，其绘制命令需从"绘图"→"圆"的下拉表中选取。

例 4-1　绘制图 4-2 所示的图形，其中圆与 3 条边相切。

(1) 执行 rec 命令并单击两点确定矩形的两个角点，完成矩形的绘制。

(2) 执行 l 直线命令，捕捉矩形的左上角单击作为起点，捕捉矩形的右下角单击作为终点，按 Enter 键结束此对角线的绘制。另一条对角线的绘制同理。

(3) 选择"绘图"→"圆"→"相切、相切、相切"命令，分别单击矩形的上边和两条对角线完成圆的绘制。

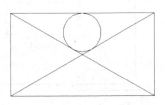

图 4-2　绘制相切圆

4.2.2　旋转

旋转命令可以使图形对象绕指定基点旋转，其角度可以直接输入，或者使用鼠标进行拖动，或者使用参照使图形对象的某一边旋转到某一绝对角度。

获得旋转命令有以下 3 种方式。

(1) 命令行：ro 或 rotate ⤶。

(2) 面板或修改工具栏：单击旋转图标 ⟳ 。

(3) 下拉菜单："修改"→"旋转"。

例 4-2　使用参照的方法使图 4-3(a)中的矩形旋转到直线位置，效果如图 4-3(b)所示，旋转图 4-3(c)中的矩形，使之与旁边的直线角度一致，效果如图 4-3(d)所示。

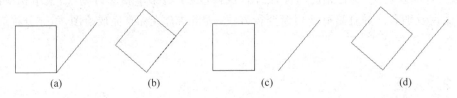

|　(a)　|　(b)　|　(c)　|　(d)　|

图 4-3　矩形的旋转

旋转图 4-3(a)过程如下：
单击矩形
命令：ro↙
UCS 当前的正角方向：ANGDIR = 逆时针 ANGBASE = 0　　　//旋转命令的当前设置为沿逆时针旋转 0°
找到 1 个
指定基点：　　　　　　　　　　　　//单击矩形右下角点
指定旋转角度，或[复制(C)/参照(R)] <90>：r↙
指定参照角<33>：指定第二点：　　　//分别单击矩形右侧边的右下角点和右上角点
指定新角度或[点(P)] <0>：　　　　//在直线上某点单击

学习此命令时，可参照缩放命令。其新角度的起点默认为基点。因此在使用参照命令旋转图形图 4-3(c)中的矩形时，需另外指定新角度的起点，要用到命令可选项 p，分别在右侧斜线上单击两点为新角度的起点和第二点。

4.2.3　阵列

阵列命令可以通过复制实现矩形或环形(圆形)阵列中对象的填充。经常用于绘制通信工程图纸中的 ODF 单元及管道中的 PVC 子管。获得阵列命令的 4 种方式如下。

（1）命令行：ar 或 array↙。

（2）面板或修改工具栏：单击阵列图标 ⊞。

（3）下拉菜单："修改"→"阵列"。

阵列命令可以创建按指定方式(矩形或环形)排列多个重复对象。"矩形阵列"是将选定对象按指定的行数和列数排列成矩形；"环形阵列"是将选择的对象按指定的圆心和数目排列成环形。

行(列)偏移及角度在已知的情况下可以直接填，否则可以单击拾取图标 ⌕，在绘图区由光标按照填充方向拖曳获取行与列两个方向的偏移；或分别单击行偏移(或列偏移)后面的拾取图标 ⌕ 按照填充方向拾取行(或列)偏移。

例 4-3　新建图形文件，保存在"D：\CAD"路径下，并命名为"ODF 单元.dwg"，绘制 ODF 单元表，尺寸如图 4-4 所示。ODF 单元文字要求，表头文字样式为"标准仿宋"，其他字体使用文字样式"高仿宋"。

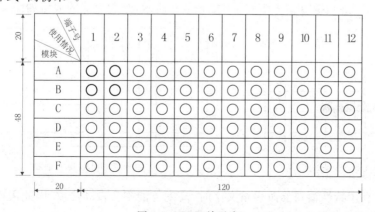

图 4-4　ODF 单元表

1. 使用样板文件新建图形文件

利用 Ctrl＋N 快捷键新建图形文件，选择"通信工程.dwt"作为样板文件，设置存储路径为"D：\CAD"，并命名为"ODF 单元.dwg"。

2. 绘制表格

（1）执行 table 命令，在弹出的"插入表格"对话框中作如下设置：表格样式为"图衔"，13 列 5 行的表格，列宽 10，所有单元格样式均为 Data，如图 4-5 所示，单击"确定"按钮。

图 4-5　"插入表格"对话框设置

（2）选中表格内容，按 Ctrl＋1 快捷键，在弹出的特性窗口中，修改文字样式为"高仿宋"，高度 5，行高为 8，选中第一行，设置行高为 2"，选中第一列，设置列宽为 20。

（3）输入行标题和列标题。CAD 中默认数字右对齐，因此输入完成后需要利用"文字格式"工具栏重新设置对齐方式为"正中"。

（4）绘制表头，利用对象追踪实现表头斜线的准确定位与绘制，光标在左上角点稍作停留选取水平向右方向，键盘输入距离 10，如图 4-6 所示，绘制完成的表格如图 4-7 所示。

图 4-6　表头的绘制

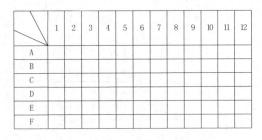

图 4-7　ODF 单元表格

说明：在利用特性窗口修改表格文字时，高度可能不会自动修改，因此需观察特性选项板中的"文字高度"是否修改为 5。

3. 绘制端子

（1）按 F3 键，关闭"对象捕捉"，避免绘制端子时总是选到单元格的 4 个顶点作为圆心。输入 c 命令，绘制一个圆心位于 F1 单元格中心位置，半径为 2.5 的圆。再次按 F3 键，打开"对象捕捉"。

（2）利用阵列命令实现端子的填充，具体填充过程如下。

执行 ar 阵列命令后，弹出"阵列"对话框，如图 4-8 所示。单击选择对象拾取点按钮 ，在屏幕上选择 F1 单元格中的小圆，按空格键或 Enter 键确认；"行"为 6，"列"为 12，"阵列角度"为 0；然后输入"行偏移"为 8，"列偏移"为 10，单击"预览"按钮查看效果，若满意，单击"接受"按钮即可，否则单击"修改"按钮，直到满意为止。

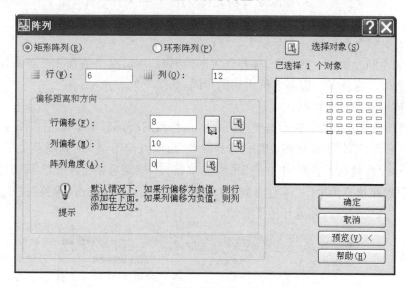

图 4-8 "阵列"对话框设置

4. 输入文字

（1）输入文字。执行 dt 单行文字命令，以 0°角输入所有文字，以回车分隔三段文字，这样每一行文本可作为一个实体单独移动。

（2）旋转文字。执行 ro 旋转命令，分别以 45°和 60°旋转文字"使用情况"和"模块"，或者使用 dt 单行文字命令，分别以 0°、45°和 60°角输入三段文字。

5. 保存并关闭图形文件

至此，图形文件创建完成。

说明：

（1）表格中的图形是不受表格控制的，在表格单元格内部任意位置单击即选中了此单元格，在表格线上单击即选中了表格，因此很难选取表格中的图形。解决方法：对于少数几个图形，可通过鼠标中轮放大表格以选中图形，选中表格中的所有图形，可在表格外部左上角偏右一点的某位置单击，向右下角拖曳选中表格内部的所有图形。

（2）通过阵列命令实现表格的填充；前提是表格的各行及各列的高宽是一致的，否则无法正确填充。

例 4-4 实现图 4-9(a)所示的光缆占用情况示意图,其中打叉的为已占用子管。

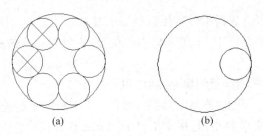

(a)　　　　　　　　　　　(b)

图 4-9　光缆占用情况示意图

分析:图 4-9 所示为 PVC 管套子管的光缆线路,其中大管中有 6 个子管,因此用环形阵列绘制内部子管将比较美观,子管半径为大管的 1/3。

(1) 执行 c 圆命令绘制一个半径为 2.1 的圆。

(2) 绘制小圆。执行 c 圆命令,捕捉到大圆的圆心,然后水平追踪 1.4 单击定位小圆圆心,输入半径 0.7,得到了一个与大圆内切的小圆,如图 4-9(b)所示。

(3) 完成所有子管的绘制。

① 绘制环形填充子管。执行 ar 阵列命令,在弹出的"阵列"对话框中作图 4-10 所示的设置。选择"环形阵列"单选按钮,单击"选择对象"拾取点按钮 ⬛,回到屏幕上单击小圆,按空格键或 Enter 键确认;单击"中心点"拾取点按钮 ⬛,回到屏幕上单击大圆圆心;"方法"选择"项目总数和填充角度","项目总数"为 6,填充角度为 360,单击"预览"按钮查看效果,若满意,单击"接受"按钮,完成环形子管填充。

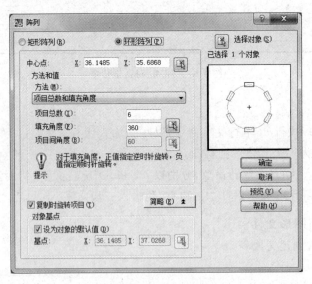

图 4-10　环形阵列填充

② 绘制已占用子管。状态栏上右击,在弹出的"草图设置"对话框中的"对象捕捉"选项卡中选中"象限点"复选框,单击"确定"按钮。执行 l 直线命令,分别捕捉小圆的象限点作为直线的端点,绘制小圆内的十字叉。单击小圆内十字叉,执行 ro 旋转命令,旋转 45°。执行 co 复制命令复制此旋转后的已占用标志到另一个小圆,完成已占用子管的绘制。

此例中的复制要使用 co 命令方式,利用临时基点有利于对齐操作。

环形阵列填充中各选项说明如下。

(1) 中心点:填充环的中心,本例中为大圆的圆心。

(2) 方法与值:分为"项目总数和填充角度"、"项目总数和项目间角度"、"填充角度和项目间角度"3 种,其中角度均可用光标拾取,且逆时针为正,顺时针为负。

(3) 复制时旋转项目:单击下方的"详细"可为对象指定基点,作为旋转时的临时基点。

4.2.4　快速计算器

快速计算命令可透明执行,主要应用于以未知尺寸信息的对象为参照的情况,通过从屏幕获得的此参照对象的坐标(或长度、角度、交点)作为当前对象的下一个端点的坐标(或长度、角度、交点),也可将其用于计算图纸比例。快速计算器位于"标准注释工具栏"上,获得"快速计算器"的方法有以下 3 种。

(1) 命令行:quickcalc ✓ 或 Ctrl+8。

(2) 工具栏:单击"标准注释"工具栏中的快速计算器图标 ▦。

(3) "工具"→"选项板"→"快速计算器"。

按 Ctrl+8 快捷键后,将弹出 QuickCalc 对话框,如图 4-11 所示。直接在"输入窗口"输入要计算的内容,如输入 200×20,按 Enter 键,结果 4000 显示在"历史记录区域",如图 4-11 所示;或者在执行某命令过程中,单击快速计算器图标 ▦,单击获取工具后,回到绘图区进行拾取,结果返回到输入窗口,单击 Apply 按钮,执行操作。

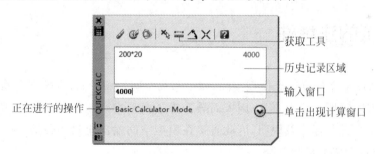

图 4-11　快速计算器

例 4-5　用直线命令绘制一个梯形,然后绘制一个圆,其直径长度与左侧的梯形的右侧边长相同,如图 4-12 所示。

(1) 执行 pl 命令绘制梯形。

(2) 执行 c 命令,在绘图区某点单击确定圆心,输入 d ✓,使用直径的方法绘制圆,单击快速计算器图标 ▦,单击距离图标 ▦,回到绘图区分别单击矩形右侧边的两个端点,回到快速计算器窗口,如图 4-13 所示,其长度已显示在输入窗口,单击 Apply 按钮,回到绘图区,命令行已提示"指定圆的直径<27.9834>:",直接按 Enter 键,确认此长度。

快速计算器窗口中各可选项说明如下。

✎:清除输入框。

☞:清除历史记录。

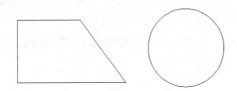

图 4-12　例 4-5 要求绘制的图形

图 4-13　快速计算器窗口

：将输入窗口中的值粘贴到命令行。

：获取坐标，计算用户在图形中单击的某个点位置的坐标[x,y]，作为下一个端点坐标。

：获取两点之间的距离，计算用户在对象上单击的两个点位置之间的距离，应用此距离作为当前端点与下一个端点的距离。

：通过两点所确定的直线的角度，计算用户在对象上单击的两个点位置之间的角度，应用此角度作为当前端点与下一个端点的距离。

：由四点定义的两条直线的交点，计算用户在对象上单击的 4 个点位置的交点坐标为下一个端点坐标。

4.3　图纸的注释性

CAD 默认图形文件有一个模型空间，两个布局空间。一般而言，模型空间用于绘图，布局空间用于标注、说明并出图，但也因人而异。为了模型空间图形的完整性，我们既可在模型空间作图，也可进行标注及说明，因此直接在模型空间输出也较为便捷，本任务中我们就在模型空间进行全图纸绘制。

4.3.1　确定图纸与绘图比例

通信工程的设计图纸是用来指导施工的，因此其中的尺寸信息非常重要，如建筑平面图、平面布置图、通信管道图、设备加固图及零部件加工图等图纸就要按照 1∶1 的比例在模型空间绘制。而对于通信线路图、系统框图、电路组织图、系统框图等类图纸进行示意性标注即可，但此类图纸应按工作顺序、线路走向、信息流向排列。

为了更好地布局，在我们绘图之前需要确定所使用图纸为 A4 或 A3 等，一般以所需的最小图纸版面来绘图，使版面简练紧凑。对于网络图，主要考虑结合所绘制网络的复杂程度、网元数量；对于平面图，主要考虑所绘制区域的大小，并结合比例尺考虑。如绘制 20 个网元的小型计算机网络图，可采用 A4 版面；对于 200 个网元的城域网网络图，考虑 A3 版面。在通信工程制图中,因为工程量表等说明性表格及文字较多,一般使用 A3 纸。但在模型空间我们以 1∶1 比例绘图,因此绘制一个 10000mm×5000mm 的机房平面图时,如何将其放进内框只有 390mm×287mm 的 A3 图框中? 显然,需要设置相应的比例,此比例需参考通信工程制图统一规定中的图纸比例。

　　1∶10、1∶20、1∶50;

　　1∶100、1∶200、1∶500;

　　1∶1000、1∶2000、1∶5000;

　　1∶10000、1∶50000 等。

以上比例为"图纸单位∶模型空间单位 = 1∶n",即模型空间单位 = n 图纸单位。如在模型空间绘制一个 10000mm×5000mm 的机房平面图时,考虑图纸右侧放置说明等,应采用比例为 1∶50 的 A3 横向图纸,即在模型空间将图框放大 50 倍,相应的文字、标注、多重引线等也应放大 50 倍。此时,可应用注释性来完成这些对象的自动缩放。步骤为:确定图纸比例 1∶n 后,设置注释比例为 1∶n,此后在模型空间中输入的文字、插入的图框临时块等注释性对象都将放大 n 倍。在打印输出时,仍以 1∶n 作为打印比例,图纸单位 = 模型空间单位/n,模型空间所有对象将缩小 n 倍。因此注释性对象定义时的大小为最终的图纸大小。为保证注释性对象的图纸大小不变,应将注释比例与打印比例设置为同一个值,这也就是图衔中的"比例"。

　　这里要注意,最终图纸上平行线之间的最小间距不得小于 0.7mm,线间距过小将导致重叠成一条直线,因此在绘制设备图的正面用两条平行的直线表示时,由模型空间缩小后的图纸距离至少要大于 0.7mm。

4.3.2　"注释性"属性设置与使用

　　应用"注释性"的对象,定义对象时的高度为"图纸高度"。如设置注释比例为 1∶20,则高 2.5 的注释性文字,在模型空间高为 2.5×20 = 50;设置打印比例仍为 1∶20 后,高 50 的文字缩小 20 倍,又变成了 2.5 高度,因此称其高度为图纸高度。值得注意的是,只有当模型空间的注释比例与打印输出时的打印比例相同时,才能够保证注释性对象的高度真的为"图纸高度"。为对象应用注释性分为以下两步。

　　(1) 将文字样式、多重引线样式、标注样式、临时块等设置为"注释性"。

　　(2) 通过绘图窗口设置当前注释比例。

　　设置当前注释比例的方法:执行 cannoscale 命令,在命令窗口输入注释比例,或单击绘图窗口右下角注释比例后面的向下箭头 注释比例 1:1 ▾ 也可进行比例选择及设置。设置注释比例后,其后输入的所有注释性对象都将以此注释比例显示,直到下一次修改注释比例为止。

1. 设置文字样式为"注释性"

　　新建"注释性"的文字样式和修改文字样式为注释性的操作相同,都是在"文字样式"对话框中的"注释性"复选框前面打√ 即可。

例 4-6 修改文字样式"标准仿宋"为注释性。

（1）执行 st 命令或单击文字样式图标 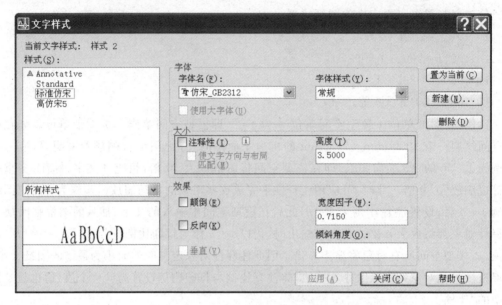，在弹出的"文字样式"对话框中选择"样式列表"中的"标准仿宋"选项，此时的"大小"区域中"高度"为3.5，如图 4-14 所示。

图 4-14 "文字样式"对话框

（2）在"注释性"前面的方框上打√后，其高度显示为"图纸文字高度"为3.5，单击"应用"按钮，此时样式名称前方将出现注释性图形标记符号 ▲，表明其为注释性样式，如图 4-15 所示。

"高仿宋"的注释性属性添加同理于"标准仿宋"。

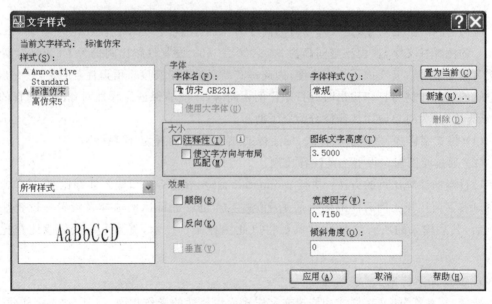

图 4-15 注释性文字样式

2. 应用"注释性"文字

在应用"注释性"文字时,首次使用会弹出"选择注释比例"对话框,如图 4-16 所示。可通过下拉列表选择注释比例。一般我们通过窗口右下角设置注释比例,且应用于其后所绘制的所有注释对象,直到下一次修改为止,因此可在"不再显示此消息"复选框前打钩,单击"确定"按钮。

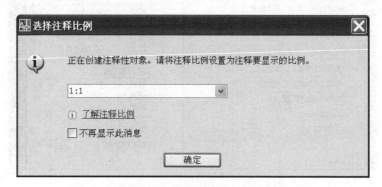

图 4-16　"选择注释比例"对话框

使用注释性对象时会在命令提示行显示相应的提示,如将注释性比例设为 1∶2,则在文字输入时,命令行会提示"当前文字样式:标准仿宋 文字高度:7.0000 注释性:是",此时已显示文字样式为"注释性",且高度为 7。

图 4-17(a)所示为"标准仿宋"注释性比例为 1∶1 和 1∶2 的文字对比效果,注释比例为 1∶2 时文字被放大了 2 倍。当把光标悬停在注释性文字上时,将出现 符号显示其为注释性对象,如图 4-17(b)所示。

注释性文字样式注释比例1:1

注释性文字样式注释比例1:2　　注释性文字样式注释比例1:2

(a) 不同注释性比例文字对比效果　　　　　　　(b)注释性对象光标悬停效果

图 4-17　注释性

在实际的绘图中,其注释性比例应与"打印比例"相同,即绘图时注释性对象被放大 n 倍,打印时缩小 n 倍,这样就保持了其样式中设置的文字高度即为最终输出的实际高度。具有注释性的文字,在其特性选项板中,"注释性"一栏为"是",并分别显示其"图纸文字高度"和"模型文字高度"。如图 4-18(a)所示,其文字样式"标准仿宋"、"注释比例"为 1∶2、"图纸文字高度"为 3.5000,"模型文字高度"为 7.0000。32 位系统会在注释性文字样式名称前出现 符号,如图 4-18(b)所示。

3. 设置多重引线样式为"注释性"

新建多重引线样式,可在弹出的"创建新多重引线样式"对话框中在"注释性"复选框前方打钩,如图 4-19(a)所示。修改已有的多重引线样式为注释性,执行 MLS 命令或单击多重引线样式图标 ,在弹出的"多重引线样式管理器"对话框中单击相应多重引线样式,在弹出的"修改多重引线样式:多重引线"对话框中,选择"引线结构"选项卡,在"注释性"复选框前方打√,如图 4-19(b)所示。

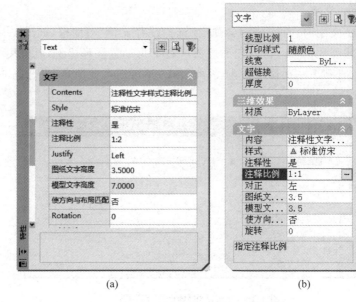

图 4-18　注释性文字特性选项板

(a) 新建注释性多重引线样式

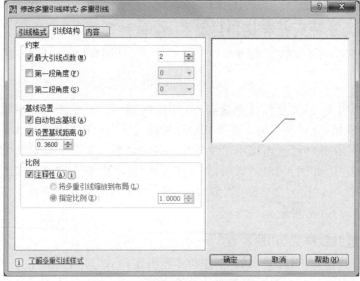

(b) 修改多重引线样式为注释性

图 4-19　多重引线样式的注释性

4. 设置临时块为"注释性"

临时块的注释性可通过在定义块时在"块定义"对话框中的"注释性"复选框前方打钩来实现,如图 4-20 所示。对于注释性的块,插入时,预览块图形附近会出现注释性图形标记 ,如图 4-21 所示。

图 4-20　定义注释性的临时块

图 4-21　插入注释性的临时块

注意:对于注释性的块,其插入块的大小为"注释比例"与"插入比例"的乘积,如设置"注释比例"为 1:2,插入比例为 2,则最终图块将被放大 4 倍。

无法通过修改属性的方法修改非注释性的临时块为注释性,可以通过以非注释性块为"对象",将其做成注释性临时块。

4.3.3　修改注释性属性

若忽略了设置注释性比例或比例设置错误,可通过以下 3 种方法实现注释比例的修改。
(1) 单击面板"注释缩放"工具条中相应图标修改。
(2) 通过"特性"选项板中的"注释性"和"注释比例"栏更改注释比例。
(3) 选择"修改"下拉菜单中的"注释性对象比例"中的相应选项。

在 CAD 绘图区右侧的面板中默认有"注释缩放"工具栏,可为注释性对象添加、删除注释比例,其中各图标说明如图 4-22 所示。

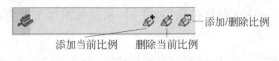

图 4-22　"注释缩放"工具条

"注释缩放"中各图标说明如下。

添加当前比例:单击要修改的注释性对象,然后单击 按钮,添加当前注释比例,并以此比例显示当前对象。

删除当前比例:单击要修改的注释性对象,然后单击 按钮,删除当前注释比例,此对象将以原始注释比例显示。

添加/删除比例:单击要修改的注释性对象,然后单击添加/删除比例图标 ,在弹出的"注释对象比例"窗口中添加或删除注释比例。

例 4-7　分别使用面板和特性选项板两种方法将注释性对象比例 1∶1 的文字修改为 1∶50。

(1) 使用面板中的"注释缩放"工具栏实现,步骤如下。

① 单击窗口的右下角的注释比例 注释比例: 1:1 ▾ 设置当前注释比例为 1∶50。

② 选择要修改的注释性文本,单击添加/删除比例图标 ,将弹出 Annotation Object Scale("注释对象比例")对话框,如图 4-23(a)所示,单击 Add 按钮,在弹出的比例列表中选择要添加的比例 1∶50,单击 OK 按钮,返回"注释对象比例"对话框,选择比例 1∶1,单击 Delete 按钮结果如图 4-23(b)所示,单击 OK 按钮完成设置。

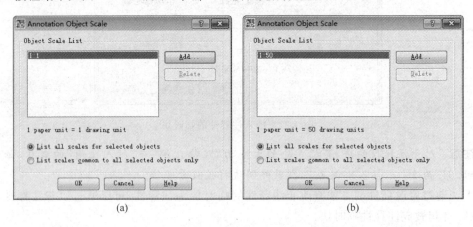

(a)　　　　　　　　　　　　　　(b)

图 4-23　Annotation Object Scale 对话框设置

说明:32 位系统 AutoCAD 显示的"注释对象比例"对话框为中文,如图 4-24 所示。

(2) 利用"特性"面板完成步骤基本同上。

① 单击窗口的右下角的注释比例 注释比例: 1:1 ▾ ,设置当前注释比例为 1∶50。

② 选择要修改的文本,单击特性图标 ,在弹出的特性选项板中找到"注释比例"一栏,单击此行,此时右侧出现" ",单击之会弹出"注释对象比例"对话框,其设置同前,略。

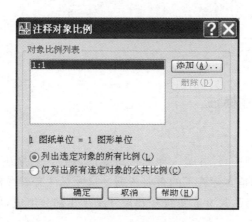

图 4-24　32 位系统"注释对象比例"窗口

可以为同一个对象添加多个注释比例,拥有多个注释比例的对象将以当前比例显示,其他的注释比例会以灰色显示。

例 4-8　有一文本对象内容为"注释性对象",注释对象比例为 1∶1,请使用添加当前比例 🔩,为其添加注释对象比例 1∶5,并设置当前注释比例为 1∶5,单击此对象,观察效果。

(1) 单击选择要修改的对象,然后单击添加当前比例图标 🔩,在弹出的"注释对象比例"对话框中添加注释比例 1∶5,过程同上。

(2) 单击窗口的右下角的注释比例 注释比例: 1:1 ▾ ,设置当前注释比例为 1∶5。

(3) 单击此文本对象,其显示如图 4-25(a)所示。

此时水平向右移动文本"注释性对象",只是移动的比例为 1∶5 的对象,其他比例对象仍在原位置,如图 4-25(b)所示。要想使多个比例对象位置对齐,可通过"修改"下拉菜单中的"注释性对象比例"→"同步多比例位置"命令来实现,执行后,将使多个比例对象与当前显示的比例对象对齐。

(a)　　　　　　　　　　　　　　(b)

图 4-25　拥有多注释比例的对象

4.3.4　设置模型空间中的表格及其文字比例

在模型空间,应用注释性并设置当前注释比例 1∶n 之后,文字、标注及多重引线将自动放大 n 倍,但表格不具有注释性,无论何种注释比例情况下,其行高列宽均为插入表格时所设置的值;其单元格内的注释性文字也将不起作用,即文字的高度始终为图纸高度,不会跟随注释性比例的设置而放大缩小。要想使表格及单元格内的文字放大相应倍数,可以采用一个比较简单实用的方法:在默认比例(即 1∶1)情况下,绘制表格,输入文字内容,并调整表格的行高列宽,之后使用缩放命令按照当前注释比例对表格进行缩放即可。

4.4　尺寸标注

4.4.1　使用尺寸标注

1. 尺寸标注的组成

在进行专业设计绘图中,尺寸是一项非常重要的内容。它描述了设计对象各组成部分的大小及相对位置关系,是实际施工的重要依据。尺寸标注有着严格的规范,一个完整的尺寸标注由尺寸界线、尺寸线、尺寸起止符号和尺寸文字 4 部分组成,如图 4-26 所示。

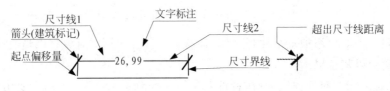

图 4-26　尺寸标注的组成

(1) 尺寸界线:用来界定度量的范围的两条短线,通常与被标注的对象保持一定的距离,以便清楚地辨认出图形的轮廓与尺寸界线。

(2) 尺寸线:放在两尺寸界线之间,指示尺寸的方向和范围的线条。

(3) 尺寸起止符号:在尺寸线两端,用以表明尺寸线的起止位置。AutoCAD 提供了多种起止符号形式,在通信工程制图中,通常以粗斜线型式表示的建筑标记作为起止符号,如图 4-26 所示,半径、直径、角度则宜用箭头作为起止符号。

(4) 尺寸文字:通常位于尺寸线的上方或中断处,用以表示所选标注对象的具体尺寸大小。

2. 标注尺寸标注

尺寸标注分为关联性标注和非关联性标注。标注内容若为自动生成为关联性标注,当被标注对象尺寸发生变化时,其标注内容会自动变化。文字内容若为手动输入为非关联性标注,此时的标注失去了与被标注对象的关联性,当被标注对象尺寸发生变化时,其标注内容不会发生变化。因此建议尺寸标注要自动生成,这样有利于图形的修改,提高绘图效率。自动标注的实现过程,分别放置"尺寸界线原点"于被标注对象两个端点,并指定尺寸线位置即可。

标注命令的获取方式有以下 3 种。

(1) 对应的标注命令及快捷方式。

(2) 单击面板或标注工具栏中相应的标注图标。

(3) 标注下拉菜单相应选项。

常用的线性标注、对齐标注、弧长、半径等尺寸可在面板中直接点取,其他标注可通过下三角点出的下拉列表选择。通过在工具栏上右击可获得标注工具栏,如图 4-27 所示。

图 4-27　标注工具条

本任务中涉及的常用选项介绍如下。

（1）线性标注

线性标注的命令为 dli 或 dimlin 或 dimlinear，图标为 ⊟，线性标注用来标注图形对象在水平方向、垂直方向上的尺寸。进行线性标注时，需要指定两点来取定尺寸界线，然后确定尺寸线的位置。线性标注是通信工程机房平面图和设备图中最常用的尺寸标注。线性标注中各选项说明如下。

① 多行文字（M）：执行 m 命令后，此时会弹出"文字格式"工具栏，可以对标注文本进行格式设置。此时的标注为非关联标注。

② 文字（T）：由输入的内容作为标注文本，此时的标注为非关联标注。

③ 角度（A）：指定标注文字的旋转角度。

④ 水平（H）/垂直（V）：指定尺寸标注的标注方向为水平方向或垂直方向。

⑤ 旋转（R）：指定尺寸线的角度。

（2）对齐标注

对齐标注的命令为 dal 或 dimali 或 dimaligned，图标为 ⟍，对齐标注又称平行标注，是指尺寸线始终与标注对象保持平行，若是圆弧，则使标注尺寸的尺寸线与圆弧的两个端点所产生的弦保持平行。对齐标注是线路工程中最常用的标注，应用时通常要去掉尺寸线及尺寸界线，而且因为线路图一般为示意图，其文字标注要手动生成，因而有些线路的尺寸标注也可以直接由单行文字或多行文字标注。对齐标注中各可选项说明同线性标注。

（3）基线标注

基线标注的命令为 dba 或 dimbase 或 dimbaseline，图标为 ⊟。默认情况下，使用上次创建的标注对象作为基准标注，并以其第一条尺寸界线作为基线标注的尺寸界线原点，且可连续创建多个基准标注，多个基准标注之间以按 Enter 键或空格键分隔，以再次按 Enter 键或空格键结束。按一次 Enter 或空格键表示以某标注为基准标注的基线标注的结束，然后可继续选择另外某标注为基准标注继续进行基线标注，直到按 Esc 键或两次 Enter 键或空格键退出基线标注。若使用基线标注前未创建任何标注，将提示用户需要"线性标注、坐标标注或角度标注"，按 Esc 键，创建基准坐标后，再执行基线坐标。基线标注在机房平面图中最为常见，同时标注机房长度、走线架长度时需要用到此标注。基线标注中各可选项说明同线性标注，其中可选项"选择"可以用来改变基线标注/连续标注中默认尺寸界线原点，如使用基准标注的另外一个尺寸界线为本基线标注的尺寸原点。

例 4-9　利用线性标注、对齐标注及基线标注为梯形作图 4-28（a）所示的标注。

① 单击 ⊟ 按钮，分别单击 A、B 两个端点，向上移动一定距离放置尺寸线。

② 单击 ⊟ 按钮，自动选择前一标注的左边第一个尺寸界线为标注基线，单击斜线右侧端点 C，向上移动一定距离放置尺寸线，按 Esc 键退出基线标注。

③ 单击 ⟍ 按钮，分别单击 B、C 两个端点，向上移动一定距离放置尺寸线，按 Esc 键结束标注。

标注完成后，单击尺寸标注，然后单击尺寸界线原点、尺寸界线及文字标注可修改尺寸界线原点和文字标注的位置及尺寸界线的长短，如图 4-28（b）所示。

（4）连续标注

连续标注的命令为 dco 或 dimcont 或 dimcontinue，图标为 ⊞。默认以上一个标注的

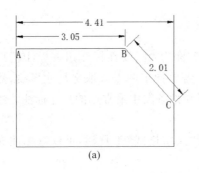
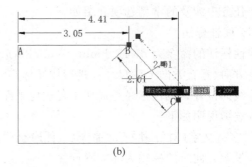

图 4-28　图形尺寸标注

第二条尺寸界线作为连续标注的第一条尺寸界线创建线性标注、角度标注或坐标标注,可连续创建多个标注,且多个标注之间尺寸线位于同一水平线。与基线标注同理,多个连续标注之间以回车或空格作为分隔,以再次回车或空格结束。若使用连续标注前未创建任何标注,将提示用户需要"线性标注、坐标标注或角度标注",单击 Esc 键退出,创建基准坐标后,再执行连续坐标。连续标注中各可选项说明同线性标注和基线标注。

(5) 快速标注

快速标注的命令为 qdim,图标为 ▨ 。快速标注的标注对象不仅可以是直线,还可以是矩形对象,系统可以自动查找所选几何体上的端点,并将它们作为尺寸界线的始末点进行标注。快速标注单击对象某边即可标注,且可连续执行多次,直至按 Enter 键或空格键结束对象的选择。而线性标注、基准标注及连续标注均要单击被标注对象的起点和终点,因而稍显麻烦。另外,快速标注是建立在线性标注基础上的,对斜线的标注为水平或垂直方向的线性标注。使用 qdim 命令快速创建或编辑一系列标注,如基线标注、连续标注,圆或圆弧创建标注时,此命令特别有用。在通信工程制图中快速标注非常适合于对设备和机房的标注。快速标注中各可选项说明同线性标注,其余不同可选项说明如下。

① "连续(C)/并列(S)/基线(B)/坐标(O)/半径(R)/直径(D)"分别指明了标注的类型。

② 基准点(P)可以重新指定基准点。

③ 编辑:编辑一系列标注。提示用户在现有标注中添加或删除标注点。

④ 设置:为尺寸界线设置默认对象捕捉,使其与端点或交点相关联,默认为"端点"。

例 4-10　分别利用连续标注和快速标注为图 4-29 中的图形做如图所示的标注。

① 使用连续标注完成标注:单击 ▯ 按钮,分别选择要标注的直线的两个端点,结果为 30.41;单击 ▥ 按钮,选择前一标注,分别单击 C 点、D 点,按 Esc 键退出连续标注。

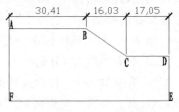

图 4-29　连续尺寸标注

② 使用快速标注完成标注:执行 qdim 命令后,分别选择 AB、BC 和 CD 直线,按 Enter 键,确认选择完毕;此时命令行出现如下提示信息"指定尺寸线位置或[连续(C)/并列(S)/基线(B)/坐标(O)/半径(R)/直径(D)/基准点(P)/编辑(E)/设置(T)]<连续>:"其默认选择项已为连续标注,直接按 Enter 键即可。

注意:在进行尺寸标注时,一定要将"尺寸界线原点"置于被测图形的端点,这样可以保证尺寸标注随着图形的改变而自动更新。否则移动图形时，因为并未移动"尺寸界线原点"，因此尺寸标注并不会自动更新。

（6）标注更新

在标注过程中，当修改了标注样式后，其图形中所创建的实例也将随之更新，如若不能更新，可使用标注更新命令，快捷键为 Alt＋N＋U，图标为 ⊨ ，标注更新命令可以连续执行多次，按 Enter 键确认命令结束。对于图形中已经建立了很多实例的标注的更新方法时，更新标注样式，然后运用标注更新来修改实例。

3. 编辑尺寸标注

对于按比例绘制的图形，只要正确标注尺寸标注，尺寸信息即可随图形自动更新，而对于线路图等示意性图纸，有时就需要手动输入尺寸信息，在后续修改线路长短时，也要手动（使用尺寸编辑命令）更新尺寸信息。

（1）手动输入尺寸信息

执行尺寸编辑命令后，单击被标注对象的两个端点后，输入 t 命令即可手动输入文字标注，但因为此内容为手动输入，因此标注信息与被标注对象失去了关联性，当被标注对象变化时，此标注信息仍然会保持原值不变。使用线性标注时，手动输入标注信息步骤如下。

```
命令: dimlinear ↙
指定第一条尺寸界线原点或<选择对象>:          //光标指定
指定第二条尺寸界线原点:                      //光标指定
指定尺寸线位置或[多行文字(M)/文字(T)/角度(A)/水平(H)/垂直(V)/旋转(R)]: t ↙
输入标注文字< 34.98 >: 34.98 ↙             //↙不能用空格替代
指定尺寸线位置或[多行文字(M)/文字(T)/角度(A)/水平(H)/垂直(V)/旋转(R)]:
标注文字 = 34.98                          //单击确定尺寸线位置
```

以上标注内容虽与自动生成的内容相同，但因为是手动输入，因此已失去关联性。

（2）后期修改尺寸信息

对于已经标注完成的尺寸标注，可以使用 ed 文字编辑命令修改标注信息。修改过程同文字编辑，执行 ed 命令，单击要修改的尺寸标注，当修改完所有的标注后，按 Enter 键结束命令。同理，修改后的标注与被标注对象失去了关联性，标注文字将不会自动更新。

除了可以修改尺寸标注的文字标注内容及位置外，还可以通过 ded 命令修改尺寸标注的文字角度、尺寸界线角度。

（3）尺寸编辑

执行 ded 或 dimedit 命令，或单击标注工具栏中的尺寸编辑图标 ⊢₄ ，然后单击某尺寸标注，其命令提示内容为"命令：输入标注编辑类型[默认（H）/新建（N）/旋转（R）/倾斜（O）]＜默认＞:"，其中"新建"命令可用来输入新尺寸文字替换原尺寸文字，"旋转"命令可设置文字的旋转角度，"倾斜"命令可设置尺寸界线的倾斜角度，"默认"命令可恢复标注原来的模样，即文字无旋转角度、尺寸界线不倾斜。

（4）修改尺寸文字位置

执行 dimted 命令，或单击标注工具栏中的修改尺寸文字位置图标 ⊬ ，可以修改尺寸文字的位置及角度。当用户选择要修改的尺寸后，命令行出现提示"指定标注文字的新位置或［左（L）／右（R）／中心（C）／默认（H）／角度（A）："，此时移动光标时尺寸文字随光标移动，在适当位置单击即可，或根据后面的可选项进行文字位置及角度的设置。

4.4.2 设置尺寸标注样式

在为对象标注尺寸之前，设置尺寸标注样式是必不可少的。因为所有创建的尺寸标注，其格式都是由尺寸标注样式来控制的。某一标注样式中包括线性标注和角度标注等多种不同的标注类型，并且可以通过"继承性"为不同类的标注类型指定不同的标注格式。获得尺寸标注样式对话框有以下 3 种方式。

（1）命令行：d 或 dim 或 dimstyle ↙。

（2）面板或"样式"工具栏或"标注"工具栏：单击标注样式图标 。

（3）下拉菜单："格式"→"标注"。

以上方法都将打开"标注样式管理器"对话框，如图 4-30 所示，默认列出"所有样式"，也可通过列出下方的列表选择"当前标注样式"，则上方的样式列表中将显示当前图形中正在使用的标注样式；单击列表中某样式名称，右侧预览区域会显示其效果和说明，默认不列出外部参照的标注样式。所有对标注样式进行的管理都可在该对话框中完成。

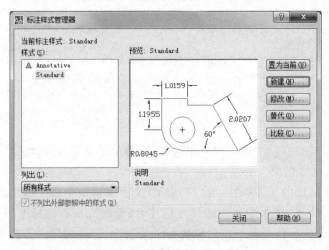

图 4-30 "标注样式管理器"对话框

完成本任务中"通信工程建筑"注释性标注样式的步骤如下。

（1）单击"新建"按钮，打开"创建新标注样式"对话框，从中可以定义新的标注样式的名称和应用范围，如图 4-31 所示。在"新样式名"文本框中输入新尺寸标注样式的名称"通信工程建筑"，在"注释性"复选框前打钩，单击"继续"按钮。

说明：直接打开 CAD 软件的 Drawing1.dwg，自带有标注样式 Annotative、ISO-25，使用 acad.dwt 样板文件新建的图形文件自带有标注样式 Annotative、Standard。基础样式可以不同，通过新建在各选项卡修改为想要的样式即可。

（2）在弹出"新建标注样式：通信工程建筑"对话框中的"线"选项卡中修改尺寸线、尺寸界线的线型、线宽及颜色均为 ByLayer，"超出尺寸线"1.25，"起点偏移量"2.5，"基线间距"为 3.75，其他默认，如图 4-32 所示。

图 4-31 "创建新标注样式"对话框

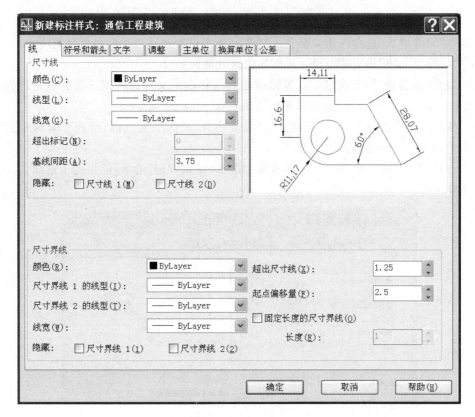

图 4-32 "线"选项卡设置

说明："线"选项卡可以设置尺寸标注的尺寸线和尺寸界线。

① 在"尺寸线"选项区中，"颜色"、"线宽"用于设置尺寸线的颜色和宽度。

a."超出标记"用于确定尺寸线超出尺寸界线的长度，一般使用默认长度 0。

b."基线间距"用于当采用基线尺寸标注时设置平行尺寸线之间的距离，图 4-33(a)和图 4-33(b)所示为文字高度为 2.5，基线间距分别为 3.75 和 5 时的效果。

c."隐藏"项里面包含"尺寸线 1"、"尺寸线 2"两个复选框，对两个复选框进行选择，可以隐藏第一段或第二段尺寸线及其相应的起止符号。

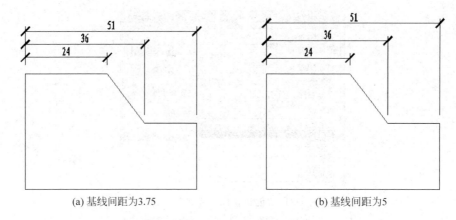

(a) 基线间距为3.75   (b) 基线间距为5

图 4-33   不同基线间距效果图

② 在"尺寸界线"选项区中,"颜色"、"线宽"用于设置尺寸界线的颜色和宽度。

a. "超出尺寸线"用于确定尺寸界线超出尺寸线的长度。

b. "起点偏移量"用于确定尺寸界线的起点与标注定义点的距离。设置一定的距离可以使图形对象与标注相区分,使显示更加清晰。

c. "隐藏"项里面包含"尺寸界线 1"、"尺寸界线 2"两个复选框,对两个复选框进行选择,可以隐藏第一段或第二段尺寸界线。

(3) 选择"符号和箭头"选项卡,在箭头中选择"建筑标记"选项,箭头大小选择 2.5,其他默认,如图 4-34 所示。

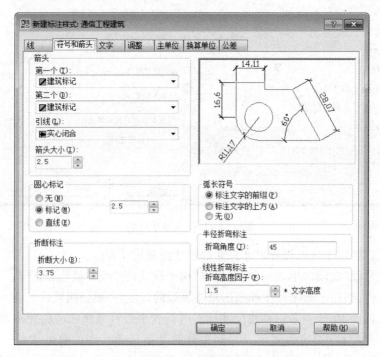

图 4-34   箭头设置

说明：

① "符号和箭头"选项卡可以设置箭头的样式及大小。其中"引线"、"第一个"、"第二个"选项用于设置引线和尺寸线起止符号的类型。用户可以从下拉列表中选择尺寸起止符号的样式，并在"箭头大小"文本框中设置大小。当第一个尺寸起止符号类型确定后，第二个则自动与其匹配。"引线"是引线标注中的引线箭头，一般不用此引线（LE）标注。

② "圆心标记"选项区主要用于设置圆心标记的类型和大小。在"类型"下拉列表框中，选"无"表示不标记；选"标记"可对圆或圆弧加圆心标记；选"直线"可对圆或圆弧绘制中心线。

（4）选择"文字"选项卡，设置"文字样式"为"标准仿宋"，颜色为 ByLayer，其他默认，如图 4-35 所示。

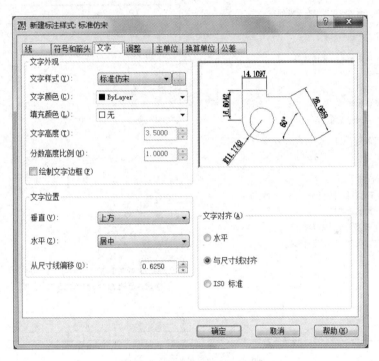

图 4-35 "文字"选项卡设置

说明："文字"选项卡可以设置标注文字的外观、位置和对齐方式。

① 在"文字外观"选项区中用户可以设置尺寸文字的样式、颜色、高度、分数高度比例以及控制是否绘制文字边框。在"文字"选项卡中，我们一般做如下设置，"文字位置"中"垂直"选择"上方"，"水平"选择"居中"，"文字对齐"选择"与尺寸线对齐"，效果如图 4-35 中右上角中的预览所示。其他各选项意义如下。

② "文字位置"选项区中用户可以设置文字相对于尺寸线的位置。"垂直"用于设置尺寸文字相对于尺寸线在垂直方向的位置，在"垂直"下拉列表框中包括"置中"、"上方"、"外部"、"JIS（日本工业标准）"4 个选项。"水平"用于设置尺寸文字相对于尺寸线、尺寸界线在水平方向的位置，在"水平"下拉列表框中包括"置中"、"第一条尺寸界线"、"第二条尺寸界线"、"第一条尺寸界线上方"、"第二条尺寸界线上方"5 个选项。

③ "从尺寸线偏移" 用于设置尺寸文字与尺寸线间的距离。若文字位于尺寸线之间，则表示断开处尺寸线端点与尺寸文字间的距离。"文字对齐" 选项区用于设置尺寸文字在尺寸界线之内或尺寸界线之外时的标注方向；"水平" 表示尺寸文字始终保持水平放置；"与尺寸线对齐" 表示尺寸文字沿尺寸线放置；"ISO 标准" 表示当尺寸文字在尺寸界线之内时，沿尺寸线放置，在尺寸界线之外时，沿水平放置。

（5）在 "调整" 选项卡中设置 "文字位置" 为 "尺寸线上方，带引线"，在 "标注特征比例" 选项区中选择 "注释性"，其他默认，如图 4-36 所示。

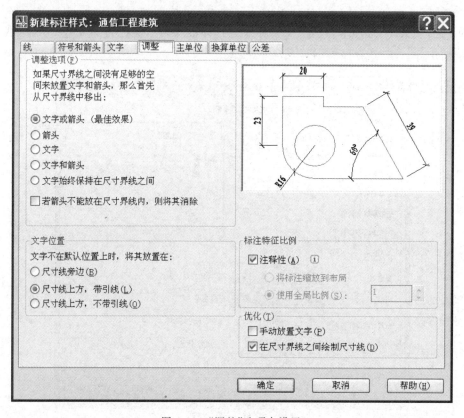

图 4-36　"调整" 选项卡设置

说明："调整" 选项卡可以设置标注文字、尺寸线及尺寸箭头的位置，使其达到最佳视图效果。

① 在 "调整选项" 区中，用户可以确定当尺寸界线之间没有足够的空间来放置箭头和尺寸文字时，首先从尺寸界线之间移出的对象。

② 在 "文字位置" 选项区域中，可以设置尺寸文字不在默认位置时的位置。在通信工程制图中，建议文字位置选为 "尺寸线上方，带引线"。

③ 在 "标注特征比例" 选项区中，用户可以设置标注尺寸的缩放比例，建议使用 "注释性"。

（6）在 "主单位" 选项卡中选择精度为 0，其他默认，如图 4-37 所示。

说明："主单位" 选项卡可以设置标注样式与标注精度等属性。

① "线性标注" 选项区用于设定线性标注的格式与精度。

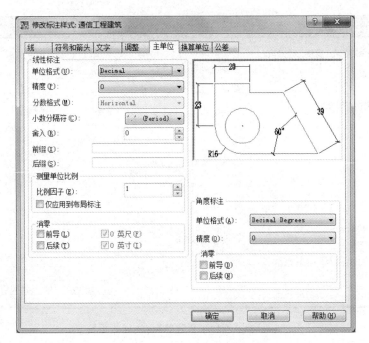

图 4-37　"主单位"选项卡设置

a. "单位格式"一般选择十进制小数 Decimal, 当选择十进制时, 分数格式将变为灰色不可设置。

b. "精度"参数设定为 0, 表示标注数值精确到个位。

c. "舍入": 以所填数字为基数进行四舍五入, 舍入后的尺寸为基数的倍数。如所填基数为 0.125, 实际尺寸为 1.241, 所显示的是 1.250。一般在通信工程制图中已经使用精度控制, 所以一般将此项设为 0。

d. "前缀"/"后缀": 为标注信息添加前缀和后缀。

e. "测量单位比例"中的"比例因子"是尺寸标注与实际长度的比值, 即将模型空间长度缩放相应倍数, 如"比例因子"为 50, 实际长度为 1 的水平直线将被标注为 50。一般用于按某比例缩放的图形标注中, 如线路图或管道图中某细节图, 被放大了 n 倍, 标注时就需要将尺寸标注样式中的"比例因子"设为 $1/n$ 进行标注, 这样既保证了尺寸信息的正确性并能够自动生成。

f. "消零"选项区可以设置是否消除角度标注中的"前导"或"后续"的零。

② "角度标注"选项区用于设定线性标注的格式与精度。其各选项含义同上。

(7) 其他选项卡默认, 单击"确定"按钮, 回到"标注样式管理器"对话框, 右侧为预览效果, 如图 4-38 所示。

说明: 表格中的 ByBlock 与 ByLayer 属性。

表格、标注、多重引线样式内部都包含有线型、线宽、颜色的设置, 其默认属性均为 ByBlock。ByBlock 可以译为"随块", 与"随层"相对, 具有这一属性的线型、线宽、颜色将随当前设置而改变。但因 CAD 中默认的线型、线宽、颜色均为 ByLayer, 即层的线型、线宽、颜色即为当前的线型、线宽、颜色, 所以应用此样式的表格、标注、多重引线仍会随层变化。只

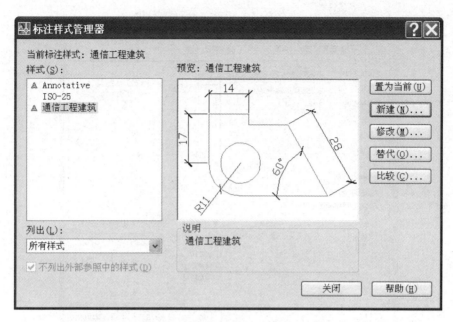

图 4-38   "通信工程建筑"标注样式预览

有通过"线型管理器"对话框、"线宽设置"对话框和"选择颜色"对话框中修改线型、线宽、颜色为非 ByLayer 属性后,线型、线宽、颜色与当前的设置一致,ByBlock 才发挥其作用。

而在创建表格、标注、多重引线样式时,将属性均改为 ByLayer,则其特性将始终随层变化,即始终与"图形特性管理器"中当前图层设置的特性一致(我们将在任务 5 中学习图层)。

例 4-11   以"通信工程建筑"为基础样式,新建半径及直径标注,尺寸界线为箭头,精度取整数。

(1) 执行 ddim 命令,新建标注样式,在弹出的"标注样式管理器"对话框中选择"通信工程建筑"选项,单击"新建"按钮,弹出"创建新标注样式"对话框,如图 4-39 所示,选择用于"半径标注"选项,单击"继续"按钮。

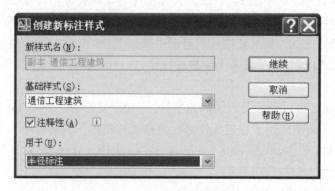

图 4-39   新建"半径标注"

(2) 在弹出的"新建标注样式:通信工程建筑:半径"对话框中选择"符号和箭头"选项卡,修改箭头中的"第二个"为"实心闭合","箭头大小"为 2.5,如图 4-40 所示,单击"确定"按钮,回到"标注样式管理器"对话框。

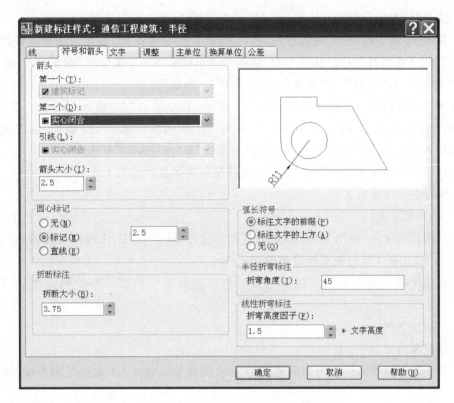

图 4-40　"符号和箭头"选项卡设置

（3）"直径标注"样式的建立同"半径标注"，不赘述。

在"新建标注样式"对话框中其他各选项卡说明如下。

（1）"换算单位"选项卡，用于确定换算单位的格式，只有选择了"显示换算单位"复选框后才能进行设置。操作步骤与主单位设置基本相同，但对国内用户来说一般不用设置。

（2）"公差"选项卡，可以设置尺寸公差标注方式，一般用于机械制图。

标注样式设定后，可能会出现与设计者意图不同的地方，其修改过程同新建。执行 ddim 命令，在弹出的"标注样式管理器"对话框中单击要修改的标注名称，然后单击"修改"按钮，系统会弹出"修改标注样式"对话框。该对话框的内容与新建标注样式对话框的内容完全一样，大家可根据需要对相应选项卡的内容进行修改。

4.5　完成任务——完善样板并制图

本任务包括了两个分任务完善样板文件和绘制设备图。完善样板文件：修改已有样式及临时块为注释性，新建注释性尺寸标注样式"通信工程建筑"。绘制设备图的顺序为确定图纸比例，插入图框块，确定布局、绘制设备图并标注尺寸信息，添加表格及说明，检查并保存图形文件。

（1）完善图形样板文件"通信工程.dwt"。

① 按 Ctrl＋O 快捷键，打开"通信工程.dwt"。

② 修改"标准仿宋"和"高仿宋"文字样式为注释性,具体过程见例 4-6。

③ 修改"多重引线"样式为注释性,执行 mls 命令,在弹出的"多重引线样式管理器"对话框中选择"多重引线"样式,在弹出的"修改多重引线样式:多重引线"对话框中,选择"引线结构"选项卡,在"注释性"复选框前方打√,单击"确定"按钮。

④ 制作注释性的 A3 横向图框临时块。执行 i 命令插入"A3 横向"临时块,执行 b 命令,在弹出的"块定义"对话框中,输入块名称为"A3 横向块",选择"A3 横向"临时块为"对象",拾取"A3 横向"左下角为基点,并勾选"注释性"和"允许分解"复选框。

⑤ 新建注释性尺寸标注样式"通信工程建筑",具体过程见 4.4.2 小节。

⑥ 保存并关闭样板文件。

（2）绘制设备图。

① 利用样板文件"通信工程.dwt"新建图形文件,保存在"D:\通信工程图纸"文件夹中,并命名为"任务 4 某传输系统设备图.dwg"。

② 确定图纸比例为 1∶10,并设置注释性比例为 1∶10,插入"A3 横向块"注释性临时块。

③ 绘制设备图并标注。

a. 确定布局如图 4-1 所示。

b. 利用矩形命令 rec、临时对象追踪 tt 和直线命令 l,按 1∶1 比例绘制传输综合柜面板图。

c. 为各图框添加设备名称。执行多行文字命令 t,单击设备框的左上角作为文本框的第一个角点,设置文字对正为"正中",单击设备框右下角确定多行文字文本框的另一个角点,输入设备名称,单击任意处结束文字输入。

d. 利用线性标注 dli 为之添加尺寸信息,注意尺寸界线原点与标注对象特征点要对齐。

④ 绘制图中表格。

a. 按照 1∶1 的比例绘制两个表格。ODF01 单元表的绘制如例 4-3,并采用合适的尺寸绘制表"PTN950 面板示意图"。注意两表的对齐。

b. 选中两个表,执行缩放命令 sc,放大 20 倍。

⑤ 使用多行文字命令 t 输入图中所有文字说明。之所以选中多行文字,是因为通过设置多行文字的文本框和对正可以轻松地实现与图形的对正。在本任务中,为传输综合柜添加"传输综合柜面板图"文字说明时,分别单击综合柜底边的左端点和右侧端点垂直向下某点作为文本框的两个角点,设置文字的对正为"正中",两个表格表头文字的添加同理。

⑥ 检查并保存图形文件。

说明：在 CAD 中因为有精确的命令行形式,因此按照 1∶1 比例绘图是比较容易和快捷的,并有利于后续修改,若画成示意图,将更难把握比例关系,反复修改反而降低绘图效率。本任务并未使用将设备图按比例绘制后缩小放入图框中的原因,就是为了利于后续的修改及升级扩容等方便。其他有尺寸标注及后续升级扩容需求的图形,都建议按 1∶1 比例绘制,使用注释性添加标注及说明,而不是将图形缩小使用带有"比例因子"的标注完成尺寸标注。

4.6　技能提升——永久块

4.6.1　创建永久块

永久块存在于单独的块文件中,可以被其他文件使用,直接打开块文件可以修改图形并为之定义属性,因此使用起来比较灵活。因此,可以做成临时块的图形都可以做成永久块,使用时直接插入即可。这样可以减少样板文件的大小。创建永久块的命令是 w 或 wlock。下面通过例子来学习永久块的定义与使用。

例 4-12　将图 4-4 中的"ODF 单元.dwg"图形文件中的表制作为永久块"ODF 块.dwg",存储于"D：\CAD"文件夹中。

(1) 打开"ODF 单元.dwg"图形文件。

(2) 输入 w↙命令弹出"写块"对话框,作图 4-41 所示的设置。

源：选择"对象"单选按钮。

基点：单击"拾取点"图标,在屏幕上用十字光标拾取表格的左下角。

对象：单击"选择对象"按钮,在屏幕上用十字光标选取要作为图块的对象,右击确定,回到"写块"对话框,下面的单选框是对原图形的处理,这里我们选择从原图形中删除。

目标：为块命名"ODF 块",并选择存储路径进行存储。

插入单位：毫米。

单击"确定"按钮,图框从当前图形中删除,但其已被保存为"ODF 块.dwg"。

图 4-41　"写块"对话框

"写块"对话框可选项说明如下。

(1)"源"选项区：指定块和对象，将其保存为文件并指定插入点。

① 块：从列表中选择相应的临时块作为永久块的源。

② 整个图形：选择当前图形作为永久块的源。

③ 对象：选择图形中的已有图形对象作为永久块的源。

a."基点"选项区可以设置块的基点，作为选取或移动块时的点，也是块的插入点。可以单击"拾取点"图标 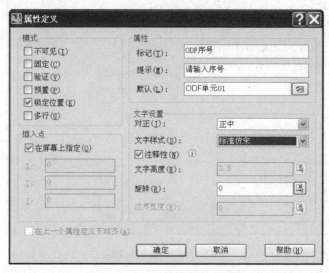，回到绘图区拾取某点；也可以直接输入坐标，默认为原点(0,0,0)。

b."对象"选项区可以选择对象并指定源的处理方式。

④ 选择对象的方法：可以单击"选择对象"图标 ，回到绘图区拾取对象，当图形对象较多时，也可以通过单击快速选择图标 来选择。

⑤ 源的处理方式："保留"，即保留原图在当前图形文件中；"转换为块"将原图转换为块保留在当前图形文件中；"从图形文件中删除"，将原图从当前图形文件中删除。

(2)"目标"选项区：设置块的保存位置及插入单位。

① 目标：为块命名"ODF 块"，并选择存储路径进行存储。

② 插入单位：默认为当前图形文件的单位，也可以通过下拉列表选择插入的单位。源：选择"对象"。

注意：块文件的命名，建议以"×××块.dwg"形式，以防与其他非块文件相混，或者单独建立一个存放永久块的文件夹。

4.6.2　定义块属性

定义属性的命令为 att 或 attdef，或者选择"绘图"→"块"→"定义属性"命令。

例 4-13　为"ODF 块.dwg"定义属性"ODF 序号"。

(1) 按 Ctrl＋O 快捷键打开已创建的块文件"ODF 块.dwg"。

(2) 输入 att✓命令，弹出"属性定义"对话框，属性设置如图 4-42 所示。

图 4-42　"属性定义"对话框

（3）单击"确定"按钮，通过 tt 临时对象追踪将此属性放置在表格的正上方。

至此，"ODF 块.dwg"制作完成。

注意：在定义属性时，一定是打开已保存的块文件，如本例中的"ODF 块.dwg"，即使在创建块的时候选择了"保留"，也仅是将创建块文件的图形保留在了当前文档。对当前文档中保留图形的修改并不会影响到块文件，即在当前文档中定义的属性，并不会作用到永久块上。在定义属性时，选择"转换为块"命令，即在当前文档中保留了一个永久块的实例。同理此时的操作也不会作用到块文件"ODF 块.dwg"上。

在 32 位系统中，如在定义块属性时输入有误，可通过双击某属性，在弹出的"编辑属性定义"对话框中修改，如图 4-43 所示。64 位系统，双击块将打开"特性"选项板。

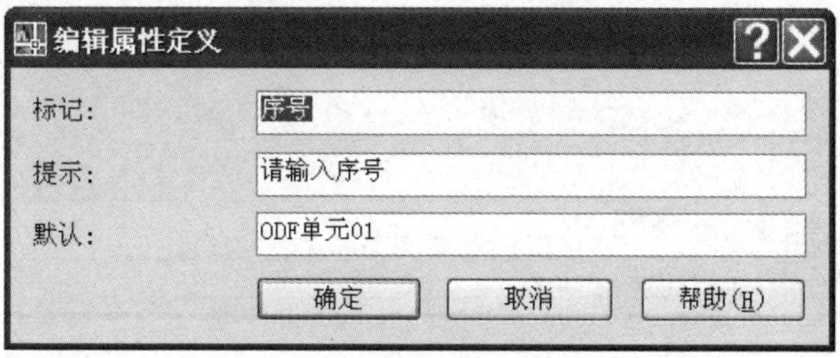

图 4-43　"编辑属性定义"对话框

4.6.3　插入与编辑永久块

1.插入块

例 4-14　将"ODF 块.dwg"插入一张新的图形文件中，并将"ODF 序号"的属性值设为"ODF 单元 03"。

（1）按 Ctrl＋N 快捷键新建图形文件。

（2）输入命令 i↙，弹出"插入"对话框，如图 4-44 所示。

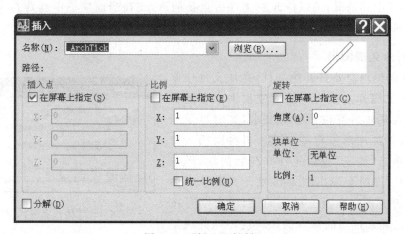

图 4-44　"插入"对话框

（3）单击"浏览"按钮，选择 D：\CAD 作为存储路径，单击"ODF 块.dwg"，在"选择图形文件"对话框右侧会出现其预览效果图，如图 4-45 所示，单击"打开"按钮回到"插入"对话框。

图 4-45　标准文件选择窗口

　　(4) 在屏幕上指定插入点,设置统一比例为1,其他默认,单击"确定"按钮。在命令窗口输入属性值 03,按 Enter 键结束。

　　注意:插入块后格式发生变化。当块文件中使用了与当前文档同名的某格式时,则再插入块,特别是运用了分解命令之后,块中图元的格式将被改变,我们可以形象地认为是"客随主便"。如果在图框块的制作中,图衔块的表格属性是从 Standard 修改而来,那么在插入新文档并进行分解后,其表格的样式将变为当前文档中 Standard 所定义的样式,表格将有所改变,因此建议大家在进行样式设置时重新定义自己的样式,而非对原样式进行修改,以防止在进行块插入或不同 *.dwg 文件之间复制时的格式变化。

　　若发生了上述情况,可以修改块文件后重新插入,或在当前文件中新建符合要求的样式,使用分解命令将块分解,单击某图元,应用特性选项板修改其样式。

2. 编辑永久块图形

　　永久块的编辑需要打开块文件,在块文件中修改图形或定义属性。在块的使用过程中存在这种现象,当插入某块后发现不符合要求,此时可重新打开块文件对原图形进行些修改。当再次插入块时,要重新单击"浏览"按钮找到修改后的块,单击"确定"按钮。此时会弹出图 4-46 所示的确认对话框,询问是否更新定义及已插入的块,单击"是"按钮,则所有已插入及当前插入的块将应用新的块定义及属性。

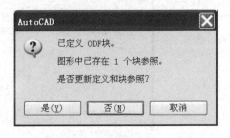

图 4-46　"插入块确认"对话框

3. 编辑永久块属性

对已插入的永久块修改其属性的方法如下。

（1）双击某永久块。

（2）选中图块，单击面板中块属性区中的编辑属性图标 。

（3）选中图块，右击，在弹出的快捷菜单中选择"编辑属性 "命令。

例 4-15　将刚插入的 ODF 块的"序号"改成"ODF 单元 03"。

双击 ODF 块，此时将弹出"增强属性编辑器"对话框，如图 4-47 所示，选择"属性"选项卡，单击"序号"标记，在下面的"值"框中输入"ODF 单元 03"，单击"确定"按钮即可。

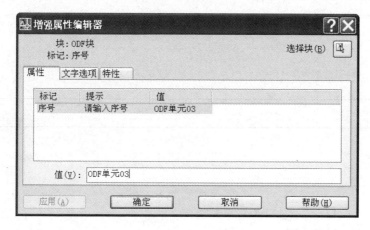

图 4-47　块属性编辑

在"增强属性编辑器"对话框中除了修改属性值以外，还可以通过"文字选项"和"特性"对各属性值的文字样式、颜色和图层等进行设置。

相比于复制，永久块不用打开源文件即可插入，且在插入块时可以指定插入比例，并设置属性。

4.7　任务单

任务名称	电源端子占用表
要求	利用样板文件"通信工程.dwt"制作如图 4-48 所示的某传输设备工程电源端子占用表，保存在"通信工程图纸练习"文件夹中，并命名为"电源端子占用表.dwg"。
步骤	

续表

图纸的注释比例	
表格的绘制方法	
收获与总结	

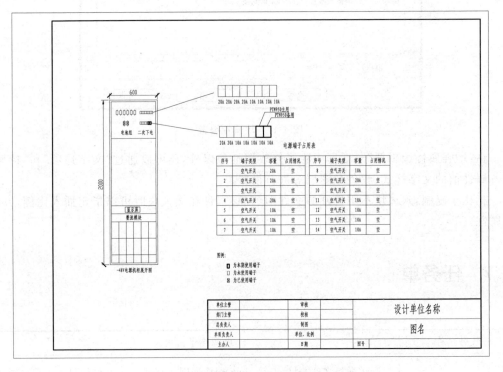

图 4-48　某传输设备工程电源端子占用表

任务小结

(1) 本任务中包含的基本绘图及工具如下。

① 圆 c 或 circle，图标 ，三点相切的圆位于绘图下拉菜单中。

② 旋转(rotate 或 ro,图标 🔄)。

③ 阵列(ar 或 array,图标 🔠),阵列分为矩形和环形阵列两种。

④ 快速计算器(Ctrl＋8,图标 ▦)。

(2) 其他基本图形操作。

① 尺寸标注。尺寸标注样式的设置命令为 ddim 或 dimstyle,图标为 ◢ 。常用的标注包括线性标注、对齐标注、弧长、半径标注,并且通过连续标注、基线标注、快速标注等可以快速实现尺寸标注。通过 Alt＋N＋U 快捷键、ed 和拖动可更新、修改尺寸标注。除特殊情况,建议使用关联标注,且注意将"尺寸界线原点"与被标注对象的特征点对齐,使之随着被标注对象的改变而自动更新。

② 注释性属性。模型空间绘图按 1∶1 绘图,根据所选图纸 A3 或 A4 的大小,确定图纸比例 1∶n,设置注释性比例 1∶n,实现注释性对象的自动缩放。可以应用注释性的对象包括:文字、标注、多重引线、临时块等。应用注释性的步骤为:设置注释性的样式,设置注释比例,插入注释性对象,通过面板或特性选项板可修改注释对象的注释比例。

③ 表格的比例问题。模型空间中表格的文字不会自动按比例缩放,可以先以 1∶1 比例输入内容并调整表格行高列宽,然后按注释比例缩放。

(3) 模型空间按比例制图的步骤。

保证样板文件中的文字样式、标注样式、多重引线样式、临时块为"注释性",利用样板文件新建图形文件,确定图纸比例,设置注释性比例,绘图、检查、保存并关闭图形文件。

(4) 创建与使用永久块。

创建永久块(w 或 wlock),定义块属性(att 或 attdef),插入块(i 或 insert,图标 🖼)。定义永久块属性需要在原始的块文件中进行。相对于临时块,永久块可以供其他文件使用,一些复杂图例可以做成永久块,减小样板文件大小。

(5) 绘图方法与技巧。

① 利用复制、镜像命令制图将有利于对称图形的美观。

② 适当地运用临时对象追踪 tt 有利于快速制作精确美观的图形。

③ 运用多种方法解决问题,从中找到适合自己的最快捷的方法,如多重引线的使用。

自测习题

1. 说明注释性比例为何要与打印比例相同? 在 CAD 制图中哪些图形是不能够通过设置注释性而自动缩放的?

2. 永久块与临时块的区别是什么?

3. 尺寸标注能够自动跟随被标注对象自动更新的关键的两点是什么?

4. 请在模型空间按 1∶1 比例绘制图 4-49 中的光缆沟,其中 9 孔 PVC 管半径为 0.055m,间隔为 0.02m,并标注尺寸信息。

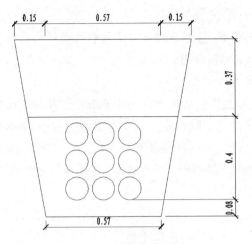

图 4-49　光缆沟断面图

绘制机房设备平面图

平面图的设计应以网络图为指导,结合机房、走线架、设备的具体位置等信息,并参考通信工程设计规范中的要求,确定实际安放位置及线路的长短与布置,绘图中应给出图例说明及主要材料清单和主要工程量表。

5.1 提出任务

任务目标:熟练制作机房设备平面图。

任务要求:

1. 完善图形样板文件"通信工程.dwt"

(1) 设置以下图层。

① 背景及尺寸标注:颜色为绿色。

② 原有设备(或线路)及尺寸标注:颜色为蓝色。

③ 预留设备:颜色紫色,线型虚线。

④ 新建设备或线路:颜色红色,线宽 0.5mm。

⑤ 新建设备(或线路)尺寸标注:颜色红色,线宽默认 ByLayer。

⑥ 为 0 层添加说明:在此层放置"说明"、"图例"、"工程量表"、"材料表"、"图框"等注释性对象。

(2) 将图中指北针做成临时块。

2. 绘制机房设备平面图

(1) 利用样板文件"通信工程. dwt"制作图 5-1 所示的某机房设备平面图,保存在"D:\通信工程图纸"文件夹中,并命名为"任务 5 某机房设备平面图. dwg"。

(2) 分图层、并按比例绘制。

任务分析:图 5-1 解读:此图为已有 2G 机房的升级扩容图,图中未画出走线架。我们从供电和信号两方面分别描述该图。交流(AC)市电经直流电源(DC)转换为 -48V,直流给通信设备(基站、传输)供电,蓄电池组为备用电源。从信号的接收来说,2G 无线信号由天线至馈线,经馈线洞进入机房上方走线架,到基站主设备 BTS(图中 DCS1800 和 GSM900)下来,再从基站设备经 DF(配线架)到传输设备(位于综合架中),经外部光缆线路到 BSC(基站控制器)。3G 无线信号由天线至 RRU,经光缆从馈线洞进入机房到 BBU(基带处理单元),再从 BBU 经 DF 到传输设备经光缆线路到 RNC(无线网络控制器)。可参见图 3-47来更好地理解图 5-1。

机房需标明其方位,即必须有指北针和楼层位置的说明,见图 5-1 右上方。设备的正面需要标明,图中已由双实线表示。图中用粗实线标明新增 BBU 设备一台,并为后期扩容预留了机位,用虚线标明。为安装此 BBU,需新安装机架一个,另外,电源线及信号线数量已在主要工程量表列出。对于通信工程图纸来说,工程量表和材料表是非常重要的,它是指导施工的组成部分,要正确统计并列出。

无线和传输都涉及机房平面图的绘制,机房内涉及设备较多,因此我们需要首先了解平面图的绘制要点,而且为了便于图形管理,几乎所有的机房设备平面图都是分层绘制的。因此本任务包括以下分任务。

（1）平面图绘制要点。

（2）基本绘图与修改命令。

（3）图层。

（4）绘制机房设备平面图。

本任务的技能要求:

（1）掌握机房平面图的绘图要点。

（2）掌握基本绘图命令:多段线、打断、偏移和图案填充。

（3）熟练掌握图层的设置与使用方法。

（4）会制作复杂的表格样式。

（5）熟悉插入 Word、Excel 等对象操作。

（6）了解自定义图案填充的使用。

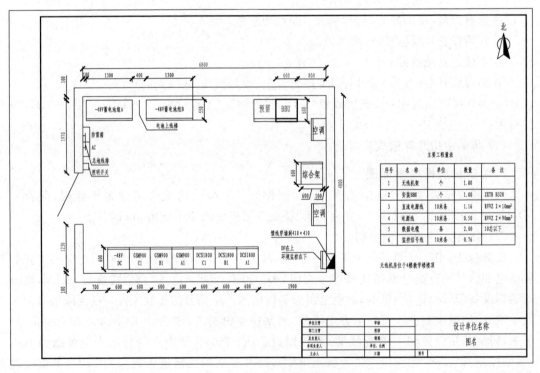

图 5-1　某机房设备平面图

5.2 平面图绘制要点

1. 由网络图至平面图

在通信工程施工图设计中,先确定网络图,进而根据现实的网络资源,如机房位置、设备型号等确定设备平面图。因此可以说,网络图是平面图绘制的一个逻辑概括,网络图纸指导施工图,施工图细化网络图。网络图体现了设备之间的逻辑关系,施工图绘制了实际网络设备之间的物理连接关系。通信工程设备安装工程必须以实现网络图的拓扑结构为目标,以网络图为指引,细化说明设备安装的资源、步骤等,才能充分地指导现场施工。

从网络图到平面图的过程,可以从两方面入手:网元→具体设备,链路分布→设备布线。

(1) 定位网元位置,确定安装方案。网络图中所有的网元都代表现实中的一种通信设备,网络中网元的增加、减少、调整等,在现实中都体现为对某种通信设备的安装、拆除、扩容等施工内容。从网络图入手,逐一确认各种网元所代表的现实设备的位置、型号、增删需求等,就可以形成主要设备安装工作的清单。按照不同的局所位置,分别在局所图纸中体现本局所范围内的设备安装方案,即可绘制设备平面。将所有新增、扩容、拆除设备清单列表,即可形成安装设备表和拆除设备表。

(2) 由链路分布确定路由与资源需求。网络图中网元的连线代表设备间的链路,在现实中,代表两件或多件设备之间的一条通信线缆(无线链路除外),因此根据网络图中的链路增、删、改情况,可以逐一确定平面图中的设备布线需求,结合设备安装方案所确定的设备安装位置,即可给出每一条线缆的起点、终点,并确认走线路由及走线需求(如走线架、槽等)。根据网络链路类型,可确认线缆型号、规格、接头等。从而绘制布线路由、确认设备布线表,形成设备布线图。

注意:通信链路可能跨局所布放,布线路由安排必须考虑设备工程与线路工程的界面,确认布线需求。

(3) 辅助设施与线路。除了网络图中所体现的网元、链路外,设备平面图绘制还须考虑多种辅助设施和系统的安装与布线,如设备供电、接地、空调、通风、网管、监控等。在绘图时应根据设计方案,逐一核查各种配套系统的设备安装与布线需求,并添加到主体设备的安装与布线图纸中。

2. 画法要点

平面图指导施工,应能准确体现局所现状,表达工程建设内容、施工要求与资源需求。根据施工内容不同平面图可分为设备安装图、设备布线图、装修改造要求图等多种,所表达施工情况不同,但都有以下特点。

(1) 需要绘制建筑平面、设备分布现状等多种信息。

(2) 绘图内容强调表达建筑结构之间、设备与建筑物之间的相对位置关系。

(3) 在建筑平面外,一般还要编制说明文字与表格等辅助信息,且平面图一般还含有较多的尺寸、标注等描述信息,需合理安排版面,做好布置。

一般的情况下在绘制建筑平面和设备平面图时，尺寸精度可按照整数厘米考虑，即现场勘查测量时就精确到厘米。

3. 绘图思路

绘图应由大到小，由框架到细节。例如绘制平面图，按照建筑物→设备→走线架→标注文字→表格说明的次序绘制。绘图过程要有连贯的思路，遵循现实的设计方案。例如，机房绘制时，遵循机房局所规划、考虑通道空间、扩容预留位置，走线架安排考虑避免电源线与信号线交叉等，避免在审核阶段被彻底推翻。注意不断检查，避免积累大量的低级错误。注意版面整洁，规范文字、线型格式和各种标签、符号、线条的对齐操作，减少后期调整工作量。在版面布局上，图纸的方向选择应使线条尽量平行或垂直绘制，避免过多斜线，如现实中并非正南、正北的机房，可偏移一定角度绘制，然后通过指北针指明正北方向。在绘制多张图时，应在一开始就做好准备，确认标准格式，制作绘图模版，而不是等全部草图完成后再进行修补。

图纸主体部分完成后，应进行内容校核：图纸内容是否正确、是否漏画、错画；各种文字标签、尺寸标注是否遗漏、内容是否准确；版面是否合理、图中内容与图例是否相符；检查图衔、图号、单位比例尺、日期、图纸名称是否准确；检查整体的打印效果，是否有打印超出边界、纸张设置错误等。

4. 绘图中的指北针

指北针是机房平面图和线路图中必不可少的元素，因此我们可以将其做成临时块保存到图形样板文件中，有利于重复使用。当机房或线路与北方有一定夹角时，通常按有利于观察的方向绘图，将此夹角与北方的角度标于图上即可，如图 5-2 所示。

图 5-2　与正北偏移 15°方向的指北针

5.3　基本绘图与修改命令

5.3.1　多段线

多段线命令用于绘制包括若干直线段和圆弧的多段线，整条多段线作为一个实体可以统一进行编辑。另外，多段线可以为起点和端点指定不同的线宽，因而对于绘制一些特殊形体（如箭头等）很有用，只需分别为多段线箭头部分的两个端点指定不同的线宽即可。学习了多段线命令之后，对于折现等由多段线段组成的图形最好使用多段线命令而非直线命令。获得多段线命令有以下 3 种方式。

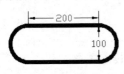

图 5-3　操场跑道

(1) 命令行：pl 或 pline ✓。

(2) 面板或绘图工具栏：单击多段线图标 ⤵。

(3) 下拉菜单："绘图"→"多段线"。

例 5-1　使用多段线命令绘制图 5-3 所示的多边形操场跑道。命令行提示及说明如下。

```
命令：pline ↙
指定起点：                              //单击起点位置
当前线宽为 0.0000
指定下一个点或 [圆弧(A)/半宽(H)/长度(L)/放弃(U)/宽度(W)]：w ↙        //选择设置线宽
指定起点宽度<0.0000>：10 ↙            //指定多段线起点宽度为 10
指定端点宽度<0.0000>：10 ↙            //指定多段线端点宽度为 10
指定下一个点或 [圆弧(A)/半宽(H)/长度(L)/放弃(U)/宽度(W)]：200 ↙
                                      //极轴打开，光标选择方向的同时，输入长度
指定下一点或 [圆弧(A)/闭合(C)/半宽(H)/长度(L)/放弃(U)/宽度(W)]：a ↙
指定圆弧的端点或
[角度(A)/圆心(CE)/闭合(CL)/方向(D)/半宽(H)/直线(L)/半径(R)/第二个点(S)/放弃(U)/宽度
(W)]：100 ↙                           //光标选择方向的同时，输入长度
指定圆弧的端点或
[角度(A)/圆心(CE)/闭合(CL)/方向(D)/半宽(H)/直线(L)/半径(R)/第二个点(S)/放弃(U)/宽度
(W)]：l ↙
指定下一点或 [圆弧(A)/闭合(C)/半宽(H)/长度(L)/放弃(U)/宽度(W)]：200 ↙
指定下一点或 [圆弧(A)/闭合(C)/半宽(H)/长度(L)/放弃(U)/宽度(W)]：a ↙
指定圆弧的端点或
[角度(A)/圆心(CE)/闭合(CL)/方向(D)/半宽(H)/直线(L)/半径(R)/第二个点(S)/放弃(U)/宽度
(W)]：cl ↙
```

说明：当多段线中的线宽为 0 时，采用的是 ByLayer 随层宽度，此时的线宽不随缩放命令而改变；当多段线中的线宽为"非 0"时，采用的宽度为绝对宽度，在执行缩放命令时此宽度将随之缩放，如通过 W 设置宽度为 0.5 的多段线，执行 SC 命令放大 2 倍后，宽度将变为 1。

另外，使用线宽为 0 随层宽度为 0.5 和通过 W 设置宽度为 0.5 的多段线图形显示是有区别的，前者为圆头 ⬤，后者为柄型 ▬。

5.3.2　打断

打断命令可以将一个对象打断为两个对象，对象之间可以具有间隙，也可以没有间隙。只打断对象而不创建间隙，在相同的位置指定两个打断点即可，最快方法是在提示输入第二点时直接输入@。打断命令每次只执行一次。大多数几何对象都可以被打断，但块、标注及单（多）行文字不可以被打断。为房屋开一扇门即可用打断命令。

获得打断命令有以下 3 种方式。

（1）命令行：break ↙。

（2）面板或修改工具栏：单击打断图标 🔲。

（3）下拉菜单："修改"→"打断"。

执行 break 打断命令后，命令行提示及说明如下。

```
命令：break 选择对象：↙          //单击选择对象
指定第二个打断点 或 [第一点(F)]：f ↙  //默认情况下选择对象时所单击的点即为打断的第
                                      一点，但一般很难准确掌握，所以建议利用 f 命令
                                      重新指定第一点
指定第一个打断点：
指定第二个打断点：                //要打断对象而不创建间隙，输入 @
```

在将圆打断为圆弧时,默认按逆时针方向删除圆上第一个打断点到第二个打断点之间的部分。

例 5-2　绘制如图 5-4 所示图形。

(a) 光缆交接箱　　　　　　　　(b) 拉线电杆

图 5-4　光缆交接箱和拉线电杆

(1) 绘制光缆交接箱的分析与提示。

绘制矩形,直线命令实现对角点的连接,利用菜单栏的"绘图"→"圆"→"相切、相切、相切"绘制圆,圆中箭头使用多段线实现,利用镜像实现第二个箭头的绘制。具体如下。

```
pl↙        //绘制圆内第一个箭头
指定起点:_nea 到     //Ctrl+右击,在弹出的右键菜单中单击"最近点(R)",光标靠近圆的左侧靠
                        下位置出现最近点标记后单击
指定下一个点或[圆弧(A)/半宽(H)/长度(L)/放弃(U)/宽度(W)]:<45↙ //指定直线的方向45°
角度替代:45
指定下一个点或[圆弧(A)/半宽(H)/长度(L)/放弃(U)/宽度(W)]:          //得到合适长度后单击
指定下一点或[圆弧(A)/闭合(C)/半宽(H)/长度(L)/放弃(U)/宽度(W)]:w↙
指定起点宽度<0.0000>:5
指定端点宽度<5.0000>:0
指定下一点或[圆弧(A)/闭合(C)/半宽(H)/长度(L)/放弃(U)/宽度(W)]:<45↙   //指定箭头方向
角度替代:45
指定下一点或[圆弧(A)/闭合(C)/半宽(H)/长度(L)/放弃(U)/宽度(W)]:_nea 到
//Ctrl+右击,在弹出的右键菜单中单击"最近点(R)",光标靠近圆的右上方出现最近点标记后单击
指定下一点或[圆弧(A)/闭合(C)/半宽(H)/长度(L)/放弃(U)/宽度↙     //空格结束命令

命令:mi↙                              //通过镜像得到第二个箭头
选择对象:找到 1 个                     //单击选择箭头
选择对象:↙
指定镜像线的第一点:                    //单击圆心
指定镜像线的第二点:@10<45             //用命令指定镜像线的方向,长度任意
要删除源对象吗?[是(Y)/否(N)]<N>:↙
```

(2) 拉线电杆的绘制同理,略。

5.3.3　偏移

使用偏移命令可以根据指定距离或通过点,建立一个与所选对象平行或具有同心结构的形体。能被偏移的对象包括直线、圆、圆弧、样条曲线等,且可连续进行多次偏移操作。特别适合用来绘制机房平面图中的墙。可以使用以下 3 种方法激活"偏移"命令。

(1) 命令行:o 或 offset ↙。

(2) 面板或修改工具栏:单击偏移图标 。

(3) 下拉菜单:"修改"→"偏移"。

例 5-3 绘制图 5-5 所示的 3 个嵌套矩形,内侧矩形边长为(10,5),此 3 个矩形之间的间隔均为 1。

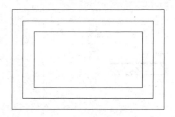

图 5-5 矩形的偏移

绘制内部矩形,用偏移命令实现外部两个矩形的绘制。命令行及说明如下。

```
绘制矩形,略。
命令: offset↙                                          //偏移
当前设置: 删除源 = 否   图层 = 源   OFFSETGAPTYPE = 0      //偏移命令的当前设置
指定偏移距离或 [通过(T)/删除(E)/图层(L)] < 550.0000 >: 1↙
选择要偏移的对象,或 [退出(E)/放弃(U)] <退出>:            //单击选择矩形
指定要偏移的那一侧上的点,或 [退出(E)/多个(M)/放弃(U)] <退出>: m↙
指定要偏移的那一侧上的点,或 [退出(E)/多个(M)/放弃(U)] <退出>:         //在矩形外部单击
指定要偏移的那一侧上的点,或 [退出(E)/多个(M)/放弃(U)] <退出>:      //在最外侧矩形外部单击
指定要偏移的那一侧上的点,或 [退出(E)/多个(M)/放弃(U)] <退出>: e↙      //结束偏移命令
```

选项说明:

(1) 偏移距离:直接输入或单击两点确定其距离。

(2) 通过(T):创建通过指定点的对象。

(3) 删除(E):偏移后,将源对象删除。

(4) 图层(L):选择将偏移对象创建在当前图层上还是源对象所在的图层上。

(5) 多个(M):以前面选择的对象及设置的偏移距离偏移多次。

5.3.4 图案填充

图案填充命令使用对话框操作来填充图形中的一个封闭区域。常用于机房平面图中的馈线洞、光缆沟断面图的绘制中。可以使用以下 3 种方法激活"图案填充"命令。

(1) 命令行:bh 或 bhatch↙。

(2) 面板或绘图工具栏:单击图案填充图标 。

(3) 下拉菜单:"绘图"→"偏移"。

执行图案填充命令后,会弹出"图案填充和渐变色"对话框,如图 5-6 所示。该对话框中可以设置填充图案、填充边界以及填充方式等。

"图案填充和渐变色"对话框中各可选项说明如下。

(1) "图案填充和渐变色"对话框左侧一列主要用于定义要应用的填充图案的外观,包括填充图案样式、比例、角度等参数。

① "类型":可以在系统自带的 ANSI、ISO、"预定义"及"自定义"中选择图案。

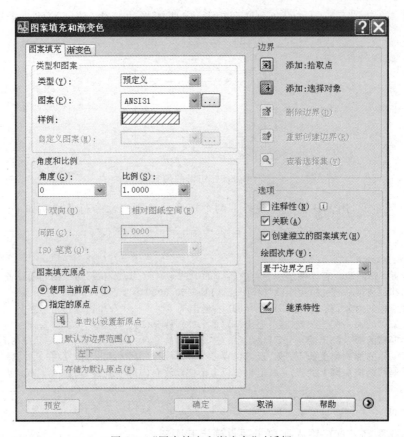

图 5-6 "图案填充和渐变色"对话框

②"图案"：用于选择要填充图案的名称，或单击其后的按钮，在打开的图 5-7 所示的"填充图案选项板"对话框中选择要填充的图案。选中 SOLID 选项后可从"样例"列表中查找要填充的颜色。

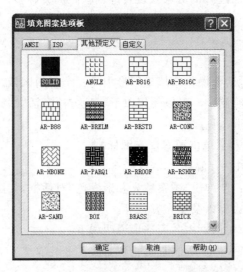

图 5-7 "填充图案选项板"对话框

③"样例"：显示用户所选填充图案的缩略图,单击样例后面的缩略图也可以弹出图 5-7 所示的"填充图案选项板"对话框。

④"角度和比例"：设置填充图案的填充角度和比例,若填充为单一色,则比例不可设置。

⑤"图案填充原点"：以指定原点开始填充封闭区域。

（2）右侧"边界"选项区用于设置图案填充的边界,选择的方式包括对象和拾取点两种。

① 拾取点：以拾取点方式指定填充区域,填充区域为拾取点所在的封闭区域,适合于非规则区域的选择或多个图形对象共同构建的闭合区域。

② 选择对象：选择对象方式指定填充区域,填充区域为所选对象的整个闭合区域。

在选取边界时可以通过 k、s 命令进行"拾取点"与"选择对象"之间的切换,b 命令用于删除已选择的多余边界。

说明：在弹出的"图案填充"对话框中单击"选择对象"按钮,然后利用 k 命令切换至"拾取内部点"时,其原来选择的对象边界将被删除,需重新利用 s 命令选择原来边界。

③ 查看选择集：回到模型空间,观察已选择的填充边界,按空格键或 Enter 键返回。

（3）"选项"选项区可以设置其余边界的或其他对象的重叠次序及关联性等。

①"注释性"：使填充图案的比例与注释比例相同,并与之填充界线相关联。

②"关联"：选中此选项,使填充图案的填充面积随边界的变化而变化。

③"创建独立的图案填充"：选中此选项,当一次填充多个封闭区域时,各填充对象相互独立,可单独移动、复制等编辑操作。

④"绘图次序"：单击"绘图次序"下拉列表,可以设置填充图案"置于边界之后"、"置于边界之前","前置"置于所有与之重叠的图形对象的最前边,"后置"置于所有与之重叠的图形对象的最后边。

⑤"继承特性"：在某图形填充完毕的情况下,若当前图形想采取与之相同的填充方案,即填充内容,比例及角度,可选用"继承特性"选项。

"继承特性"的执行方法,单击"继承特性"图标 🖾,回到绘图窗口选择已存在的某填充图案作为被继承填充图案,按 Enter 键确认即可。若在选择填充区域之前选择了此项,单击某填充图案后,命令行会出现如下的选择填充区域的提示。

```
命令:bh↙
选择图案填充对象:
继承特性: 名称 <ANGLE>,比例 <0.1>,角度 <0>
拾取内部点或[选择对象(S)/删除边界(B)]:
```

注意：执行填充命令时,所填充区域必须为闭合区域,所以在画图时最好将对象捕捉打开,这样在绘制封闭图形区域时能够真正捕捉到特征点形成闭合区域。

例 5-4 完成图 5-8(b)、图 5-8(c)的填充,其中图 5-8(c)的填充图案使用继承特性来完成。

（1）完成图 5-8(b)所示填充图案。输入图案填充命令 bh,在弹出的"图案填充和渐变色"对话框中作图 5-9 所示的设置：样例使用 ByLayer,使之能够随层变化,选中"注释性"复选框,使之能够随填充边界的变化自动变化。

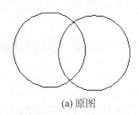

(a) 原图   (b) 选择对象方式填充   (c) 拾取点方式填充

图 5-8　图案填充示例

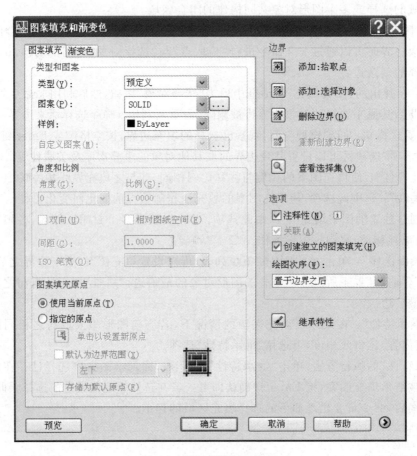

图 5-9　随层颜色图案填充

（2）完成图 5-8(c)所示的填充图案。

① 按空格键，重复执行 bh 命令，在弹出的"图案填充和渐变色"对话框中左侧的设置与上面相同，单击"继承特性"图标 ⟋。

② 回到绘图区，单击选择图 5-8(b)中的填充图案，并按 Enter 键确认。

③ 单击拾取点图标 ▨，回到绘图区单击图 5-8(c)中的交叠区域并按 Enter 键。

④ 单击"图案填充和渐变色"对话框中的"确定"按钮即可。

例 5-5　绘制图 5-10 所示的光缆直埋沟断面图，并将其保存在"D:\通信工程图纸练习"文件夹中。

分析：以图中标注的尺寸信息在模型空间按 1：1 绘图时图形过小，所以放大 n 倍，为

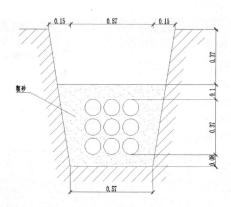

图 5-10 新建 9 孔 ϕ110 PVC 管断面图(单位：m)

保证尺寸不变,所设置标注样式的"比例因子"为 $1/n$,进行尺寸标注并添加说明文字。光缆沟主要的绘图过程为按 1：1 比例绘图、放大、标注尺寸信息。

(1) 利用样板文件"通信工程.dwt"新建图形文件,保存在"D：\通信工程图纸练习"文件夹中,并命名为"光缆直埋沟断面图.dwg"。

(2) 绘制光缆沟。

用 pl 多段线命令绘制梯形光缆沟,以右下角为第一个角点,其余各点相对坐标为(@-0.57,0)、(@-0.15,0.92)、(@0.87,0),然后执行 cl 命令闭合。

利用 l 直线命令绘制粗砂埋深面直线,第一个角点利用临时对象追踪与捕捉 tt 追踪光缆沟左下角点相对坐标为(@-0.15,0.55)的侧帮上的一点。具体过程如下。

```
命令:l↙
LINE 指定第一点: tt↙
指定临时对象追踪点:0.55↙        //捕捉光缆沟左下角点,垂直向上追踪 0.55 确定临时追踪点
指定第一点:                      //水平向右获得与侧边的交点,单击确定第一点
指定下一点或 [放弃(U)]:          //水平向右获得与右侧边的交点,单击确定此点
指定下一点或 [放弃(U)]:↙
```

(3) 绘制 PVC 管。

① 绘制左下角小圆。9 孔 PVC 管半径为 0.055m,间隔设定为 0.02,确定左下角 PVC 管圆心位置：相对于光缆沟左下角点的 x 坐标为 $0.57/2-(0.055\times2+0.02)=0.155$,y 坐标为 $0.08+0.055=0.135$。执行 c 命令,利用 tt 得到相对于光缆沟左下角点(0.155,0.135)的圆心,绘制半径为 0.055 的圆。

② 绘制所有 PVC 管。执行 ar 阵列命令,在弹出的"阵列"对话框中,作图 5-11 所示的设置。行为 3 行,列为 3 列,角度为 0;然后单击拾取点按钮 🔲 ,在屏幕上选择左下角小圆,右击或按 Enter 键确认,行偏移和列偏移均为 $0.055\times2+0.02=0.13$,单击"预览"按钮查看效果,若满意,单击"接受"按钮即可,否则单击"修改"按钮,直到满意为止。

(4) 放大。带有尺寸信息的图形光缆沟及 PVC 管绘制完成,此时执行 sc 缩放命令将其放大 100 倍。

(5) 填充粗砂。使用 bh 图案填充命令实现沟内沙粒的填充,在弹出的"填充图案和渐变色"对话框中："填充图案"为 AR-SAND(随机的点图案),"比例"为 0.1 倍左右,"边界"

图 5-11   绘制 PVC 管的"阵列"对话框设置

选择"拾取点"来拾取沙面底部和小圆的外部某处,即填充区域为底部梯形和小圆阵列所围起来的闭合区域。

(6) 沟外侧填充。绘制沟边两直线,执行偏移命令 o 使光缆沟及两边向外偏移距离 10,将光缆沟分解为直线,删除沟顶直线,并继续修改使其与内侧光缆闭合,如图 5-12 所示。使用图案填充命令 bh 实现沟外侧的填充,填充图案选择 line 旋转 45°,为填充效果好看,可适当放大,如 1.5 倍,然后删除外侧边框。

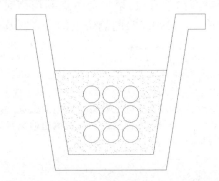

图 5-12   光缆沟外侧闭合填充区域示意图

(7) 标注尺寸信息。执行尺寸标注样式命令 ddim,以"通信工程建筑"为基础样式,新建"通信工程建筑缩放"标注样式,修改"主单位"选项卡中"比例因子"为 100,其他不变。利用线性和连续标注为图形添加尺寸标注。

(8) 利用多重引线标注文字信息。

(9) 检查并保存图形文件。

5.3.5   设置线型比例

在绘制通信工程图时,需要用到不同的线型代表不同的含义,但最终都要在 A4 中输出,并要清晰显示。为此,CAD 提供了一个"缩放时使用图纸空间单位"选项,在"线型管理器"中选择该选项时,就意味着此时的缩放是对 CAD 自带线型文件 acadiso.lin 中真实线型的缩放,且此时在模型空间显示的即为最终 A4 或 A3 纸上的输出效果,有利于控制打印效果。如 2.3.1 小节中所作介绍,在 acadiso. lin 文件中虚线(ACAD_ISO02W100,ISO dash __ __ __)、点划线(ACAD_ISO10W100,ISO dash dot __ . __ . __ .)、双点划线(ACAD_ISO12W100,ISO dash double-dot __ .. __ .. __ ..)的每段虚线长"12",空格长"3"。

例 5-6 在图纸比例为 1∶50 的图纸中预留设备需要用虚线表示,其最小尺寸为 600mm×600mm,如何使其能够在模型空间及输出的图纸中都正确显示呢?

首先,确定缩放比例。以预留设备中最小的设备为准确缩放比例。最小预留设备实际图纸长度为 600/50=12(mm),而虚线一个周期长度为 15mm,所以要将虚线变为 15/5=3(mm)较为合适,即线型比例为 1/5=0.2。

其次,设置缩放比例。执行 lt 命令(或选择"格式"→"线型"命令),在弹出的"线型管理器"对话框中选中"缩放时使用图纸空间单位"复选框,并设置"全局比例因子"为 0.2,单击"确定"按钮。设置好后,在模型空间用虚线绘制 600mm×600mm 的预留设备,会发现其已经显示为每边有 4 个单位的虚线。正是因为设置时选中了"缩放时使用图纸空间单位"复选框,因此在模型空间显示的即为最终 A4 或 A3 纸上的输出效果。

5.4 图层

图层就好像是一张张没有厚度的透明胶片,每一张胶片上都绘制一部分图形内容,然后把这些胶片完全对齐,就形成了一张完整的图形。每一层图层设置各自的颜色、线型和线宽。图层是 AutoCAD 中的主要组织工具,通过创建图层,可以将类型相似的对象绘制到相同的图层上。使用图层可以快速有效地控制对象的显示及对其查询与修改。一般通信工程图纸根据图元来设置层,例如图框层、背景层(建筑)、设备层等,如图 5-13 所示。

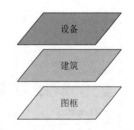

图 5-13 图形分层示意图

1. 图层特性管理器

在采用图层功能绘图之前,首先要对图层的各项特性进行设置,获得"图层特性管理器"对话框有以下 3 种方式。

(1) 命令行: la 或 layer ↙。

(2) 面板或图层工具栏: 单击图层图标 ▓。

(3) 下拉菜单:"格式"→"图层"。

执行 la 命令后,弹出图 5-14 所示的 Layer Properties Manager("图层特性管理器")对话框,在此对话框中,用户可以进行图层的建立、删除以及修改图层特性等。

说明:32 位系统的"图层特性管理器"对话框为中文界面,如图 5-15 所示。

"图层特性管理器"对话框各区域说明如下。

(1) 在右侧的图层特性框中,可以对图层的线型、线宽及颜色、开关、冻结、锁定、打印进行设置,选择某选项即可进行相应设置,说明如下。

图 5-14　64 位系统 Layer Properties Manager 对话框

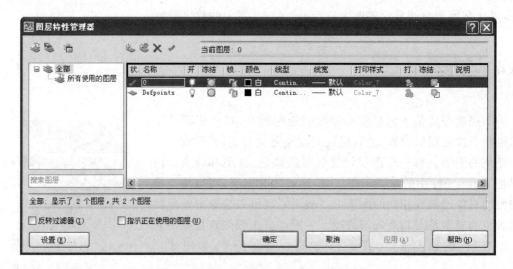

图 5-15　32 位系统"图层特性管理器"对话框

　　① 颜色设置：选择相应层的颜色选项，弹出"选择颜色"对话框，其中包括"索引色"、"真彩色"和"配色系统"3 个选项可进行颜色设置。在"索引色"选项卡中，左下方为常用的索引色，右下方两个色块显示的是当前颜色设置，当改变颜色后，左下角前方色块显示当前颜色设置，后方右上角色块显示的是上一次设置的颜色，如图 5-16 所示。

　　② 线宽设置：选择相应层的线宽选项，弹出"线宽"对话框，下方显示当前线宽设置，当改变线宽后，下方将显示当前线宽，如图 5-17 所示，"新的：0.25 毫米"，上方为"旧的：0.20 毫米"。

　　③ 线型设置：选择相应层的线型选项，弹出"选择线型"对话框，如图 5-18 所示，单击下方的"加载"按钮，弹出"加载或重载线型"对话框，可加载相应线型。

　　④ 图层的"开/关"：🔆开状态；💡关状态。控制图层的可见与否，当图层为关，不可见，但可修改，例如全选 Ctrl＋A 快捷键，被关闭图层中的对象也会被选中，在按 Delete 键删除全部图形时，此层图形将被删除。

图 5-16　图层颜色设置

图 5-17　图层线宽设置

图 5-18　图层线型设置

⑤ 图层的"冻结/解冻"：🔵解冻状态；❄冻结状态。控制图层的可见和图形操作与否，冻结状态时，图层将不再显示也不可修改，甚至不在查找和选择的范围内，对图形执行 re 命令重新生成时，AutoCAD 也忽略被冻结层中的实体，从而节约时间。当前层不可冻结。

⑥ 图层的"锁定/解锁"：🔓解锁状态；🔒锁定关状态。控制图层处于只读状态。当图层属于锁定状态时，已有图形可见，但不可修改，处于锁定状态时可在当前图层添加图形。这一特性非常适合于修改拥有很多拥挤、稠密图形对象的图形，把不需要修改的图层全部锁定，然后添加图形对象，此时将不会修改已有的图形对象。

⑦ 冻结/解冻新视口：▢在新视口中此图层的图形可见，▣在新建视口中此图层的图形不可见；在按下此按钮之前的视口依然可以显示此图层，类似滤镜功能。

说明：线宽、线型及颜色的设置将影响整个图层，包括设置之前绘制的图形对象。

(2) 对话框的中上方是关于图层的新建、删除等操作。

① 🗇新建图层。

② 🗇新建一个在所有视口中冻结的图层：即此图层不在所有视口中显示。

③ ✖删除图层：选择一个或多个图层，单击"删除"按钮，再单击"应用"按钮即可。但

不能删除当前图层、0层、依赖外部参照的图层、包含有对象的图层以及 DEFPOINTS 层。另外，在命令行输入 purge 命令可以清除图形中未使用的图层。

④ ✔ 置为当前图层：单击某图层后单击 ✔ 按钮，或双击某图层，可以将此图层置为当前。所有的绘图都是在当前图层所做的操作。要在某图层上创建对象，必须将该图层设置为当前图层。

在右侧面板的图层工具栏的下拉列表中选择相应的图层，也可实现将其置为当前。

（3）关于 0 层和 defpoints 层的说明如下。

① 系统自动定义了一个名为 0 层的初始层，颜色为白色（背景色为黑色时，默认为白色，背景色为白色时，默认为黑色），线型为实线。不能删除或重新命名该图层，其线型、线宽、颜色均为 ByLayer，因此适合于做图块，当将做好的图块放置到各层时，其特性随当前层而变。

② defpoints 层是系统默认的非打印图层。一般视口层是放在这里的。视口就像一个透镜，通过这个透镜可以看到模型空间的图形。打开 CAD 软件时 Drawing. dwg 中包含有这一层，由 acad. dwt 及"无样板打开-公制"创建的均不包含这一层。

对于当前图层的状态，可通过"图层"工具栏或面板观察得到，如图 5-19 所示，当前图层为 0 层，可见并且可修改，颜色为黑色。

图 5-19　"图层"工具栏

将图形挪到其他层的方法有以下两种。

① 利用图层工具栏：选中要更改图层位置的图形对象，在右侧的图层工具栏选择相应图层。

② 使用特性匹配图标 ✐（或命令 matchprop）：对于目的图层有图形对象的时候特别适用，单击特性匹配图标 ✐，首先单击目的图层中的某图形（即特性匹配中的"源对象"），然后单击要移动图层的对象（即特性匹配中的"目标对象"），直到选择完毕，按 Enter 键确认结束。

2. 图层设置的原则

一般我们将图形及尺寸标注设置在一层，有利于后续的修改查看，但新建设备使用粗线，因此不利于文字的显示，所以需将新建设备与标注放到不同的图层。通信工程绘图的图层可按图形元素的特征及通信工程线型要求设置图层，如将原有设备、新建设备、缓建设备、走线架及房屋建筑等分别位于不同的图层，将说明、工程量表、图框和指北针放于 0 层。

3. 块中的 ByLayer 与 ByBlock

ByLayer：随层，具有 ByLayer 属性的线型、线宽及颜色将随图层中设置的线型、线宽及颜色变化。

ByBlock：随块，应用于块的创建，控制块的线型、线宽及颜色。插入具有 ByBlock 属性的块，其线型、线宽及颜色与"格式"菜单中"线型"、"线宽"和"颜色"3 个对话框中设置的线型、线宽及颜色一致，也可以称为随当前设置变化。

由分立图元所做成的块，若制作块时颜色、线型、线宽均采用 ByLayer 属性，则制作成的块在插入时其颜色、线型、线宽随层变化；若制作块时颜色、线型、线宽均采用 ByBlock 属性，则制作成的块在插入时其颜色、线型、线宽随当前设置变化。

含有表格、标注、多重引线的块比较特殊。表格、标注、多重引线样式中的线型、线宽、颜色的默认属性均为 ByBlock，但因 CAD 中默认的线型、线宽、颜色均为 ByLayer，所以应用此样式的表格、标注、多重引线仍会随层变化。若制作块时通过"格式"菜单中的"线型"、"线宽"和"颜色"对话框修改了当前线型、线宽、颜色为非 ByLayer 之后，插入块时将保持原来的线型、线宽和颜色。

4. 块与图层

与在其他图层制作块相比，在"0 层"采用默认 ByLayer 属性制作的块插入时不会增加图层，又能够随当前图层特性而改变，所以建议只在此层做块，说明如下。

（1）在插入块时，在"0 层"制作的块，若未采用分解命令，插入当前图层；若采用分解命令，块将插入"0 层"。

（2）在其他自建图层制作的块，在插入块时，图层将随块插入，块还处于原来所在图层。

（3）若原来所在图层与当前图形中的图层同名，则插入的图层将被当前图形中的图层替代。

5. "图层特性管理器"、"格式"下拉菜单

CAD 中可以通过"图层特性管理器"、"格式"下拉菜单中的对话框及"特性"选项板 3 种基本方式来修改线型、线宽及颜色，这 3 种方式修改结果的作用域是有所不同的，现以颜色为例介绍如下。

在通信工程图形绘制中，通常做法是按图元设置图层，且一个图层一种颜色，而图层的颜色在"图形特性管理器"对话框中设置，设置后将作用于整个图层中的所有对象。

通过"格式"→"颜色"命令设置的是当前线型颜色，只作用于后续绘图对象，并不影响图层的颜色设置及图形中已有对象的颜色。

通过"特性"选项板设置的颜色只作用于已选择的对象，若在没有选择对象的情况下，通过"特性"选项板设置的颜色等效于通过"格式"下拉菜单中的设置，即作用于后续绘图对象。

线型、线宽的作用域同理于上。

5.5 完成任务——完善样板文件并绘制机房设备平面图

本任务包括了两个分任务完善样板文件和绘制机房设备平面图。完善样板文件：设置图层，并制作指北针临时块。绘制机房设备平面图的顺序为确定图纸比例，插入图框块与指北针，确定布局，绘制设备图并标注尺寸信息，添加表格及说明，检查并保存图形文件。

1. 完善图形样板文件"通信工程.dwt"

（1）按 Ctrl+O 快捷键，打开"通信工程.dwt"。

（2）设置图层。

执行 la 命令，在弹出的"图层特性管理器"对话框中做如下设置，如图 5-20 所示。

① 背景及尺寸标注：颜色为绿色。

② 原有设备(或线路)及尺寸标注：颜色蓝色。

③ 预留设备：颜色紫色，线型虚线。

④ 新建设备或线路：颜色红色，线宽 0.5mm。

⑤ 新建设备(或线路)尺寸标注：颜色红色，线宽默认 ByLayer。

⑥ 为 0 层添加说明：在此层放置"说明"、"图例"、"工程量表"、"材料表"、"图框"等注释性对象，并将其置为当前。

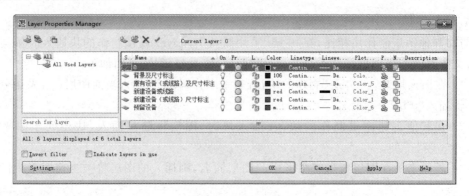

图 5-20　Layer Properties Manager 对话框设置

(3) 制作临时块"指北针"。

① 输入文字"北"(文字样式为"标准仿宋")，先输入文字是为指北针地大小做参照。

② 用多段线绘制左侧三角形，通过镜像命令得到右侧三角形。

③ 使用图案填充，将右侧三角形内部填充为黑色。

④ 绘制圆，并使用"打断"命令剪去多余的两段弧。

⑤ 制作临时块。执行 B 命令，打开"块定义"对话框，作如下设置，如图 5-21 所示。

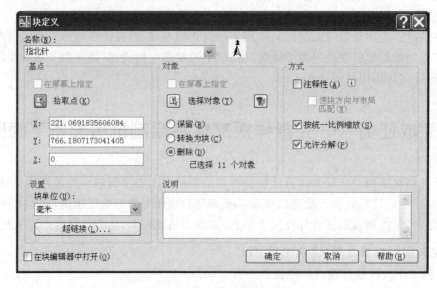

图 5-21　定义临时块"指北针"

a. 输入名称"指北针"。

b. 在"基点"中单击拾取点 [图] 按钮，在绘图区选择指北针的左下角点。

c. 在"对象"中单击选择对象 [图] 按钮，在绘图区选择指北针，并选中"删除"复选框，删除原图。

d. 勾选"注释性"复选框，以使指北针随注释比例自动放大。

e. "块单位"为"毫米"，"方式"为"按统一比例缩放"、"允许分解"，其他默认。

（4）保存并关闭样板文件。

2. 绘制机房设备平面图

（1）利用样板文件"通信工程.dwt"新建图形文件，保存在"D：\通信工程图纸"文件夹中，并命名为"任务 5 某机房设备平面图.dwg"。

（2）确定图纸比例为 1：50，并设置注释性比例为 1：50，插入"A3 横向块"和"指北针"注释性临时块。插入图框及指北针时注意不要插在 defpoints 层，此层图形打印时将不可见。

（3）确定布局如图 5-1 所示，绘图并标注尺寸信息：根据图层分层绘制图形，先建筑，后设备。

① 图层的划分与使用。

对于这个机房设备平面图的图层较简单，可简单地分为以下 6 层。

a. 机房及尺寸信息置于"背景及尺寸标注"图层。

b. 已有设备及附属设备与尺寸信息置于"原有设备（或线路）及尺寸标注"图层。

c. 新建设备置于"新建设备或线路"图层。

d. 新建设备尺寸信息置于"新建设备（或线路）尺寸标注"图层。

e. 预留设备及尺寸信息置于"预留设备"图层。

f. 说明、图例及工程量表等注释性对象置于"0 层"。

② 墙体的绘制：利用矩形及偏移命令，利用打断命令确定门的位置。

③ 室内设备的绘制充分利用复制命令，并使用临时基点和对象捕捉与追踪实现彼此的对齐。

（4）绘制工程量表、文字标注及说明。图中工程量表先按 1：1 绘制并调整好后放大 50，然后输入文本"主要工程量表"。

（5）检查并保存图形文件。

5.6　技能提升

5.6.1　绘制工程量表

在实际的通信工程图纸中各类表格的标题是单独放在表格上方的，这里我们也可以通过将表格样式中 Title 的边框线设置为白色实现标题与表格内容的一体化，这将有利于后续表格的移动、复制等修改操作。

例 5-7 制作表格样式"工程量表"添加到样板文件"通信工程.dwt"中,并新建图形文件"工程量表.dwg"绘制表 5-1 所示的工程量表,其中表格行高为 6。而表格样式具体要求如下。

制作名称为"工程量表"的表格样式,Data 和 Header 单元样式水平及垂直页边距分别为 1 和 0.5,文字样式均为"标准仿宋",对正为"正中",颜色为 ByLayer;修改 Title 单元样式中文字样式为"高仿宋",对正为"正中",颜色为 ByLayer,单元格的左、右及上边边框颜色为白色;所有单元格边框的颜色、线型、线宽均为 ByLayer。

表 5-1 工程量表

序 号	项 目 名 称	单 位	数 量
1	施工测量光缆 24D	百米	1.770
2	敷设管道光缆 24D	百米	1.420
3	敷设钉固式墙壁光缆 24D	百米	0.350
4	穿放引上光缆	条	1
5	市话光缆中继测试 24 芯以下	中继段	1
6	市话光缆成端	芯	48
7	硬质 PVC 管保护	百米	0.350

1. 为样板文件添加表格样式"工程量表"

(1) 打开样板文件"通信工程.dwt"。

(2) 制作表格样式。

① 执行 tablestyle 命令,以"图衔"为基础表格样式,修改 Data 选项卡中"外边框"线宽为 ByLayer。

② 在"单元样式"中选择 Header,并做如下修改:设置"基本"选项卡中水平及垂直页边距分别为 1 和 0.5;修改"文字"选项中文字样式为"标准仿宋";修改"边框"选项中线宽、线型及颜色为 ByLayer。

③ 选择"单元样式"中的 Title,做如下修改:修改"文字"选项中文字样式为"高仿宋";修改左、右及上边框颜色为白色,步骤如下。

a. 设置颜色为白色。单击"边框"选项卡中"颜色"右侧的下三角▼图标,在弹出的下拉列表中选择"选择颜色"选项,在弹出的"选择颜色"对话框中选择"真彩色"选项卡。默认"颜色模式"为 HSL 颜色模式,将中间滑块拖至最上方,此时的颜色即为白色(255,255,255),如图 5-22 所示。若不能够出现白色,再次单击此滑块将其拖至最上方即可。若选择"颜色模式"为 RGB,可分别在左侧"红"、"绿"、"蓝"数值栏中输入 255 即可。

b. 分别单击左、右及上边框,将颜色应用于这 3 条边,效果如图 5-23 所示。

c. 单击"确定"按钮,检查、保存并关闭样板文件。

2. 插入表格

(1) 应用样板文件"通信工程.dwt"新建图形文件"工程量表.dwg"。

(2) 执行 table 插入表格命令,作图 5-24 所示的设置。

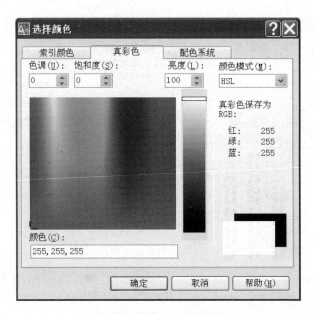

图 5-22　白色颜色设置

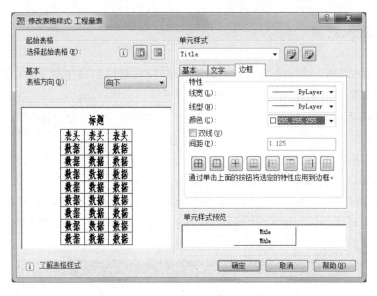

图 5-23　"工程量表"效果预览

（3）输入表格各单元格中的内容。

（4）根据内容调整表格宽度，利用"特性"选项板调整表格行高及文字对正方式。

（5）保存图形文件"工程量表.dwg"。

此例题也可以利用"通信工程.dwt"新建"工程量表.dwg"；制作表格样式"工程量表"，插入表格，保存图形文件。然后删除表格，另存（Ctrl＋Shift＋S）并替换"通信工程.dwt"。

注意：以上制作的工程量表，在变换到黑色背景时，其表头和标题单元格的边框将显示为白色。

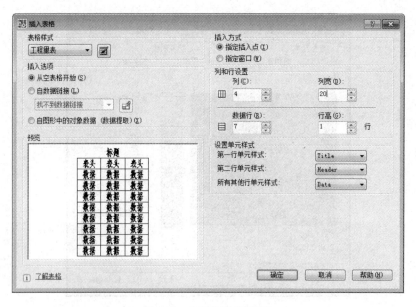

图 5-24 "工程量表"设置

5.6.2 插入对象

AutoCAD 可以插入 Word 图片或 Excel 表格,使表格的创建更加方便,以减小工作量。其方法有插入对象和直接粘贴两种,分别介绍如下。

(1) 通过插入命令 insertobj 或菜单"插入"→"OLE 对象"命令来插入 Word 图片或 Excel 表格。

例 5-8 使用 Excel 创建图 5-21 所示的工程量表,并将其插入 CAD 文件中。

① 使用 Excel 创建图 5-21 所示的工程量表,并保存为"工程量表. xls"。

② 执行 insertobj 命令,弹出"插入对象"对话框,如图 5-25 所示,选中"由文件创建"复选框,选择"工程量表. xls",并选中"链接"复选框,这样在下次打开文件时将显示原文件中的修改。

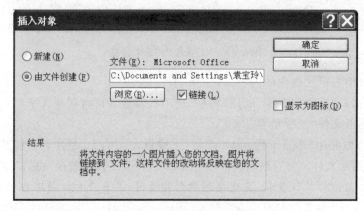

图 5-25 "插入对象"对话框

说明：

① 此种插入方法是将文件中所有的内容以图片的形式插进来，即在表格外部不能够有任何东西，单元格的边框也不行，否则将作为插入表格的一部分被插入进来。

② 通过双击可以修改图片内容，拖动四角可改变大小，但原始图片的边界不可修改。

③ 当插入 Excel 文件中有多个工作表时，插入的是当前活动的工作表。

可能出现问题：插入图片时留有空白，在源文件的创作过程中曾在表格外部输入文字内容等操作。可将要插入内容复制到另一个 Excel 工作表中，再次插入。

（2）复制粘贴的方法插入表格。

打开 Excel 文件选择要插入的部分，复制粘贴即可，在粘贴时会弹出图 5-26 所示的"OLE 文字大小"对话框，在此对话框中可以设置文字的字体和大小。

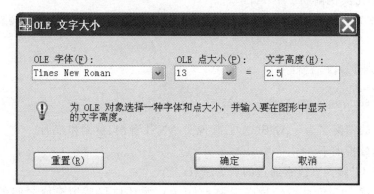

图 5-26　"OLE 文字大小"对话框

使用上述两种方法插入对象时，双击修改内容，返回 CAD 后图片可能会变形，此时按 Ctrl＋Z 快捷键即可。

5.6.3　自定义图案填充

在 AutoCAD 制图中，HATCH（图案填充，或简写为 BH）命令的使用较为频繁。CAD 自带的图案库虽然内容丰富，但有时仍然不能满足需要，这时可以自定义图案来进行填充。AutoCAD 提供的填充图案存储在 AutoCAD 的安装盘的 Support 目录下的 acad. pat 和 acadiso. pat 文本文件中。具体文件位置，可通过"选项"对话框中"文件"→"自定义文件"→"主自定义文件"命令下找到 Support 文件夹。可以用文本编辑器对 acad. pat 或 acadiso . pat 文件直接进行编辑，添加自定义图案的语句，也可以自己创建一个 ＊. pat 文件，保存在 Support 目录下。

1. 填充文件的标准说明

文件的标准格式如下。

```
＊pattern - name [,description]
Angle, x - origin,y - origin, delta - x,delta - y [, dash - 1,dash - 2,...]
```

第一行为标题行（以星号开头，最多包含 31 个字符），星号后面紧跟的是图案名称，执行

BH 命令选择图案时,将显示该名称。方括号内是图案由 BH 命令的"?"选项显示时的可选说明。如果省略说明,则图案名称后不能有逗号。

第二行为图案的描述行。可以有一行或多行。其含义分别为:angle,直线绘制的角度;x-origin,y-origin,填充直线族中的一条直线所经过的点的 x、y 轴坐标;delta-x,填充直线循环位移时沿当前直线方向上的位移量;delta-y 填充直线循环位移后两直线的垂直间距;dash-n 为直线的长度参数,若为直线可以不写,若为虚线,则取正值表示该长度段为实线,取负值表示该段为留空,取零则画点,

AutoCAD 忽略空行和分号右边的文字。因此,可以在文件中添加版权信息、备注等内容。

2. 图案填充实例解析

"边界图案填充"对话框中显示的默认填充图案由 ANSI33 为沿 45°角倾斜的直线和虚线组成,分析如下。

```
* ANSI33,ANSI 青铜、黄铜和紫铜
45, 0,0, 0,.25
45, .176776695,0, 0,.25,.125, -.0625
```

第一行中的图案名为 * ANSI33,后跟说明 ANSI 青铜、黄铜和紫铜。

填充内容分析如下。

此图案以 45°倾斜直线索通过的点为原点。

第二行解读:45°角直线经过图形原点(0,0),循环位移后填充线之间的垂直间距为 0.25 个图形单位,命令中 0.25 省略写成.25。

第三行解读:虚线的角度为 45°,经过坐标(0.1768,0),循环位移后填充线之间的垂直间距为 0.25 个图形单位,虚线中实线段长 0.125,实线段之间的间距为 0.0625,如图 5-27(b)所示。

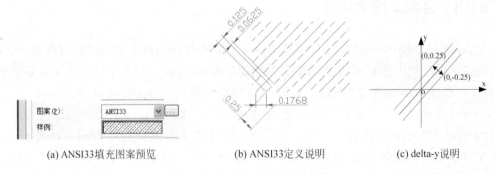

(a) ANSI33填充图案预览　　　　(b) ANSI33定义说明　　　　(c) delta-y说明

图 5-27　　ANSI33 填充图案解读

简要地说,图案填充的过程就是将图案定义中的每一条线按照 delta-x,delta-y 循环位移构成平行线。自定义图案填充的基本方法如下。

(1) 首先要选择基本循环单元,将图元分解为一系列直线构成形式,并通过标准命令的形式写出其中的循环部分。

(2) 在书写命令时,要为基本循环单元选择合适的原点及坐标系,以确定各直线间的相

对位置关系。

（3）基本图元中（delta-x，delta-y），其增量的正负由所定义坐标系及所选取的偏移方向决定。当偏移量（delta-x，delta-y）沿 x 轴或 y 轴的分量为正时，其坐标即为正。建立图 5-27(c)所示的坐标系，ANSI33 中的第二行命令（0，.25）即可理解为向上偏移得到 delta-y；当然我们也可以将其向下偏移，那么此时的偏移增量坐标即为（0，−0.25）。delta-x 的正负取值同理于 delta-y。当基本图元中由多条直线组成时，建议最好按照一致的填充方向进行偏移循环，从而得到偏移增量（delta-x，delta-y）。

同时，填充图案定义遵循以下规则。

图案定义中的每一行最多可以包含 80 个字符。可以包含字母、数字和以下特殊字符：下划线(_)、连字号(-)和美元符号(\$)。但是，图案定义必须以字母或数字开头，而不能以特殊字符开头。AutoCAD 将忽略分号右侧的空行和文字。即可在图案的定义中通过分号的形式，在后面加说明文字。

如若单独保存为图案填充文件，则文件名 *.pat 必须与图案名相同，并存储在 Support 目录下。

3. 制作自定义填充图案

定义一个图 5-28 所示的"水泥稳定碎石.pat"自定义填充图案，其分析过程如下。

（1）在 Support 目录下右击在弹出的快捷菜单中选择"新建"→"文本文档"命令，修改其文件名为"水泥稳定碎石.pat"。在弹出的"重命名"对话框中单击"是"按钮，确认更改文件扩展名。

（2）将图形以线条的形式画出，确定其基本循环图元。即需要最少几条直线才可以构成基本的循环。如图 5-29 所示，构成图元的线条共有两条垂直、两条水平线、一条 60°直线、一条 120°直线循环构成。

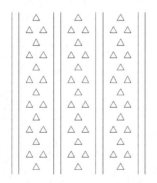

图 5-28　水泥稳定碎石填充图案

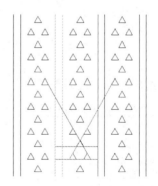

图 5-29　基本图元的构成

（3）建立坐标系与原点，确定各直线的基本循环段。

确定三角形的左下角为坐标原点，建立坐标系如图 5-30 所示，然后确定各直线的起点坐标及代码。

① 垂直线。最左侧垂直直线的起点角度和坐标为（90，−4，0），循环间距为（0，12）。因此，其代码为

90, -4,0, 0,12

同理,第二条垂线的代码为

90, -2,0, 0,12

② 斜线。对于左侧 60°斜线起点角度和坐标为
(60,0,0),斜向上填充的效果如图 5-31 所示,循环间距
为(6,3.4641),直线延续的代码为 2, -2,2, -2,2,
-14。因此,其代码为

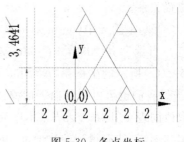

图 5-30　各点坐标

60, 0,0, 6,3.4641, 2, -2,2, -2,2, -14

同理,右侧 120°斜线斜向上填充后的效果如图 5-32 所示,其代码为

120, 6,0, -6,3.4641, 2, -2,2, -2,2, -14

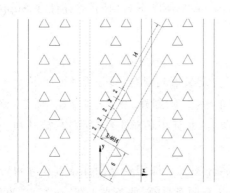

图 5-31　60°斜线坐标构成

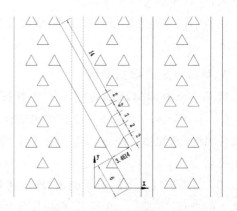

图 5-32　120°斜线坐标构成

③ 水平直线代码如下。

0, -4,0,0,6.9282, -4,2, -2,2, -2
0, -4,3.4641,0,6.9282, -6,2, -4

④ 最后给出所有的代码如下。

＊水泥稳定碎石,水泥稳定碎石
90, -4,0, 0,12
90, -2,0, 0,12
60, 0,0, 6,3.4641, 2, -2,2, -2,2, -14
120, 6,0, -6,3.4641, 2, -2,2, -2,2, -14
0, -4,0, 0,6.9282, -4,2, -2,2, -2
0, -4,3.4641,0,6.9282, -6,2, -4

说明:在构成各自的循环时,各条直线可以不同的填充方向构成各自的循环,但一般
我们选择朝同一个方向偏移,最好通过各组成部分的循环使基本图元能够构成一个循环为
最佳。

5.7　任务单 1

任 务 名 称	绘制某新建走线架图
要求	（1）利用样板文件"通信工程. dwt"制作如图 5-33 所示的某新建机房走线架图，保存在"通信工程图纸练习"文件夹中，并命名为"某新建机房走线架图. dwg"。 （2）利用圆弧或样条曲线命令（自学），绘制图中的左侧走廊的端头部分。 （3）利用直线或矩形与打断命令（自学）绘制图中墙体。
步骤	
确定所使用图纸及注释比例	
图中所使用的绘图及修改命令	
图中左侧走廊的端头部分的绘制方法与步骤	
图中墙体的绘制方法	
横纵走线架衔接处加固件的绘制方法	
收获与总结	

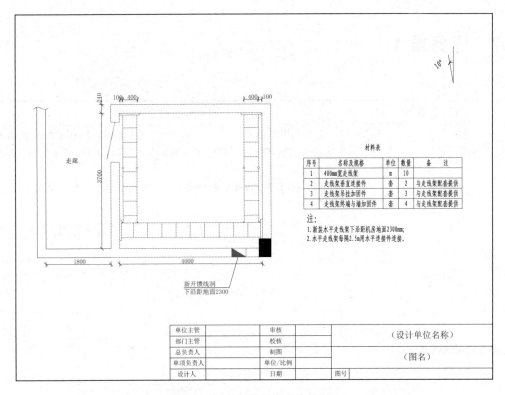

图 5-33　某新建机房走线架图

5.8　任务单 2

任务名称	绘制某新建无线机房设备平面图
要求	（1）新建"A3 横向"临时块，图框及图衔按通信工程制图统一规定中要求绘制，将其添加到"通信工程.dwt"中。 （2）利用样板文件"通信工程.dwt"制作图 5-34 所示的某新建无线机房设备平面图，保存在"通信工程图纸练习"文件夹中，并命名为"某新建无线机房设备平面图.dwg"。 （3）利用图层分层绘制，其中表格使用表格样式"工程量表"，图中文字高度 2.5。
步骤	
确定所使用图纸及注释比例	
图中所使用图层情况	
图中所使用的绘图及修改命令	
图中预留设备的绘制方法	
收获与总结	

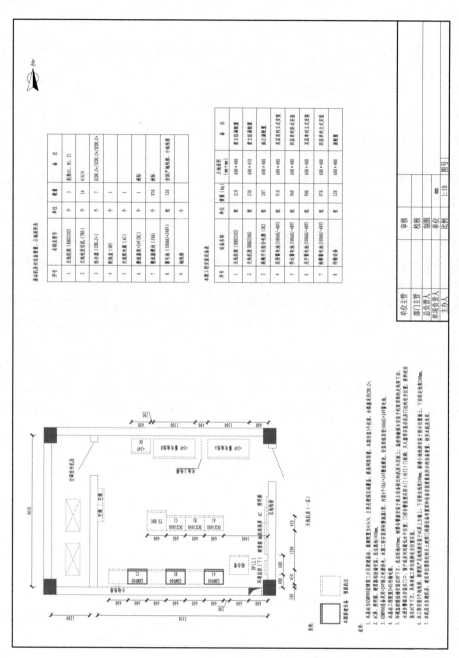

图 5-34 某新建无线机房设备平面图

任务小结

(1) 本任务中包含的基本绘图及修改命令如下。

① 多段线 pl 或 pline,图标 ↵ 。相对于直线命令绘制的多边形或线段,用多段线绘制的多边形或多条线段可以作为一个实体统一进行编辑。

② 偏移命令(o 或 offset,图标 ⚏)。

③ 打断命令(break,图标 ☐)。

④ 图案填充(bh 或 bhatch,图标 ▨)。

(2) 其他基本图形操作如下。

① 制作工程量表表格样式。通过分别对表格样式中 Data、Header 和 Title 单元样式中的基本、文字、边框中文字、对正等的设置设计出符合要求的表格样式,使得插入表格时更加方便。

② 插入 Word、Excel 等对象操作,可以通过插入对象和直接粘贴两种方式实现。

③ 设置线型比例。在设置线型时勾选"缩放时使用图纸空间单位"复选框,在模型空间按所设比例缩放 acadiso.lin 中线型并显示,有利于控制打印效果。

④ 自定义图案填充:寻找构成基本图元的直线,定义原点及坐标系,依照"角度,原点坐标,间隔距离,直线延伸方式"构建各直线代码,将其添加到 acad.pat 或 acadiso.pat 中,或自定义 *.pat 文件。

(3) 图层。每一层图层可定义图形颜色、线型和线宽及该层的"开/关"、"冻结/解冻"和"锁定/解锁"。通过创建图层,可以将类型相似的对象绘制到相同的图层上,这样可以快速有效地控制对象的显示及对其查询与修改。一般通信工程图纸根据图元来设置层,例如背景层、设备层、管道层等。

(4) 模型空间按比例制图的步骤。保证样板文件中的样式及临时块为"注释性",利用样板文件新建图形文件,确定图纸比例,设置注释性比例,设置并完善图层,分层绘图,检查、保存并关闭图形文件。

自测习题

1. 在绘制折线或多边形时,说明使用多段线与直线命令的区别?

2. 说明在"图层特性管理器"、"格式"下拉菜单及"特性"选项板中设置的线型、线宽及颜色有何不同?

3. 如何快速删除图 5-33 中的机房走线架?

4. 绘制图 5-35,并将其做成临时块"线路图常用部分图例"。

5. 绘制图 5-36 所示 ODF 面板示意图。

6. 绘制如图 5-37 所示某 GSM 小区方向图,其中 N110°是相对于"北方"有 110°。

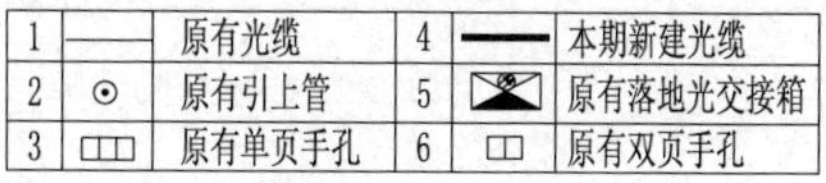

1
原有光缆
2
原有引上管
3
原有单页手孔
4
本期新建光缆
5
原有落地光交接箱
6
原有双页手孔

图 5-35　线路图常用部分图例

图 5-36　ODF 面板示意图

N
30°
Cell 1:N110°
Cell 3:N310°
Cell 2:N200°

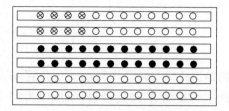

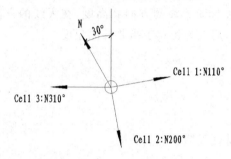

图 5-37　某 GSM 小区方向图

任务6

绘制天馈系统图

天馈系统安装图体现的是馈线的走向及天线的安装位置及方向,一般都包括机房顶层的俯视图和抱杆或铁塔的侧视图及天线方向指向的图形说明,个别还会有天线安装的平台俯视图。天馈系统图一般选用 A3 纸,图纸比例由机房尺寸及图中元素多少决定。除抱杆或铁搭的高度绘制成示意图外,建议其他按 1∶1 比例绘制,抱杆或铁搭中间可用"≈"来表示一定的长度。图中一定要标明天线的方向和高度,在天线的方向标注中会有两种:110°或 N110°,前者是绝对角度,后者为相对于指北针的角度。

6.1 提出任务

任务目标:熟练绘制基站天馈系统安装图。

任务要求:

(1) 完善图形样板文件"通信工程.dwt"。

① 制作"A3 横向"临时块,外边框 420mm×297mm,边框宽度为 0.25mm;内边框 390mm×287mm,边框宽度为 0.5mm,左侧装订边宽 25mm,非装订边 5mm,图衔大小及样式同"A4 横向块"。

② 添加如下"A3 横向"页面设置。

a. 名称:A3 横向。

b. 打印设备:DWF6 ePlot. pc3。

c. 图纸:"自定义用户图纸 A3 横向(420mm×297mm)",可打印区为(420mm×297mm)。

d. 打印样式表"无"。

e. 打印偏移:X:0.00,Y:0.00。

f. 打印范围:窗口。

g. 打印比例:布满图纸。

h. 图形方向:横向。

③ 将图中的"标高"符号制作成临时块。

(2) 绘制基站天馈系统安装图。

① 利用样板文件"通信工程.dwt"制作图 6-1 所示的某基站天馈系统安装图,保存在"D:\通信工程图纸"文件夹中,并命名为"任务 6 某基站天馈系统安装图.dwg"。

② 分图层、并按比例绘制。

(3) 打印输出,生成"任务 6 某基站天馈系统安装图.dwf"。

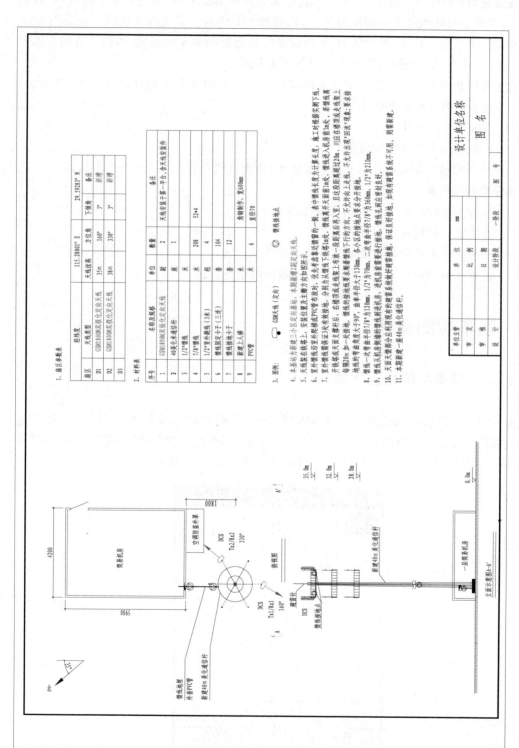

图 6-1 某基站天馈系统安装图

任务分析：由图 6-1 可知，这是一个新建无线设备通信工程，本期新建了两幅 GSM 定向天线，安装于抱杆的最上一层平台上，方向如图 6-1 所示。馈线经馈线洞出来采用 PVC 管保护经地埋延伸至抱杆，图中的 A-A′ 是对机房及抱杆的方向的说明，本例中方向取水平向右为 0°，并采用绝对的顺时针方向标记各天线方向。

在任务中包含了基本绘图命令及页面设置与打印，因此本任务包括以下 3 个分任务。

(1) 基本绘图与修改命令。

(2) 页面设置与打印。

(3) 绘制基站天馈系统安装图。

与模型空间输出相对的还有布局空间输出，作为技能提升在 6.5 中给予介绍。

本任务的技能要求：

(1) 掌握基本绘图命令：点、样条曲线和正多边形。

(2) 熟练掌握页面设置与打印。

(3) 掌握天馈系统的基本绘制方法及注意事项。

(4) 了解布局、视口，即布局空间显示与输出的基本方法。

6.2 基本绘图命令

6.2.1 设置与使用点样式

在 CAD 中有时需要捕捉线段等对象的等分点，此时可使用点命令来实现。CAD 中默认的点的样式只是一个小黑点，要改变点样式，可通过 ddptype 命令或"格式"→"点样式"命令，在弹出的"点样式"对话框中设置点的形状及大小，如图 6-2 所示。

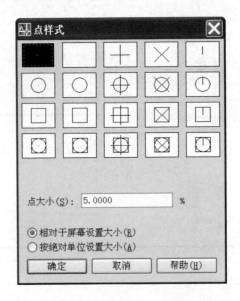

图 6-2 "点样式"对话框

通常我们要用点来定位的时候,可以将"点样式"的比例设置的大些,且将其形状设置成"叉"或"圆加叉"的形式。在制图中点的作用主要是定位,特别是绘制曲线时用来定位拐点。获得点命令有以下 3 种方式。

(1) 命令行:po 或 point ↙。

(2) 面板或绘图工具栏:单击点图标 · 。

(3) 下拉菜单:"绘图"→"点"。

同过绘图命令 po 或 point 只能实现单点的绘制,要想一次实现多点的绘制只能通过"绘图"→"点"→"多点"命令来实现。在执行"多点"命令时,按 Esc 键结束多点的绘制。除此,绘图下拉菜单中的"点"命令还可以实现"定数等分"和"定距等分"操作。其中,"定数等分"的命令方式为 div 或 divide;"定距等分"命令方式为 me 或 measure。

例 6-1 绘制图 6-3 所示的图形中的直线与点。

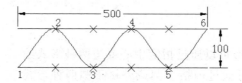

图 6-3 等分点与样条曲线图

分析:图 6-3 所示是将线段定数等分为 5 段,因此可使用定数等分。

具体步骤:

(1) 绘制两条长度为 500mm 的线段。

(2) 通过"格式"→"点样式"命令,将点样式设置为×。

(3) 执行定数等分命令如下。

```
命令:divide ↙
选择要定数等分的对象:        //单击其中一条线段
输入线段数目或 [块(B)]:5 ↙   //"定数等分"和"定距等分"除了可以使用点分割以外,还可以
                            使用临时块来分割
```

(4) 另一条线段的等分,同理,略。

6.2.2 样条曲线

样条曲线是一种通过或接近指定点的拟合曲线。常用于非正多边形等规范图形的绘制,如光缆的断面和本任务中表示一定的长度的"≈"等。获得样条曲线命令有以下 3 种方式。

(1) 命令行:spl 或 spline ↙。

(2) 面板或绘图工具栏:单击样条曲线图标 ～ 。

(3) 下拉菜单:"绘图"→"样条曲线"。

在绘制样条曲线时在指定多个拟合点结束后,需确定起点及终点的曲线切线方向。下

面我们举例说明绘制过程。

例 6-2　在例 6-1 的绘图结果基础上,完成图 6-3 中曲线的绘制。

```
命令: spl↙
指定第一个点或 [对象(O)]:            //单击下方直线左端点
指定下一点:                        //依次单击其余各点
...
指定下一点或 [闭合(C)/拟合公差(F)] <起点切向>:    //单击上方直线右端点
指定下一点或 [闭合(C)/拟合公差(F)] <起点切向>:    //回车结束点的选择
指定起点切向:       //光标选取起点曲线切线方向,使曲线比较圆滑
指定端点切向:       //光标选取终点曲线切线方向,使曲线比较圆滑
```

6.2.3　正多边形

AutoCAD 中正多边形可以通过指定中心或边两种形式绘制。在指定中心方式中可通过内接于圆或外接于圆两种形式实现,两种方式都需要指定边的数目、圆心及半径。内接于圆时,通过指定圆心到顶点的距离绘制正多边形;外切于圆时,通过指定圆心到边的距离绘制正多边形。在绘制正多边形时,使用内接于圆还是外切于圆,视具体情况而定。获得正多边形命令有以下 3 种方式。

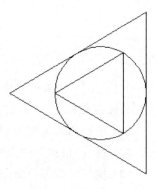

(1) 命令行: pol 或 polygon ↙。

(2) 面板或绘图工具栏: 单击正多边形图标⬠。

(3) 下拉菜单:"绘图"→"正多边形"。

图 6-4　正三角形

例 6-3　绘制图 6-4 所示的图形,其中圆的半径为 10,三角形分别为内接于圆和外切于圆。

执行 c 命令,绘制边长为 10 的圆,绘制正多边形的命令如下。

```
命令: polygon↙
输入边的数目 <4>:3↙
指定正多边形的中心点或 [边(E)]:           //单击圆的圆心
输入选项 [内接于圆(I)/外切于圆(C)] <I>: i
指定圆的半径:                          //单击圆的左象限点
空格                                  //重复执行正多边形命令
POLYGON 输入边的数目 <3>:↙            //采用默认正多边形的边数
指定正多边形的中心点或 [边(E)]:           //单击圆的圆心
输入选项 [内接于圆(I)/外切于圆(C)] <I>: c↙
指定圆的半径:                          //单击圆的右象限点
```

6.3　模型空间输出的页面设置与打印

为了指导施工,通信工程图纸需要打印,而且在横向交流时,为了方便和对原文档的保护,也可以使用虚拟打印的 ＊.dwf 和 ＊.pdf 文档。打印之前需要对页面进行基本的设置,如纸张、打印比例和打印范围等,这些可通过"页面设置"和"打印"对话框来实现。由于 AutoCAD 2008 中"注释性"的应用,使得在模型空间按比例绘图变得简单方便,既可以在模型空间绘图,也可以同时完成注释、说明和打印,直接在模型空间输出,也保持了图形的完整性,因此本任务只介绍模型空间的页面设置与打印。

6.3.1　页面设置

获得"页面设置"命令的方法有以下 3 种。

(1) 命令行：pagesetup ↙。

(2)"模型"选项卡上右击选择"页面设置管理器"命令。

(3) 下拉菜单："文件"→"页面设置管理器"。

在绘图区下方的"模型"选项卡上右击,弹出图 6-5 所示的列表,选择"页面设置管理器"命令,弹出图 6-6 所示的"页面设置管理器"对话框。

1."页面设置管理器"对话框各选项说明

(1) 单击某页面设置,下方会显示其页面设置详细信息,如图 6-6 所示,可以据此选择想要的页面设置。

注意：其中的"打印大小"为纸张大小,而非实际的可打印区。

图 6-5　模型选项卡上右击列表

图 6-6　"页面设置管理器"对话框

(2) 在某页面设置上右击,可以将此页面设置重命名、删除或置为当前。

(3) 单击右侧的"置为当前"按钮将选中的页面设置置为当前,此时在页面设置名称列表的上方将显示置为当前的页面设置的名称。在图 6-6 中,右击选择"置为当前"后,其上方显示"当前页面设置:设置 1"。

(4) 单击"新建"按钮,在弹出的"新建页面设置"对话框中输入新建页面设置的名称,如"A4 横向",如图 6-7 所示,单击"确定"按钮,会弹出"页面设置-Model"对话框,可对刚刚命名的页面设置进行图纸及可打印区等选项设置。

(5) 单击"修改"按钮,也将弹出"页面设置-Model"对话框,可对选中的页面设置进行修改。

(6) 单击"输入"按钮,将显示"从文件选择页面设置"对话框(标准文件选择对话框),从中可以选择要输入其页面设置的图形(.dwg)文件、样板(.dwt)文件或图形交换格式(.dxf)文件。当选择"某文件"→"打开"命令后,会列出其所有的页面设置,如图 6-8 所示。在"输入页面设置"对话框中单击"确定"按钮,此页面设置将导入当前文件。

图 6-7 "新建页面设置"对话框

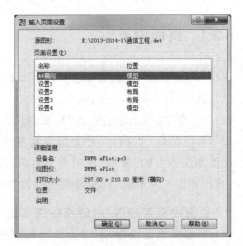

图 6-8 "输入页面设置"对话框

2. "页面设置-Model"对话框各选项说明

"页面设置-Model"对话框如图 6-9 所示,"页面设置-Model"对话框可以对图纸进行详尽的页面设置,包括打印机、图纸尺寸、打印区域、打印比例、打印方向和打印样式的设置,具体介绍如下。

(1) 打印机/绘图仪。AutoCAD 自带有打印机和绘图仪,且为每个打印机配有不同页面设置的打印纸,可以直接使用或修改。B5、A4、A3 等图纸可通过打印机打印,更大一些的图纸可以使用绘图仪。

在"打印机/绘图仪"名称下拉列表中可以选择已有的打印机,说明如下。

① \\10.1.3.192\HP LaserJet 5200 PS 选项是计算机上连接或共享局域网内的可以使用的真实惠普打印机,可以打印预览。

② Default Windows System Printer.pc3 选项是 Windows 系统自带的虚拟打印机,只能打印预览,不能真的打印。

以下 4 种是 CAD 自带的虚拟打印机。

③ DWF6 ePlot.pc3 选项是将已经画好的 CAD 文件.dwg 虚拟打印成矢量图形,即转换成.dwf 格式图形文件。主要用于企业交流,相比于直接使用.dwg 文件,.dwf 文件不会

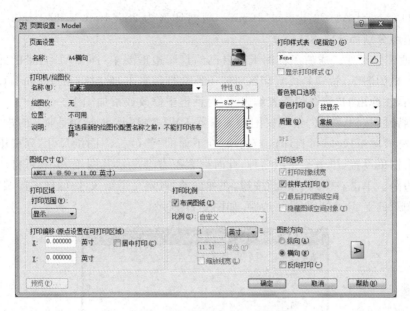

图 6-9　"页面设置-Model"对话框

有泄密或者更改数据字体等问题。

④ DWG to PDF. pc3 选项是将. dwg 文件转换成. pdf 格式文件。

⑤ PublishToWeb JPG. pc3 选项是将. dwg 文件打印成. jpg 图片格式,效果不是很好。

⑥ PublishToWeb PNG. pc3 选项是将. dwg 文件打印成. png 图片格式,效果不是很好。

如果安装有其他打印机或者虚拟打印机,下面还会出现其他的打印机配置文件。

(2) 打印机图纸设置。选中某打印机后,在"图纸尺寸"下拉列表中会显示其所有图纸名称列表,且用户自定义的图纸将位于列表上方。选中某图纸后,会在"特性"按钮下方以图例的形式显示其图纸大小,且以斜杠绘制出当前图纸的可打印区大小。将光标悬停于图例上,会以文字方式显示图纸和可打印区的大小,其上、下、左、右的页边距为对称分布。

① 查看图纸尺寸。选中 DWF6 ePlot. pc3 虚拟打印机后,通过"图纸尺寸"下拉列表查看全部 A4 横向图纸(297mm×210mm)设置,会找到 3 种,通过光标悬停于"打印机与绘图仪"区域右侧的预览图形,得到其图纸信息如下。

a. ISO A4(297mm×210mm),可打印区为 285.4mm×174.4mm,上(下)、左(右)的页边距分别为:17.8、5.8。

b. ISO expand A4(297mm×210mm),可打印区为 285.4mm×188.4mm,上(下)、左(右)的页边距分别为:10.8、5.8。

c. ISO full bleed A4(297mm×210mm),可打印区为 295.4mm×208.4mm,上(下)、左(右)的页边距分别为:0.8、0.8。

同理,选中 DWG to PDF. pc3 虚拟打印机,通过选中 A4 横向图纸,光标悬停得到 A4 横向图纸(297mm×210mm)信息如下。

a. ISO A4(297mm×210mm),页边距 5.8mm,可打印区为 285.4mm×174.4mm,上(下)、左(右)的页边距分别为:10.8、5.8。

　　b. ISO expand A4（297mm×210mm），可打印区为285.4mm×188.4mm，上（下）、左（右）的页边距分别为：17.8、5.8。

　　② 修改图纸尺寸。通信工程图纸有自己的打印边框要求，而 CAD 自带的虚拟打印机或真实打印机的图纸，特别是可打印区可能不符合打印需求，此时可通过单击打印机后面的"特性"按钮，在弹出的"绘图仪配置编辑器"对话框中修改或添加图纸。

　　单击"特性"按钮，弹出"绘图仪配置编辑器-DWF6 ePlot.pc3"对话框，如图 6-10 所示。选择"修改标注图纸尺寸（可打印区）"选项，在下面的"修改标注图纸尺寸"列表中包含有该打印机所有图纸设置，单击某图纸名称，此时列表下方会显示其图纸大小、可打印区的大小及左右页边距。单击右侧的"修改"按钮，在弹出的"自定义图纸尺寸-可打印区域"对话框中修改已有图纸的上、下、左、右的页边距，如图 6-11 所示。

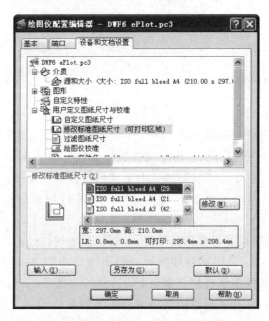

图 6-10　"绘图仪配置编辑器-DWF6 ePlot.pc3"对话框

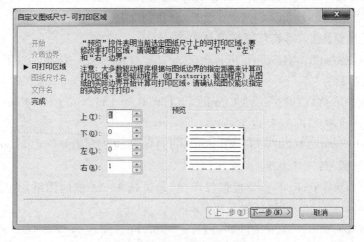

图 6-11　图纸可打印区设置

说明：在弹出的"自定义图纸尺寸-可打印区域"对话框中列有当前图纸的可打印区，即页边距的信息，但此数字信息为取整结果，如 DWG to PDF.pc3 虚拟打印机中的图纸 ISO full bleed A4(210mm×297mm)，实际的上(下)、左(右)的页边距分别为：0.8、0.8，而"自定义图纸尺寸-可打印区域"对话框中显示的上(下)、左(右)页边距分别为：1、0、0、1，如图 6-11 所示。

③ 自定义图纸尺寸。在"绘图仪配置编辑器-DWF6 ePlot.pc3"对话框中选择"自定义图纸尺寸"选项，同样会弹出"自定义图纸尺寸-可打印区域"对话框，按照向导进行可打印区的设置。

例 6-4　新建一名称为"用户 A4 横向(297mm×210mm)"的图纸，图纸大小为 297mm×210mm，左右页边距均为 0。

在"绘图仪配置编辑器-DWF6 ePlot.pc3"对话框中选择"自定义图纸尺寸"选项，单击对话框下方"自定义图纸尺寸"区域右侧的"添加"按钮，弹出"自定义图纸尺寸"对话框。根据向导新建图纸，设置如下。

① 开始：创建新图纸。

② 介质边界：宽：297，高：210，单位：毫米。

③ 可打印区域：上下左右均为 0。

④ 图纸尺寸名：输入"用户 A4 横向(297×210 毫米)"。

⑤ 文件名：自定义的图纸尺寸信息将保存在此文件中，可以采用默认。

⑥ 单击"完成"按钮。

(3) 打印区域。打印范围中各选项说明如下。

① 显示：打印当前屏幕显示的图形。即使只显示局部(例如用放缩工具放大时)，也只打印屏幕显示的部分。

② 范围：打印当前空间所有对象。

③ 窗口：选中此选项后，将进入模型空间，在绘图区选取一矩形打印区域，当可打印区不符合要求时，也可通过单击右侧的"窗口(0)＜"重新选择。

④ 布局：指定布局中的虚线为可打印区。

⑤ 图形界限：按设定的图形界限打印。

(4) 打印偏移。打印偏移默认是相对于可打印区的，当已有的页面设置的可打印区与当前图形的可打印区不一致时，可以通过设置打印偏移中的 X 和 Y 值来修正。前提是已有页面设置的可打印区的宽、高都大于当前图形的可打印区，否则无法通过设置偏移来实现可打印区的对正。可以理解为可打印区就是一个窗口，要想通过此窗口看到全部图形，则此窗口要够大。

(5) 打印比例。布满图纸：缩放图形到可打印区大小。

比例：可以通过"比例"后方的列表选择打印的比例，在选择的比例名称下方列有图纸单位与图形单位的比例关系，上方为图纸单位与长度，下方为模型空间长度，如选中比例 1∶50 时，图纸中的 1mm＝模型中的 50 个单位长度，其单位默认为图纸定义中的单位。若比例列表中的比例不能够满足要求，也可直接输入图纸长度和模型空间长度，形成自定义打印比例。

(6) 打印样式表。打印样式表是指定给"布局"选项卡或"模型"选项卡的打印样式的集合。打印样式控制对象的打印特性,如线宽、颜色和填充样式等。CAD 提供了一些常用的打印样式表,有彩色的、灰度的、单色的,直接选用即可。

① 无:不应用打印样式表,按显示输出。

② acad.ctb:默认打印样式表,按对象的颜色、线宽等特性输出。

③ fillPatterns.ctb:设置前 9 种颜色使用前 9 个填充图案,所有其他颜色使用对象的填充图案。

④ grayscale.ctb:打印时将所有颜色转换为灰度。

⑤ monochrome.ctb:将所有颜色打印为黑色。

⑥ screening 100%.ctb:对所有颜色使用 100%墨水。

⑦ screening 75%.ctb:对所有颜色使用 75%墨水。

⑧ screening 50%.ctb:对所有颜色使用 50%墨水。

⑨ screening 25%.ctb:对所有颜色使用 25%墨水。

(7) 图形方向:选择图形的打印方向。

(8) 着色视口选项:一般用于三维图形着色打印设置。

(9) 打印选项:指定线宽、打印样式、着色打印和对象的打印次序等选项。二维绘图中采用默认"按样式打印"即可。

① 打印对象线宽:指定是否打印指定给对象和图层的线宽。如果选定"按样式打印",则该选项不可用。

② 按样式打印:指定是否打印应用于对象和图层的打印样式。如果选择该选项,也将自动选择"打印对象线宽"。

③ 最后打印图纸空间:在布局空间显示的图形是模型空间和布局空间两部分的叠加。通常先打印图纸空间几何图形,然后再打印模型空间几何图形。选中该选项,则首先打印模型空间几何图形。

④ 隐藏图纸空间对象:三维操作时用到此选项。指定 HIDE(消隐)操作是否应用于图纸空间视口中的对象。此选项仅在布局选项卡中可用。此设置的效果反映在打印预览中,而不反映在布局中。

例 6-5　生成一个能够在通信工程图纸中通用的 A4 横向页面设置"A4 横向"。

在"页面设置管理器"对话框中单击"新建"按钮,为新的页面设置命名为"A4 横向",进入"页面设置-Model"对话框,作如下设置。

(1) 选择虚拟打印机:DWF6 ePlot.pc3,选择"用户 A4 横向(297×210 毫米)"图纸。

(2) 其他设置,如图 6-12 所示。

① 打印样式表"无",按显示打印。

② 图纸尺寸选择"用户 A4 横向(297×210 毫米)"。

③ 图形方向:横向。

④ 打印比例:选择"布满图纸"。

⑤ 打印偏移:X:0,Y:0。

⑥ 打印范围选择"窗口",在模型空间任意拖动选择一个矩形区域。下次应用此页面设置时,通过后面的"窗口(O)<"重新选择模型空间中的 A4 图框外框。

⑦ 单击"确定"按钮页面设置完毕,返回"页面设置管理器"对话框,此时在页面设置栏

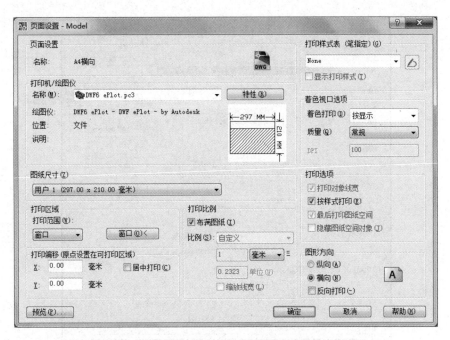

图 6-12　用户自定的"A4 横向"页面设置各选项设置

中多出刚刚设置的名为"A4 横向"的页面设置。

说明：将图纸的可打印区设成 297mm×210mm，打印比例设成"布满图纸"将有利于将此设置应用于不同打印比例的图形，应用时只要重新选取打印窗口即可。

6.3.2　打印

1. "打印"对话框说明

获得"打印"命令的方法有以下 3 种。

（1）命令行：plot 或 print ↙。

（2）在"模型"选项卡上右击选择"打印"命令。

（3）下拉菜单："文件"→"打印"。

在绘图区下方的"模型"选项卡上右击，选择"打印"命令，弹出图 6-13 所示的"打印-模型"对话框。此对话框比"页面设置"对话框少了右侧的"打印样式表"、"打印选项"、"着色视口选项"和"图形方向"4 个选项。在"页面设置"的"名称"列表中包含了当前图形文件中的所有页面设置，并可通过单击"输入---"选择某图形文件中已有的页面设置，单击＜上一次打印＞将使用此文件上一次所使用的打印设置。所有选项设置完成后，单击"预览"按钮可看到打印效果，如果符合要求，在预览中单击左上角的 🖨 图标就会得到". dwf"文件。在页面设置中已预览的也可以直接单击"打印-模型"对话框中的"确定"按钮。

2. 默认打印设置

通过"选项"对话框中的"打印和发布"选项卡可以设置打印文件的默认位置及默认输出设备，如图 6-14 所示。设置打印文件夹位置：D:\CAD，默认输出设备：DWF6 ePlot. pc3。

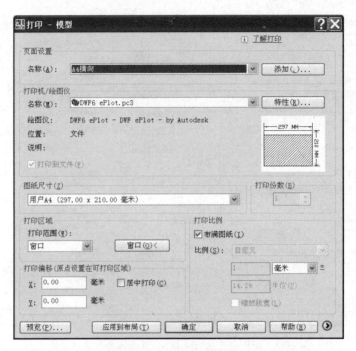

图 6-13　"打印-模型"对话框

图 6-14　"选项"对话框

3. 打印样式表

CAD 中的打印样式分为颜色相关打印样式表(＊.CTB)和命名打印样式表(＊.STB)两种模式。颜色相关打印样式表以颜色为基础,通过调整与颜色对应的打印样式可以控制所有具有同种颜色的对象的打印方式,在 AutoCAD 2008 中共有 255 种颜色相关打印样式。命名打印样式可以为每个图层指定不同的打印样式,与对象本身的颜色无关。

颜色相关样式表通过颜色来控制打印输出的颜色、线宽，操作起来比较简单，用得比较多。选中某颜色相关打印样式表后，单击打印样式表右侧的编辑图标 △ 可以对已有的打印样式表进行编辑，图 6-15 所示为 monochrome.ctb 黑白打印的打印样式表设置。分别单击左侧各颜色，观察右侧的特征，可以看出此样式表将所有颜色均设置成了黑色，因此其输出为黑白图形。可以按住 Shift 或 Ctrl 键一次选择多种颜色，然后一次对多种颜色进行设置。

图 6-15 monochrome.ctb 的打印样式表

说明：在打印样式表中可以设置不同的端点类型，此时最终打印将以此处设置为准，也就是改动此处后，模型空间的端点的显示效果可能与最终打印样式不同，图 6-16(a)所示为模型空间显示效果，图 6-16(b)所示为在样式表中修改"端点"的 柄形打印效果。

(a) 模型空间显示效果   (b) 打印效果

图 6-16 不同的"端点"设置效果

注意：

（1）颜色相关打印样式表中的颜色只包括 256 种"索引色"，在设置颜色时只能选择这256 种颜色中的一种，不能使用真彩色或配色系统，这些颜色在打印输出时是不进行处理的，也就是会原色输出，如果是黑白打印机则会打印为不同程度的灰色。

（2）当图形使用颜色相关打印样式表时，不能为单个对象或图层指定打印样式。要将打印样式特性指定给某个对象，请更改该对象的颜色。

6.4 完成任务——完善样板文件并绘制天馈系统图

本任务包括了两个分任务完善样板文件和绘制天馈系统图。完善样板文件：制作"A3横向"临时块，设置"A3横向"的页面设置，制作临时块。绘制天馈系统图的顺序为确定图纸比例，插入图框块并绘制指北针，确定布局，绘制机房顶层的俯视图和抱杆的侧视图并标注尺寸信息，添加表格及说明，检查并保存图形文件。

1. 完善图形样板文件"通信工程.dwt"

（1）按 Ctrl+O 快捷键，打开"通信工程.dwt"。

（2）制作"A3横向"临时块，利用矩形及临时对象追踪绘制内外图框，设置线宽；粘贴"A4横向块"的图衔于内边框右下角。

（3）页面设置。执行命令 pagesetup，在弹出的"页面设置管理器"对话框中单击"新建"按钮，为新的页面设置命名为"A3横向"，进入"页面设置-A3横向"对话框，作如下设置，如图 6-17 所示。

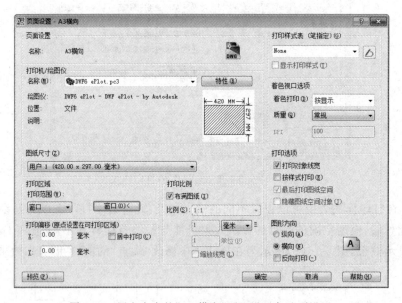

图 6-17 用户自定的"A3横向"页面设置各选项设置

① 选择虚拟打印机：DWF6 ePlot.pc3。

② 新建并选择图纸"用户 A3 横向（420×297 毫米）"的图纸，图纸大小为 420×297 毫米，左右页边距均为 0。

③ 打印样式表"无"，按显示打印。

④ 图纸尺寸选择"用户 A3 横向（420×297 毫米）"。

⑤ 图形方向：横向。

⑥ 打印比例：选中"布满图纸"复选框。

⑦ 打印偏移：X：0，Y：0。

⑧ 打印范围选择"窗口"选项。

⑨ 其他选项默认。

⑩ 单击"确定"按钮,页面设置完毕,返回"页面设置管理器"对话框,单击"置为当前"按钮,最后单击"确定"按钮。

(4)制作带有"高度"属性的临时块"标高"。

① 通过指定边的方式绘制一个边长为 2 的正三角形,分别绘制长度为 4 和 6 的底部和顶部直线。

② 执行 b 命令,将其做成临时块,基点选为底部直线的左侧端点,并选中"在块编辑器"中打开复选框。

③ 在块编辑器中,输入 att,在弹出的"定义"对话框中为其定义属性"标高",默认高度 0,对正方式为"左下",文字样式为"标准仿宋",如图 6-18 所示。

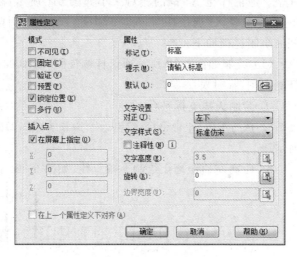

图 6-18　"标高"属性设置

(5)保存并关闭样板文件。

2. 绘制天馈系统图

凡是有尺寸的图纸,在模型空间均可以按 1∶1 比例来绘制,这样有利于保持事物原来的比例。基本的绘图过程为:确定图纸及比例,设置注释性比例,设置并完善图层,分层绘图并标注,检查、保存并关闭图形文件。

(1)利用样板文件"通信工程.dwt"新建图形文件,保存在"D:\通信工程图纸"文件夹中,并命名为"任务 6 某基站天馈系统安装图.dwg"。

(2)确定图纸为 A3 图纸,图纸比例为 1∶100,并设置注释性比例为 1∶100,插入"A3 横向"注释性临时块。注意不要插在 defpoints 层,此层图形打印时将不可见。

(3)确定布局如图 6-1 所示,根据图层分层绘制图形并标注尺寸信息。

对于此天馈系统安装图的图层可做如下设置。

① 机房及尺寸信息置于"背景及尺寸标注"图层。

② 馈线、俯视图中的天线置于"新建设备或线路"图层。

③ 新建"天馈及附属设备"图层,绘制通信杆侧视图及俯视图。

④ 说明、图例及工程量表等注释性对象置于 0 层。

可修改图层名字为更贴切的"通信杆"、"机房"等。

图6-19 通信杆
侧视图

（4）标注尺寸信息，绘制工程量表、图例及说明。其中工程量表首先按 1∶1 绘制并添加文字，然后放大 100 倍。

（5）检查并保存图形文件。

说明：图中图例说明中的图例可保持原有图层，即保持图中的线宽、颜色和线型，这将有利于区分原有、新建和预留。

3. 通信杆绘制提示

通信杆及天线在天馈图的绘制中可能重复使用，因此可将其分别做成注释性的临时块"天线"和"通信杆"，保存于"通信工程.DWT"样板文件中。通信杆与 A3 框的相对大小如图 6-1 所示，高约 100。一般情况下，在后续插入"通信杆"临时块时按照注释性比例自动缩放即可。通信杆的绘制过程如下。

（1）绘制如图 6-19 所示通信杆侧视图，高 100，并将其制作成"通信杆侧视图"临时块。

① 绘制天线支撑平台。

a. 执行 REC 矩形命令，绘制一个边长为(10,2)的矩形，如图 6-20(a)所示。

b. 距离左边距离 1 绘制一条直线，如图 6-20(b)所示。

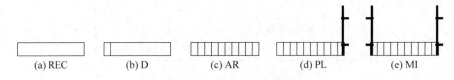

(a) REC   (b) D   (c) AR   (d) PL   (e) MI

图 6-20 支撑平台绘制过程

c. 通过 10 列 1 行的 AR 阵列命令完成平台的绘制，如图 6-20(c)所示。

d. 通过 PL 多段线命令实现右侧天线支撑杆的绘制，如图 6-20(d)所示，其中多段线宽度为 0.5。

e. 通过 MI 镜像命令完成另一侧天线支撑杆的绘制，如图 6-20(e)所示。

② 通过 CO 复制命令实现三层平台的绘制。

③ 绘制通信杆体。

a. 通过 L 直线，命令完成杆体右侧的绘制，如图 6-21(a)所示。

```
命令：1✔
指定第一点：//捕捉平台的水平中点，垂直追踪一定距离后单击
指定下一点或 [放弃(U)]：//水平向右一定距离，得到杆体顶端的半径长度后单击
指定下一点或 [放弃(U)]：<-89 ✔ //指定右侧边的倾斜角度
角度替代：271
指定下一点或 [放弃(U)]：//得到合适长度后，单击
指定下一点或 [闭合(C)/放弃(U)]：✔
```

b. 利用 MI 镜像命令实现左侧杆体的绘制,利用直线补全杆体,如图 6-21(b)所示。

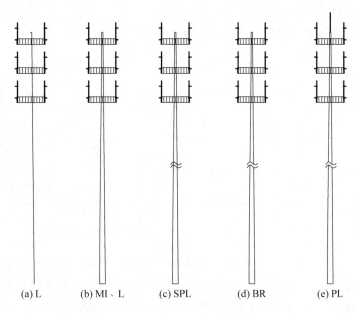

(a) L　　(b) MI、L　　(c) SPL　　(d) BR　　(e) PL

图 6-21　通信杆体绘制过程

c. 执行 SPL 样条曲线及 CO 复制命令后,如图 6-21(c)所示,执行 BR 打断命令将两样条曲线中间部分的杆体删除,如图 6-21(d)所示。

d. 执行 PL 多段线命令完成避雷针的绘制,如图 6-21(e)所示。

④ 利用 SC 缩放命令,通过 R 参照将通信杆高度缩放到 100。

⑤ 制作注释性的允许分解的临时块"通信杆侧视图"。执行 B 临时块命令,在弹出的块对话框中作如图 6-22 所示设置,在说明中注明通信杆高 100,有利于后续块的插入。

图 6-22　"通信杆侧视图"临时块

（2）绘制如图 6-23 所示天线，大小适应以刚刚所绘制通信杆为主，高约为 10，并将其制作"右侧天线"临时块。

① 执行 L 直线命令，绘制一条倾斜的直线，如图 6-24(a) 所示。

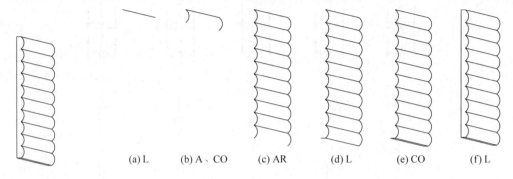

图 6-23　右侧天线

图 6-24　右侧天线面绘制过程

(a) L　　(b) A、CO　　(c) AR　　(d) L　　(e) CO　　(f) L

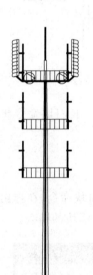

图 6-25　本任务中通信杆
　　　　　侧视图

② 执行 A 圆弧命令及 CO 复制命令完成一段天线面的绘图，如图 6-24(b) 所示。执行 A 命令时，注意圆弧的两个端点在同一垂线上，才能够保证后续阵列的正确性。

③ 通过 10 行 1 列的 AR 阵列命令完成天线版面的绘制，如图 6-24(c) 所示。

④ 通过 L 直线命令绘制底边平行四边形的两个相邻边，如图 6-24(d) 所示。

⑤ 通过 CO 复制命令完成另外两相邻边的绘制，如图 6-24(e) 所示。

⑥ 通过 L 直线命令绘制天线背面，完成后效果如图 6-24(f) 所示。

⑦ 利用 SC 缩放命令，通过 R 参照将天线高度缩放到 10。

⑧ 执行 B 临时块命令，制作注释性的、可分解的临时块"右侧天线"，在说明中注明天线高 10。

⑨ 保存并关闭样板文件"通信工程.DWT"。

（3）绘制任务 6 中通信杆，如图 6-25 所示。

① 切换到"背景及尺寸标注"图层，执行 I 插入命令插入"通信杆"和"右侧天线"临时块，如图 6-26(a) 所示。

② 执行 X 分解命令分解通信杆临时块，执行 MI 镜像命令完成左侧天线的绘制，如图 6-26(b) 所示。

③ 切换到"新建设备或线路"图层，使用宽度为 0 的多段线绘制馈线，并通过 F 倒圆角命令完成天线到平台中间位置的馈线绘制，如图 6-26(c) 所示，其中倒圆角半径为 0.5。

④ 执行 MI 镜像命令完成右侧馈线的绘制，如图 6-26(d) 所示。

⑤ 使用宽度为 0 的多段线绘制沿通信杆的馈线，如图 6-26(e) 所示。

⑥ 切换到"天馈及附属设备"图层,利用 C 圆与 POL 正多边形命令完成平台右侧接地点的绘制,通过 MI 及 CO 命令完成其余两个接地点的绘制,如图 6-26(f)所示。

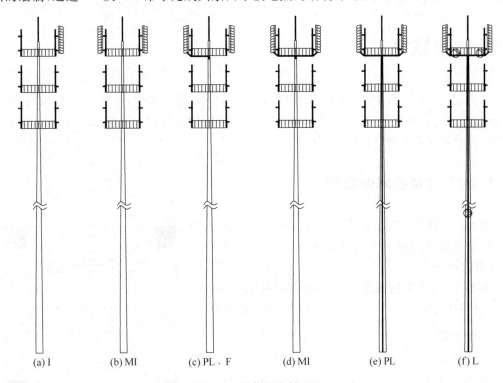

(a) I　　　(b) MI　　　(c) PL、F　　　(d) MI　　　(e) PL　　　(f) L

图 6-26　通信杆绘制过程

（4）绘制任务 6 中的通信杆俯视图,大小为 15×15 左右,如图 6-27 所示,并将其制作成"通信杆俯视图"临时块。

① 执行 C 圆和 O 偏移命令,绘制出馈线接地点的圆、杆身和平台,如图 6-28(a)所示。

② 执行 POL 正多边形命令,绘制接地点中的正三角形,如图 6-28(b)所示。

③ 通过 L 和 MI 镜像命令得到图 6-28(c)。

④ 使用直径 2P 的方式绘制圆（天线支撑杆上的竖杆）,并用 BH 命令填充,如图 6-28(d)所示。

⑤ 执行 AR 环形阵列命令,完成后效果如图 6-28(e)所示。

⑥ 利用 SC 缩放命令,通过 R 命令参照将通信杆俯视图缩放到 15 大小。

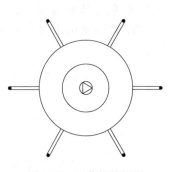

图 6-27　通信杆俯视图

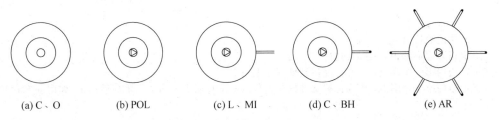

(a) C、O　　　(b) POL　　　(c) L、MI　　　(d) C、BH　　　(e) AR

图 6-28　通信杆俯视图绘制过程

⑦ 执行 B 临时块命令，制作注释性的可分解的临时块"通信杆俯视图"，在说明中注明俯视图大小为 15×15。

6.5　绘制铁塔

基站设备安装工程中多变的是天馈图，其天线的支撑形式多样，可以是抱杆、铁塔、通信杆或美化的烟囱、水桶等，其中铁塔和通信杆的绘制较复杂，但均为示意图，我们通过以下内容的学习掌握铁塔及通信杆的绘制过程与技巧。

6.5.1　绘制铁塔俯视图

例 6-6　打开"通信工程"样板文件，绘制如图 6-29 所示铁塔俯视图，正四边形外边长为 60，将其制作成临时块"铁塔俯视图"。

提示：为了图形的美观和准确，绘图过程中尽可能使用"复制"和"镜像"命令，可以先上下镜像，再左右镜像。

1. 绘制基座

利用 POL 正多边形命令绘制一个边长 60 左右的正四边形，使用 O 偏移命令完成内部正四边形的绘制。

2. 绘制基座四角

基座四角利用正多边形 POL、填充 BH 及复制 CO命令绘制，如图 6-30 所示。

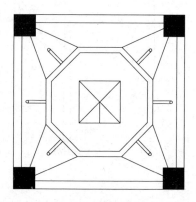

图 6-29　铁塔俯视图

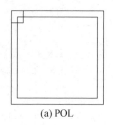 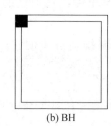 

(a) POL　　　　　　　(b) BH　　　　　　　(c) CO

图 6-30　铁塔四角示意图的绘制过程

（1）POL 绘制其中一个基座，过程如下。

```
命令: pol↙
输入边的数目 <4>: 4↙
指定正多边形的中心点或 [边(E)]: e↙
指定边的第一个端点: //光标捕捉到外框左上角点
指定边的第二个端点: //光标捕捉外框左上角点并垂直向下追踪一定距离后单击，如图 6-30(a)
                  所示
```

（2）填充：填充图案为 SOLID，利用"选择对象"来确定边界。

（3）复制完成四角的绘制。复制过程中注意捕捉到相应的特征点，实现图形的对齐，如图 6-31 所示。

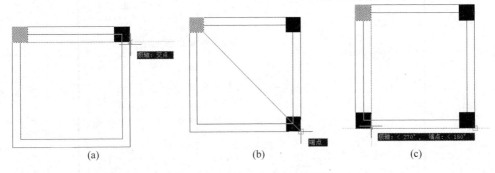

图 6-31 基座四角的复制过程

3. 绘制塔身

利用正多边形 POL、偏移 O 和直线 L 命令绘制，如图 6-32 所示。

4. 绘制塔身支脚与支撑杆

因为铁塔的四角和支撑杆都是呈现对称关系，因此可以充分利用镜像命令。

（1）用 L 命令绘制铁搭一脚的一边，如图 6-33（a）所示，其中"指定下一点"时注意先捕捉到正四边形的右下角，然后垂直向上追踪，出现追踪线并离开右下角一定距离后单击，如图 6-33（b）所示。

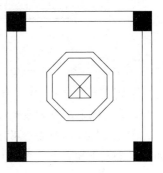

图 6-32 绘制塔身

捕捉与追踪的不同是，捕捉状态出现的是特征点标记；追踪状态时，特征点以橙色十字叉标记，沿某一极轴角追踪时将出现虚线。

（2）用直线命令 L 完成支撑杆单边的绘制，如图 6-34 所示。

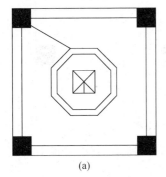
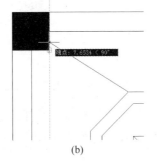

（a）　　　　　　　　　　　（b）

图 6-33 绘制铁塔一脚的一边

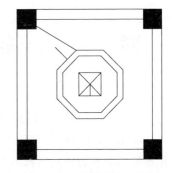

图 6-34 支撑杆单边的绘制

① 利用 DS 命令设置极轴追踪，在弹出的对话框中添加附加角 45°和 135°，并选中"用所有极轴角设置追踪"，如图 6-35 所示。

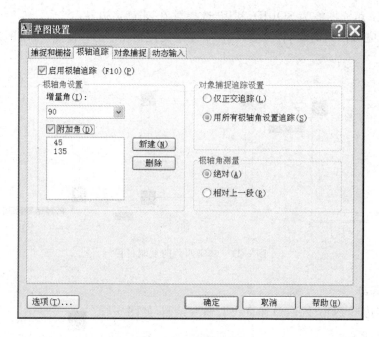

图 6-35   添加附加角

　② 执行 L 命令后，"第一个角点"需要先捕捉到八边形左上边中点然后沿 45°角方向追踪一定距离后单击；"另一个角点"沿 135°角极轴追踪一定距离后单击。

　（3）左侧上下支脚及支撑杆的绘制。

　① 使用镜像 MI 命令得到如图 6-36（a）所示图形，其中镜像线为八边形左上边中点和正四边形的右下角点所连的直线，如图 6-36（b）所示。

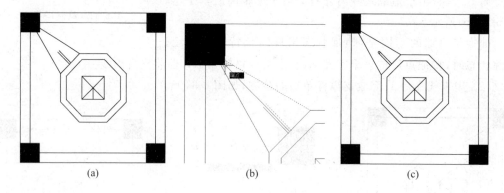

　(a)　　　　　　　　　　(b)　　　　　　　　　　(c)

图 6-36   支撑杆的端头绘制过程

　② 执行圆命令 C，通过 2P 直径的方法绘制支撑杆的端头，如图 6-36（c）所示。

　③ 使用镜像命令 MI 完成左下支脚及支撑杆的绘制，如图 6-37 所示，其中镜像线为正多边形两垂直边中点所在直线。

　（4）左侧中间位置支撑杆的绘制。

　① 复制左上角支撑杆到塔身左侧中间位置，如图 6-38（a）所示，复制时的基点为八边形左上边中点。

　　说明：复制、移动等命令的基点，并不一定是被复制（移动）对象身上的特征点，可以为任一点，只要方便操作即可。

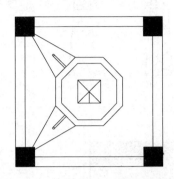

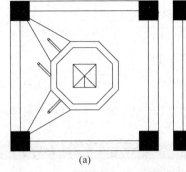

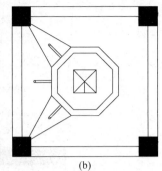

图 6-37　完成左下支脚及支撑杆的绘制　　　　图 6-38　左侧中间位置支撑杆的绘制过程

　　② 执行 RO 旋转命令，逆时针旋转 45°，完成左侧支撑杆的绘制，如图 6-38(b) 所示，其中基点为八边形左边中点。

　　③ 执行 MI 镜像命令完成右侧支脚及支撑杆的绘制，其中镜像线为正多边形两水平边中点所在直线。

5. 制作临时块"铁塔俯视图"

　　执行 B 临时块命令，制作注释性的，可分解的临时块"铁塔俯视图"，在说明中注明"边长 60"，有利于后续块的插入。

6.5.2　绘制铁塔侧视图

　　例 6-7　打开"通信工程"样板文件，绘制如图 6-39 所示铁塔侧视图，铁塔全高 100 左右，将其制作成临时块"铁塔侧视图"。

1. 绘制塔身

　　绘制塔身的过程如图 6-40 所示。

　　利用 L 直线命令绘制塔身顶部与一侧，如图 6-40(a) 所示。通过镜像命令得到左侧塔身轮廓，如图 6-40(b) 所示，执行 MI 命令的镜像线为通过顶部线段中点的垂直极轴线。

2. 绘制塔身钢筋结构

　　(1) 执行 OS 设置捕捉模式命令，在弹出的对话框中选中"最近点"，如图 6-41 所示。

　　(2) 执行 PL 多段线命令完成图 6-40(d) 的绘制，然后执行 OS 命令，去除对"最近点"的捕捉，这将有利于后续绘图。利用 MI 镜像命令实现对称，如图 6-40(e) 所示；重复执行 L，完成图 6-40(f) 的绘制。

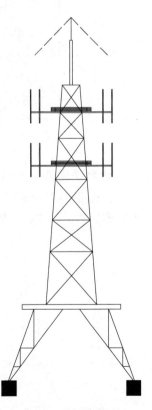

图 6-39　铁塔侧视图

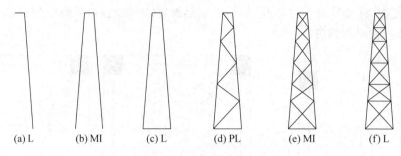

(a) L (b) MI (c) L (d) PL (e) MI (f) L

图 6-40 塔身绘制过程

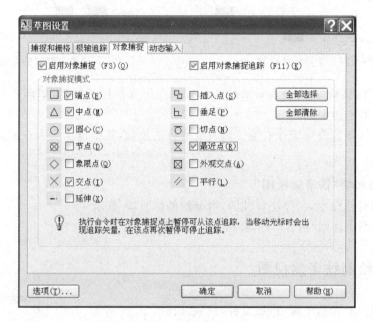

图 6-41 设置"最近点"

3. 绘制铁塔基座与避雷针

（1）利用 REC 绘制铁塔基座，如图 6-42(a)所示，注意矩形中点与塔身底边中点对齐，根据光标旁边的动态提示确定矩形的大小。

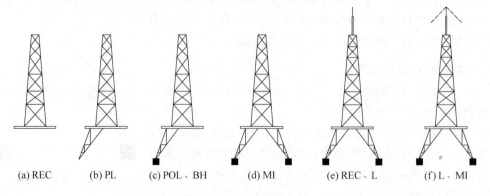

(a) REC (b) PL (c) POL、BH (d) MI (e) REC、L (f) L、MI

图 6-42 铁塔塔身的绘制

（2）利用 PL 多段线完成左侧支脚的绘制，如图 6-42(b)所示。

（3）利用 POL 正多边形和 BH 填充命令完成左侧支脚基座的绘制，如图 6-42(c)所示。

（4）利用 MI 镜像命令实现右侧支脚的绘制，如图 6-42(d)所示。

（5）利用 REC 矩形命令及 L 直线命令实现避雷针的绘制，如图 6-42(e)所示。

（6）避雷针避雷范围。使用 L 直线命令，指定角度＜－45°，光标确定长度；通过 Ctrl＋1 设置线型为"虚线"，比例为 0.2；通过 MI 镜像实现另一侧覆盖范围的绘制，如图 6-42(f)所示。

4. 绘制平台

在平台的绘制中可充分使用镜像和复制命令。

（1）第一层平台的绘制。

为了显示更清晰，这里将平台图形单独列出。

① 利用 REC 矩形命令实现平台及左侧支撑杆的绘制，注意平台水平中点与塔身中点的对齐。利用 MI 镜像命令实现右侧支撑杆的绘制，利用 BR 打断支撑杆中的平台横线，如图 6-43 所示。

图 6-43　天线支撑杆

② 平台中间部分的绘制可以使用不同的方法，介绍如下。

a. 使用 REC 命令，然后 BH 填充，其中填充图案选择 LINE，比例为 0.2，填充效果如图 6-44(a)所示。

b. 使用 REC 命令，然后 L、AR 阵列实现，如图 6-44(b)所示。

二者的区别是：使用填充命令时，因为不清楚填充图案的大小及定义，填充时会出现靠近边界的不美观；使用阵列命令时，需要预先设计好图形的大小以使后面的阵列均匀美观。

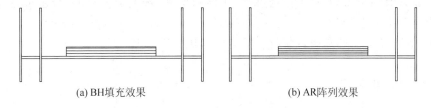

(a) BH填充效果　　　　　　　　　(b) AR阵列效果

图 6-44　阵列与填充实现支撑平台

c. 也可以使用 REC 命令绘制其中一部分，然后 AR 阵列实现。如图 6-45 所示，效果与图 6-44(b)一致。因为在 AutoCAD 中多条线的重复在打印时不会增加线的宽度，但不鼓励这样做，这将不利于后续图形的编辑。

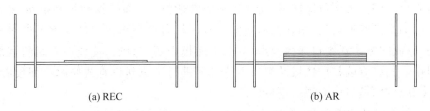

(a) REC　　　　　　　　　　(b) AR

图 6-45　矩形实现支撑平台

③ 使用 L 直线命令和 MI 镜像命令实现一层平台的示意图绘制,如图 6-46 所示。

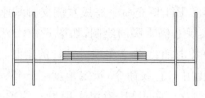

图 6-46   一层平台

(2) 利用 CO 复制命令完成二层平台的绘制。

5. 制作临时块"铁塔侧视图"(略)

6.6   技能提升——布局空间

布局空间可以认为是专门供打印与显示使用的各类图纸。布局空间也称图纸空间,当通过页面设置将其设置为 A4 打印纸后,布局就是一张 A4 打印纸,通过"视口"将模型空间的图形以一定比例映射过来。在布局空间绘制的图形,就如在 A4 纸上直接绘制图形,文字、表格及插入的块等图形元素的显示大小即为最终打印大小,如高 3.5 的文字,打印出来也是 3.5。要简化图形组织、标注及表格缩放,可以在模型空间绘制图,布局空间创建标注、说明及表格。或者某些按比例绘制的图形在模型空间的图框中大小不是很得当,如任务 4中的设备图。如果在模型空间直接将设备图放大,尺寸标注也将随之改变;而在布局空间调整映射图形的显示大小,并不影响其原来的尺寸,因此可在模型空间绘图,映射到布局空间后标注尺寸标注。

CAD 默认有两个布局,也可以通过在"布局和模型"选项卡上右击"新建布局"命令,并可以使用样板来新建布局。

注意:在布局空间添加的对象模型空间不可见。

6.6.1   创建视口

视口,可以认为是观察图形的不同窗口。透过窗口可以看到模型空间的图形,通过缩放、移动调整此"窗口"的内容,所有在视口内的图形都能够被打印。在一个布局内可以设置多个视口,如图形中的俯视图、主视图、侧视图、局部放大等视图可以安排在同一布局的不同视口中打印输出。

已有布局的虚线为可打印区域,实线矩形为默认视口。第一次切换到布局,其视口内显示模型空间的全部图形对象,当在模型空间原有图形对象矩形边界外新增图形对象后再次切换到布局,此时需要在视口线内双击,并单击面板中的"范围",使模型空间的全部对象显示在视口中。当已有的打印区域及视口不符合要求时可重新设置或修改页面设置,删除原有视口,重新绘制,或对原有视口进行修改。

注意:为了不显示视口线,请在 defpoints 层或以图纸大小创建视口。

视口可以是矩形的,也可以是多边形或多个视口,获得新建视口命令的方式有以下 3 种。

（1）命令行：vports ↙。

（2）工具栏：单击视口工具栏中的新建视口图标 。

（3）下拉菜单："视图"→"视口"→"新建视口"。

执行 vports 命令后，将弹出"视口"对话框，如图 6-47 所示。左侧标准视口列表中列出了一些视口，可供选用，当选择多个视口时，还可设置视口间距。

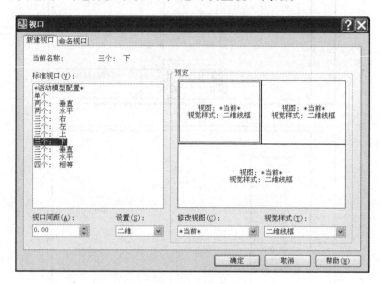

图 6-47 "视口"对话框

在工具栏中右击可调出"视口工具栏"，如图 6-48 所示，其各项意义如下。

图 6-48 视口工具栏

显示视口：单击显示视口图标，在弹出的"视口"对话框中可以选用 CAD 自带的视口。

单个视口：在布局内创建一矩形区域作为单个视口。

多边形视口：在布局内绘制一个规则或者不规则的多边形区域作为视口。

将对象转为视口：将用绘图工具绘制的封闭图形转换为视口。

裁剪现有视口：将现有的视口裁剪为多边形形状。

6.6.2 调整比例及显示

视口中的图形可以通过缩放和平移调整其显示效果。修改视口中图形比例及位置的方法：在视口内双击（或命令 mspace），将进入模型空间，此时的视口线变粗，单击面板中的"按图纸空间缩放"按钮，模型空间中的所有图形都将显示在视口中，如图 6-49（a）所示（图中的图框为布局空间插入的图框块），此时可通过滑动鼠标中轮改变图形大小，按住鼠标中轮改变图形在视口中的位置，直到满意为止。在视口线外部双击（或命令 PSPACE）退出比例设置，此时视口线变细，如图 6-49（b）所示。在视口内双击后，也可通过状态栏右下角或视口工具栏观察并设置视口比例。在视口中改变比例，只是改变其显示效果，并未改变其实际大小和尺寸。

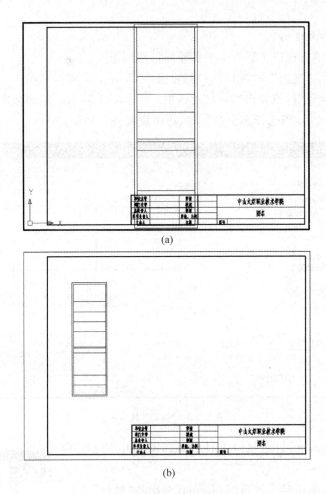

图 6-49　视口

说明：

（1）若标注及说明等都在布局空间进行，则模型空间将只有草图。

（2）若在标注或说明时，误入模型空间，此时输入的内容将位于模型空间。

（3）在布局中进行绘图或填写说明等操作时，不要在视口中再次调整图形比例及位置，否则标注、说明等需要重新移位。

（4）在视口线上双击，视口线变红，此时将进入模型空间，只会看到模型空间的图形，布局空间内绘制的图形将不可见，在视口线上再次双击退出模型空间。不建议以此种方式进入模型空间，如要修改图形，可通过单击模型选项卡切换到模型空间修改图形。

6.6.3　布局空间页面设置与打印

布局空间的页面设置与模型空间基本相同，但多了"缩放线宽"选项，选中此选项，布局输出时，将与打印比例成正比缩放线宽。但通常是直接用绘图时的线宽来打印，不考虑打印比例。在布局中打印，要在"打印范围"中选择"布局"选项。设置"A4 横向布局"的页面设置如图 6-50 所示。

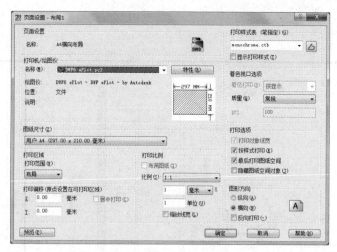

图 6-50 布局输出页面设置

例 6-8 使用布局空间完成任务 4 中设备图的标注，并使用布局空间打印输出。

（1）利用"通信工程.dwt"新建图形文件"设备图.dwg"。

（2）在模型空间绘制设备图。

（3）切换到"布局 1"，进行图 6-50 所示的页面设置，删除原有视口，在布局空间绘制 297mm×210mm 的矩形视口，插入 A4 横向图框，调整图形比例至合适为止。

（4）在布局 1 中标注设备尺寸并输入文字，绘制 ODF 表及 PTN 面板示意图及说明。

（5）检查并保存图形。

（6）删除模型空间图形及布局空间中的图形，保留布局中的图框，另存并替换"通信工程.dwt"图形样板文件。

注意：为了保证最终输出的文字都是同一高度，因此在模型空间只绘图，不要输入文字信息，因为在布局空间进行缩放时，文字也将进行缩放，从而改变其标准大小。

6.7 任务单 1

任 务 名 称	绘制某基站天馈抱杆安装示意图
要求	（1）利用样板文件"通信工程.dwt"制作图 6-51 所示的某基站天馈抱杆安装示意图，保存在"通信工程图纸练习"文件夹中，并命名为"某基站天馈抱杆安装示意图.dwg"。 （2）利用图层分层绘制。 （3）使用"A3 横向"页面设置，打印此图形，保存名称为"某基站天馈抱杆安装示意图.dwf"。
步骤	
确定所使用图纸及比例	
图中所使用图层情况	
图中所使用的绘图及修改命令	
收获与总结	

218

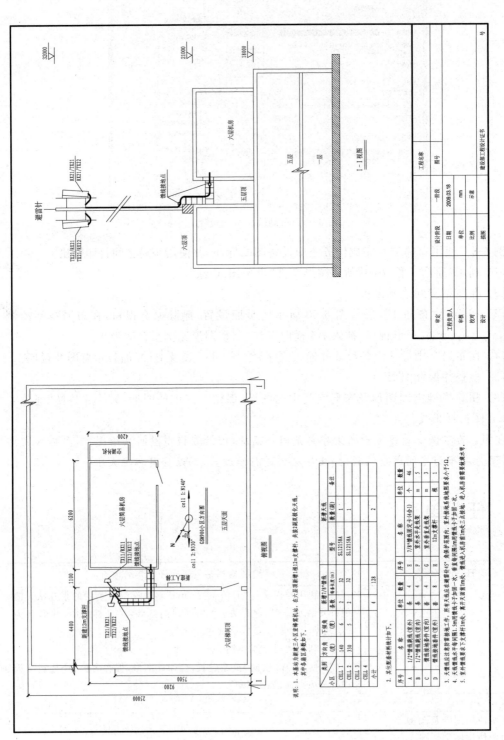

图 6-51　某基站天馈抱杆安装示意图

6.8　任务单 2

任 务 名 称	绘制某基站天馈铁塔安装示意图
要求	（1）利用样板文件"通信工程.dwt"制作图 6-52 所示的某基站天馈铁塔安装示意图，保存在"通信工程图纸练习"文件夹中，并命名为"某基站天馈铁塔安装示意图.dwg"。 （2）利用图层分层绘制。 （3）打印此图形，保存名称为"某基站天馈铁塔安装示意图.dwf"。
步骤	
确定所使用图纸及比例	
图中所使用图层情况	
图中所使用的绘图及修改命令	
图纸打印设置的具体方法	
收获与总结	

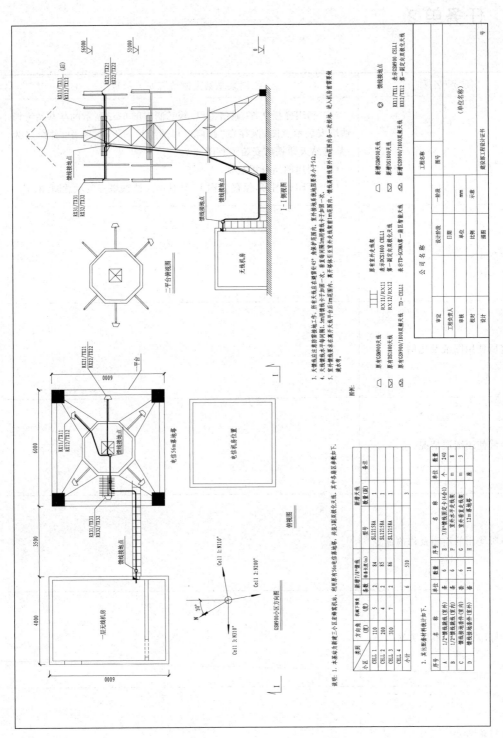

图 6-52　某基站天馈铁塔安装示意总图

6.9　任务单 3

任 务 名 称	布局显示图形
要求	（1）利用样板文件"通信工程.dwt"新建图形文件"某 TD 基站工程图.dwg"，保存在"通信工程图纸练习"文件夹中。 （2）在模型空间抄画附录 C"二、某 TD 基站设备安装工程图"中的 4 幅工程图，包括图框、图形、尺寸标注及说明等。 （3）新建 4 个布局，将模型空间中的图形映射到相应的布局空间。 （4）在布局空间新建"A3 横向"页面设置： ① 名称：A3 横向； ② 打印设备：DWG to PDF.pc3； ③ 图纸："自定义用户图纸 A3 横向（420×297 毫米）"，可打印区为（420mm×297mm）； ④ 打印样式表"无"； ⑤ 打印偏移：X：0.00，Y：0.00； ⑥ 打印范围：布局； ⑦ 打印比例：布满图纸； ⑧ 图形方向：横向。
步骤	
4 幅图形所使用的图纸及图纸比例	
图中所使用图层情况	
布局空间图形显示与打印的方法	
使 4 幅图在模型空间以同样大小的图框显示的方法	
收获与总结	

任务小结

（1）本任务中包含的基本绘图及修改命令如下。

① 点样式设置命令为 ddptype，绘制单点命令 po 或 point，绘制多点只能通过"绘图"→"点"→"多点"命令实现，定数等分命令为 divide，定距等分命令为 measure。

② 样条曲线（spl 或 spline，图标 ），所有端点选择结束后，需要在起止点选择切线方向。

③ 正多边形（pol 或 polygon，图标 ）。

（2）模型空间输出的页面设置与打印。页面设置中注意打印机自带图纸的可打印区是否符合通信工程制图要求，如果不符合，可以自定义页边距均为 0 的图纸，并设置打印比例为"布满图纸"，通过"窗口"来选择打印区，这样就可以形成一个通用的页面设置。

（3）打印样式表：打印样式表是指定给"布局"选项卡或"模型"选项卡的打印样式的集合。打印样式控制对象的打印特性，如线宽、颜色和填充样式等。可以指定黑白或彩打。

（4）布局空间显示与打印。在布局空间输出的步骤，在模型空间绘图，切换到布局空间插入图块，并进行尺寸标注、表格及说明文字的插入，打印输出。布局输出，使绘图时不用考虑比例，按 1∶1 绘制，到布局空间调整图形大小，因此非常方便，但不利于模型空间图形的完整性。

自测习题

1．新建命令的页面设置和修改页面设置有何区别？

2．如何使用已有文件中的页面设置？

3．在样板文件的"页面设置"的"打印比例"中勾选"布满图纸"与指定某一比例，在使用起来有何区别？

4．为样板文件添加"A3 横向"页面设置，使其能够通用所有 A3 图纸的打印输出。

绘制管道线路示意图

线路图一般分为局部地区(如学校或企业)内部光缆路由图和非局部地区(如长途、中继等)光缆线路图两大类,分别介绍如下。

长途或中继光缆线路图等,具有线路较长,整体呈线状分布特点,因此可绘成示意图,在模型空间采用默认注释比例1:1绘图(绘图单位为m),对于较烦琐的部分可以以注释的形式单独放大并加以说明。虽为示意图,但仍希望绘制完成后结合尺寸标注及背景使图纸易于识别,能够很好地指导施工。对于某一方向较长的线路图可使用接图符号将原图分成两部分来画,这两部分可以放在一张图纸中或分别放在两张图纸中。

局部地区(如学校或企业)内部光缆路由图具有如下特点:线路不长,但具有交错复杂性,几乎呈树形分布,绘图时应对每段线路的施工方式给予明确说明,并要有较清晰的背景图。因此,绘制此类图形,可根据区域大小确定图纸比例,如大小为3500m×2600m的学校,使用A3纸,可确定其比例为1:10。在模型空间1:1绘图,根据勘测草图进行大致分区将标志性建筑等定位后再进一步细化,使图纸尽可能符合实际布局,易于识别。根据图纸比例设置注释性,为图纸添加说明、图例等。

对于新建管道光缆线路图,图中会将管道断面图附于线路图中。其管道断面的尺寸相对于整个线路图而言是非常小的,因此需放大相应倍数n,此断面的尺寸标注可利用"比例因子"为$1/n$的尺寸样式进行标注,这样既可保证图形的相对比例,标注信息又可自动生成。

所有的线路图中均需要标明其方向、周边环境,对于管道光缆施工图需标明各手孔、人孔编号及子管占用情况,注释部分需注明所使用光缆型号等,绘图时,可先根据勘测草图画道路、房屋等背景,后画线路,然后再进行尺寸标注,并添加说明。

关于线路图中的单位说明如下:CAD中的单位为"缩放插入内容的单位",是用来调节插入对象的相对大小的,因此同一张图纸中无论使用m还是mm绘制长度为10的线段,其长度都一样。且因为前面我们已经定义了以mm为单位的样板及临时块,所以我们依然可以在以mm为单位的样板中绘制以m为单位的线路图,并以m为单位来确定缩放比例,如上面举例中3500m×2600m的学校,使用A3纸,确定其比例为1:10(因为1m=1000mm,所以实际的图纸比例为1:10000,即图纸上的1mm=10m)。

7.1 提出任务

任务目标:熟练制作线路工程示意图。

任务要求:

(1) 完善样板文件"通信工程.dwt"。

① 新建"线路标注"尺寸标注,其中"界限"及"尺寸线"采用"隐藏"。

② 将图中图例做成具有属性的临时块。

(2) 利用样板文件"通信工程.dwt"制作图 7-1 所示的某通信线路工程示意图,保存在"D：\通信工程图纸"文件夹中,并命名为"任务 7 某通信线路工程示意图.dwg"。

(3) 生成"任务 7 某通信线路工程示意图.dwf"。

任务分析：图 7-1 解读：本图某基站扩容工程的外线部分,结合图例及工程量表,可以知道,本期工程由白蕉科技园基站到虹桥三路光交接箱利用原有管道新铺 24 芯光缆 1.77m。其中从基站出来沿墙引下 3.5m 后,经管道光缆到虹桥三路光交接箱。其中以虹桥路 5♯双页手孔为界,前段与后段所占用子管如图 7-1 所示。

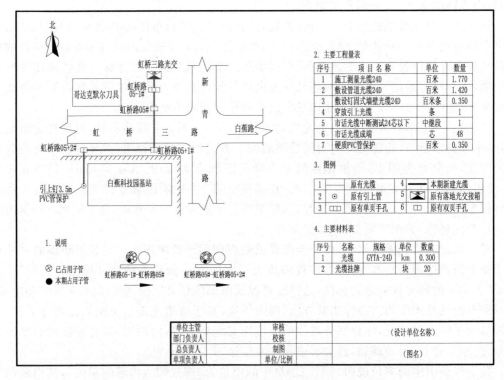

图 7-1　某通信线路工程示意图

本任务较简单,只要学习基本修改命令及绘图工具：倒圆角,修剪,绘制示意性图纸即可。在绘图过程中可能用到快速选择和查找命令,本任务中也将给予介绍。

通常一个通信工程的图纸都包括了原理图、设备图等多幅图纸,如何管理这些图纸,及不同工程图纸交接时的处理,以及横向交流或异地显示? AutoCAD 中的图纸集、电子传递和外部参照可以很好地解决这些问题,作为技能提升这些内容将在本任务的 7.4 节中分别给予介绍。

本任务的技能要求：

(1) 掌握基本的修改命令：倒圆角、修剪。

(2) 掌握基本的绘图工具：快速选择,查找与替换。

(3) 熟悉图纸集的创建方法。

（4）能够为图形文件创建电子传递。

（5）熟悉外部参照的作用与使用方法。

7.2 基本绘图及编辑命令

7.2.1 倒圆角

倒圆角可以为两段直线（非连接也可）、多段线、构造线及射线加圆角。倒圆角命令经常用来绘制线路图中的路口。获得倒圆角命令有以下 3 种方式。

（1）命令行：f 或 fillet ✓。

（2）面板或修改工具栏：单击倒圆角图标 。

（3）下拉菜单："修改"→"倒圆角"。

例 7-1 利用直线命令绘制图 7-2（a）所示的垂直的交叉路口，之后利用倒圆角命令修改为图 7-2（b）所示的效果。

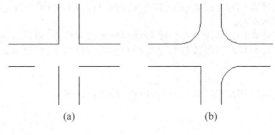

(a)   (b)

图 7-2 十字路口

命令及说明如下。

```
命令:_fillet ✓
当前设置:模式 = 修剪,半径 = 10.0000
选择第一个对象或 [放弃(U)/多段线(P)/半径(R)/修剪(T)/多个(M)]: r ✓
指定圆角半径<10.0000>: ✓
选择第一个对象或 [放弃(U)/多段线(P)/半径(R)/修剪(T)/多个(M)]: m ✓
…                              //单击除左下角两条直线之外的其他所有直线
选择第一个对象或 [放弃(U)/多段线(P)/半径(R)/修剪(T)/多个(M)]: r ✓
指定圆角半径<10.0000>: 0 ✓      //为路口的左下方倒锐角
选择第一个对象或 [放弃(U)/多段线(P)/半径(R)/修剪(T)/多个(M)]:
选择第二个对象,或按住 Shift 键选择要应用角点的对象:
选择第一个对象或 [放弃(U)/多段线(P)/半径(R)/修剪(T)/多个(M)]: ✓   //按 Enter 键结束命令
```

在进行操作时，注意命令提示信息，在出现"选择第一个对象或［放弃（U）/多段线（P）/半径（R）/修剪（T）/多个（M）］:"提示信息时，需要对可选项如半径进行设置的要先设置。

命令选项说明：

（1）放弃（U）：放弃上一步操作。

（2）多段线（P）：为多段线倒圆角，倒圆角命令每次默认为两条直线或射线组成的角进行倒圆角,因此若为多个多段线倒圆角,每次选择多段线前都要输入 p,此时命令提示行出现"选择二维多段线:"的命令提示。

(3) 半径(R):指定倒圆角的半径,倒圆角前需要设置倒圆角的半径,半径不能太大,否则将倒角失败,也不能太小,否则看不出来,因此倒角之前需先了解角度边长。

(4) 修剪(T):是否修剪选定边。

(5) 多个(M):倒圆角命令默认只执行一次倒圆角命令即退出,因此要对多个角度倒圆角时,选择对象之前需键入 m,此后将以前面设置的倒角半径倒圆角,多段线例外。

选择对象的同时按住 Shift 键,使用 0(零)值替代当前圆角半径,即倒锐角。用于在倒多个圆角的时候有一两个特殊角度,仅仅是要将其延伸相交组成锐角。

说明:

(1) 多段线倒圆角之后仍为一个整体,而直线组成的角,倒圆角后变成直线、直线和圆弧 3 部分。

(2) 在例 7-1 中,若上面两个直角用多段线绘制,将其倒为圆角的步骤如下。

```
命令: _fillet ↙
当前设置: 模式 = 修剪,半径 = 10.0000
选择第一个对象或 [放弃(U)/多段线(P)/半径(R)/修剪(T)/多个(M)]: r ↙
指定圆角半径 <10.0000>: ↙
选择第一个对象或 [放弃(U)/多段线(P)/半径(R)/修剪(T)/多个(M)]: m ↙
选择第一个对象或 [放弃(U)/多段线(P)/半径(R)/修剪(T)/多个(M)]: p ↙
选择二维多段线:
1 条直线 已被圆角
选择第一个对象或 [放弃(U)/多段线(P)/半径(R)/修剪(T)/多个(M)]: p ↙
选择二维多段线:
1 条直线 已被圆角
```

7.2.2   修剪

使用修剪命令可以根据修剪边界修剪超出边界的线条,被修剪的对象可以是直线、圆、弧、多段线、样条曲线和射线等。获得修剪命令有以下 3 种方式。

(1) 命令行: tr 或 trim ↙。

(2) 面板或修改工具栏:单击修剪图标 ━┤━ 。

(3) 下拉菜单:"修改"→"修剪"。

例 7-2   将图 7-3(a)所示的图形修剪成图 7-3(b)所示的图形效果。

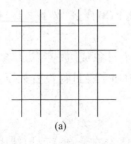
(a)

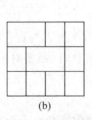
(b)

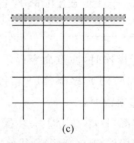
(c)

图 7-3   图形的修剪

命令及说明如下。

```
命令:trim↙
当前设置:投影=UCS,边=无            //系统显示当前修剪设置
//选择剪切边
选择对象或<全部选择>:↙             //直接按 Enter 键,修剪时会自动寻找相邻的边界
选择要修剪的对象,或按住 Shift 键选择要延伸的对象,或
[栏选(F)/窗交(C)/投影(P)/边(E)/删除(R)/放弃(U)]:
```

命令执行到此,直接用光标拖曳出矩形,将要修剪的直线包括在内即可,如图 7-3(c)所示,其余方向同理;内部线的修剪,直接单击即可,最后按 Enter 键。

修剪命令中的选项说明如下。

(1)选择对象:选择修剪的边界。

(2)要修剪的对象:指定待修剪对象,可重复修剪。

(3)栏选:绘制直线,修剪与直线相交的多个对象。

(4)窗交:绘制矩形,修剪与矩形相交的多个对象,此项为默认项,不必输入选项 c 直接操作即可。

(5)投影:选择三维图形编辑中实体剪切的不同投影方法。

(6)边:确定修剪边界是否包含延伸模式。

在修剪的同时,按住 Shift 键,可进入延伸模式,选择要延伸的对象会自动延伸至与之相邻的边界。

说明:

(1)完全处于边界内部的直线无法修剪,可用删除命令将其删除。例如图 7-3(b)最上面一行中间的直线就无法再修剪。

(2)打断和修剪命令都可以实现图形对象某一段的修剪,不同的是修剪命令可以重复执行,且需要边界,因此在具有边界的情况下使用修剪命令要比使用打断命令高效。

7.2.3　快速选择

绘图完成,需要检查,若发现错误,对于图形对象可通过特性选项板来修改,对于文本内容可通过"查找和替换"来修改。在一幅复杂的图形中如何快速查找和选择所有特征相同的图形对象?CAD 中提供了"快速选择"工具,主要应用于绘图区已有大量图形元素,而用户只需要选择其中部分但又不好一个个选择的情况。获得"快速选择"工具的方法有以下 4 种。

(1)命令行:qselect↙。

(2)右击在弹出的快捷菜单中选择"快速选择"命令。

(3)"特性"选项板中的"快速选择"图标。

(4)下拉菜单:"工具"→"快速选择"。

执行快速选择命令后,弹出"快速选择"对话框,如图 7-4 所示,在"应用到"选项,默认为"整个图形",也可以通过单击右侧的拾取图标在绘图区拾取想要查找和选择的范围。此时,对象类型中会列出当前绘图窗口或所选范围中的所有对象类型,通过下拉列表可选择要

查找的对象类型。选择对象类型后下边的特性列表会显示其所有特性,选中某特性,在下方的"运算符"和"值"两个选项中设置要查找的条件。第一次查找可以选择"包括在新选择集中",若上面设置的是排除条件,这里可以设置为"排除在新选择集之外"。想在此基础上再次选择某些对象,设置选择条件,然后在下面的"附加到当前选择集"复选框前打钩。

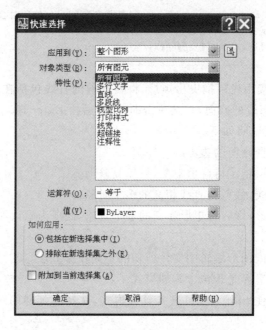

图 7-4   "快速选择"对话框

例 7-3   查找图形中所有颜色为红色的对象,将其修改为"随层"。

(1) 使用"快速选择"创建选择集的步骤如下。

① 选择"工具"→"快速选择"命令。

② 在"快速选择"对话框的"应用到"下,选择"整个图形"命令。

③ 在"对象类型"下,选择"所有图元"。

④ 在"特性"下,选择"颜色"。

⑤ 在"运算符"下,选择"等于"。

⑥ 在"值"下,选择"红"。

⑦ 在"如何应用"下,选择"包括在新选择集中"。

⑧ 单击"确定"按钮。

(2) 利用特性选项板修改颜色为"随层",略。

说明:使用"快速选择"命令,如果要根据颜色、线型或线宽进行选择时,图形中所有因特性设置为"随层"而符合条件的将被排除在外。例如,上例中,因图层的颜色为红色,且对象颜色被设置为"随层"的将不被选中。

7.2.4   查找与替换

AutoCAD 中的查找与 Word 中的查找类似,可以使用通配符等进行字符的查找与替换,其中替换的只是文字内容,字符格式和文字特性不变。获得"查找与替换"工具的方法有以下 3 种。

(1) 命令行:find ✓。

(2) 右击,在弹出的快捷菜单中选择"查找与替换"命令。

(3) 下拉菜单:"编辑"→"查找与替换"。

执行查找命令后,弹出"查找和替换"对话框,如图 7-5 所示,查找范围默认为"整个图形",也可单击拾取图标在绘图区拾取;单击"选项"按钮可以在弹出的"查找和替换选项"对话框中设置查找的对象类型,如图 7-6 所示。单击"查找"按钮,AutoCAD 会逐个查找,并会在搜索结果中显示"对象类型",单击"缩放为"按钮会将当前查找到的文本进行放大显示,单击"替换"按钮会将找到的对象替换为"改为"列表中的内容;单击"全部改为"按钮会将所有符合条件的文本全部替换为"改为"列表中的内容,并会在最下边一栏显示替换的结果。

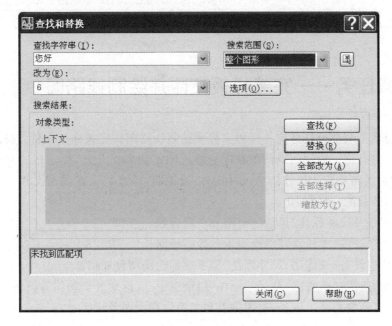

图 7-5 "查找和替换"对话框

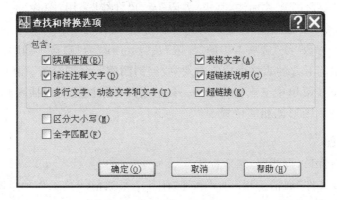

图 7-6 "查找和替换选项"对话框

使用 find 命令时,可以在搜索中使用通配符如表 7-1 所示。

表 7-1   通配符意义

字　　符	定　　义
♯（井号）	匹配任意数字字符
@（At）	匹配任意字母字符
.（句点）	匹配任意非字母数字字符
*（星号）	匹配任意字符串,可以在搜索字符串的任意位置使用
?（问号）	匹配任意单个字符,例如,? BC 匹配 ABC、3BC 等
～（波浪号）	匹配不包含自身的任意字符串,例如,～＊AB＊匹配所有不包含 AB 的字符串
[ ]	匹配括号中包含的任意一个字符,例如,[AB]C 匹配 AC 和 BC
[～]	匹配括号中未包含的任意字符,例如,[AB]C 匹配 XC 而不匹配 AC
[－]	指定单个字符的范围,例如,[A-G]C 匹配 AC、BC 等,直到 GC,但不匹配 HC
`（单引号）	逐字读取其后的字符;例如,`～AB 匹配～AB

7.3　完成任务——完善样板文件并绘制线路图

本任务包括了两个分任务完善样板文件和绘制线路图。完善样板文件:制作标注样式"线路标注"和临时块。绘制线路图的顺序为插入图框块和指北针,确定布局,绘制背景图,调整比例,绘制线路并标注尺寸信息,添加表格及说明,检查并保存图形文件。本线路图中的图层及图形的分配,建议如下。

(1) 在"背景及尺寸标注"层绘制道路及房屋背景。

(2) 在"新建设备(或线路)"层绘制示意性的线路长度。

(3) 在"新建设备(或线路)尺寸标注"层手动标注线路尺寸信息。

(4) 在"原有设备(或线路)及尺寸标注"层绘制手孔、落地光交接箱等设备。

(5) 在 0 层绘制主要工程量表、图例表和光缆沟断面图及说明。

1. 完善样板文件"通信工程.dwt"

(1) 新建"线路标注"尺寸标注,其中"界限"及"尺寸线"采用"隐藏"。

执行 ddim 命令,以"通信工程建筑"为基础,新建"线路标注"标注,在弹出的"标注样式管理器"对话框中,修改"线"选项卡中的"界限"及"尺寸线"为"隐藏",如图 7-7 所示。

(2) 将图中图例下方的表格做成临时块"线路图图例",允许分解。其中,落地式光交接箱中的圆用绘图下拉菜单中三点相切来画。以后线路图绘图中可以插入此临时块,并分解,将其中的图例复制到图形的相应位置。

2. 绘制线路图

分析:先绘制背景,再线路,然后标注。

(1) 利用样板文件"通信工程.dwt"新建"任务 7 某通信线路工程示意图.dwg",保存在"D:\通信工程图纸"文件夹中。

(2) 在 0 层插入"A4 横向块"和"指北针"注释性临时块。注意不要插在 defpoints 层,

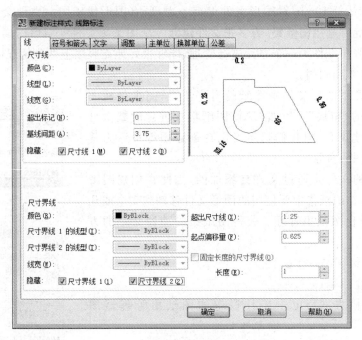

图 7-7　"线路标注"中"线"选项卡设置

此层图形不可打印。

（3）确定布局，绘图。

① 确定布局如图 7-1 所示。

② 在"背景及尺寸标注"层利用多段线及倒圆角命令绘制道路背景，绘制完成后，使用缩放命令 sc 调整其大小与图幅相符。白蕉科技园基站外的用斜线表示的围墙，可以使用阵列命令实现，现在拐角位置绘制一个 45°的斜线，然后分别向下方和左侧阵列实现填充。

③ 在"新建设备（或线路）"层绘制光缆线路。

④ 插入"线路图图例"临时块，并分解，复制其中图例到图中相应位置。

⑤ 添加说明、工程量表、材料表及图例。其中子管占用情况说明，图中的子管占用情况用环形阵列实现。

⑥ 添加工程量表、图例表、说明。

（4）检查，保存，打印输出。

7.4　技能提升

7.4.1　图纸集

通常某一工程的设计图纸包括多张，如传输设计中一般包括系统框图、设备图、机房平面图、走线架图等，以往的设计是将这些图纸分别绘制在不同的.dwg 文件中，或全部绘制于 1 个.dwg 文件中。前者不利于文件间的切换及整体观察；后者需要频繁的移动、缩放等操作,且系统默认每10min对图形文件保存一次,所有图形位于同一文件会降低图形文件的修改效率。此时利用图纸集,为多张文件建立一个图纸集文件 * . DST,通过图纸集管理器来管理将多张图纸作为一个单元进行管理,能够很好地克服以上两种情况的弊端,还有利于电子传递、发布和归档。

图纸集是几个图形文件中图纸的有序集合,图纸是从图形文件中选定的“布局”。虽然 CAD 图纸集在创建时默认且只能为布局创建集合,但我们仍然可以在创建图纸集后为其添加模型空间图形对象。

图纸集中的文件是通过文件夹添加的,因此在创建图纸集之前,需要将在图纸集中要使用的图形文件移动到1个或几个文件夹中,简化图纸集管理。获得图纸集管理器命令的方式如下。

(1) 命令行: sheetset↙。

(2) 快捷键: Ctrl+4。

(3) 工具栏方式: 单击工具栏中的图纸集管理器图标■。

(4) 菜单方式:“工具”→“选项板”→“图纸集管理器”。

执行“图纸集管理器”命令后,会在绘图区的左侧弹出“图纸集管理器”界面,如图 7-8 所示,单击面板上方的列表框右侧的向下箭头,可以打开已有图纸集或新建图纸集。

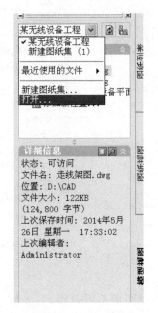

图 7-8 “图纸集管理器”界面

为模型空间现有图形文件创建图纸集的步骤如下。

(1) 执行“图纸集管理器”命令,单击面板上方的列表框右侧的向下箭头,在弹出的列表中选择“新建图纸集”命令,此后根据创建图纸集向导创建图纸集。

(2) 开始:选择“现有图形”,如图 7-9 所示,单击“下一步”按钮。

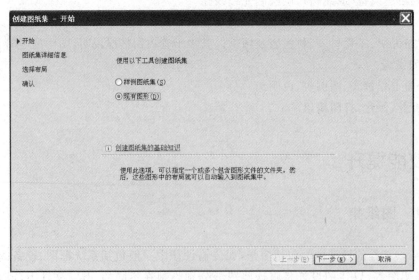

图 7-9 “创建图纸集-开始”对话框

（3）图纸集详细信息：输入新图纸集的名称，为图纸集数据文件"某无线设备工程.dst"选择存储位置，如图7-10所示。

注意：建议将DST文件和图纸图形文件存储在同一个文件夹中。这样，如果需要移动整个图纸集，或者修改了服务器或文件夹的名称，DST文件仍然可以使用相对路径信息找到图纸。

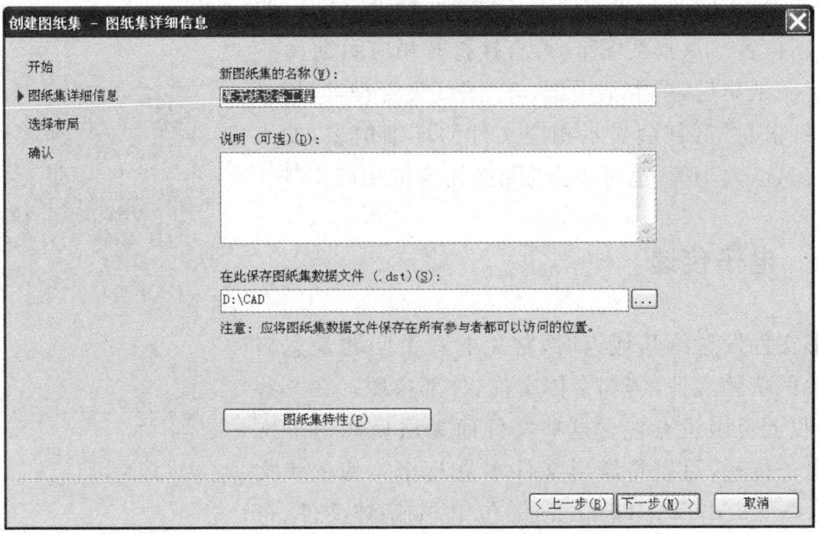

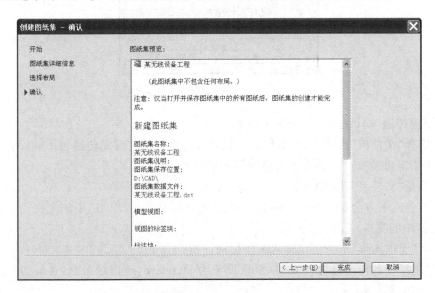

图7-10 "创建图纸集-图纸集详细信息"对话框

（4）选择布局：不选择，直接单击"下一步"按钮。因为此处添加的是"布局"而非"模型"。

（5）确认：在图纸集预览中会显示此图纸集的相关说明，如图7-11所示，如不符合要求，可以通过单击"上一步"按钮重新设置，直到满意为止，单击"完成"按钮。

图7-11 "创建图纸集-确认"对话框

（6）为图纸集添加图纸。至此，建立的是一个空的图纸集。单击图纸集管理器界面中的"模型视图"选型卡，双击右上方或"位置"列表中的"添加新位置"图标 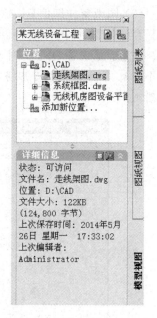，在弹出的"浏览文件夹"窗口中，选择要为其建立图纸集的文件夹，如 D：\CAD。添加完成后，在图纸集的下方会列出已添加的图纸，如图 7-12 所示。在位置上右击，可删除、展开（收拢）或添加新位置。双击某图纸，可直接打开相应图纸。

建立了图纸集后，单击某图纸，在"图纸集管理器界面"下方的"详细信息"区域会显示相应文件的详细信息，如文件的名称、位置、大小等，也可单击 按钮预览相应文件。

图 7-12　"某无线设备工程"图纸集

7.4.2　电子传递

将图形文件发送给其他人时，常见的一个问题是忽略了包含相关的依赖文件，例如字体文件、外部参照。在某些情况下，接收者会因没有包含这些文件而无法使用图形文件。使用电子传递，可以将图形文件本身及相关的依赖文件打包到"＊-STANDARD.zip"压缩包中，如字体文件、打印样式表文件和绘图仪配置文件，从而降低了出错的可能性。获得电子传递的命令的方式：etransmit 或通过菜单命令"文件"→"电子传递"。

执行电子传递命令后，无论是否进行了修改都会弹出"电子传递-保存修改"对话框，如图 7-13 所示。单击"确定"按钮，将弹出"创建传递"对话框，如图 7-14 所示。

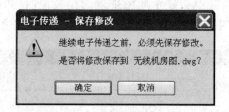

图 7-13　"电子传递-保存修改"对话框

在"创建传递"对话框中，各选项说明如下。

（1）选择"文件树"选项卡，默认情况下依赖文件会自动包含在传递包中，并列于当前图形之下，单击前方的"＋"号会看到具体的依赖文件。

（2）选择"文件表"选项卡，会列出所有文件的详细信息。

（3）列表框下方会显示电子传递包含的文件个数及大小，单击"添加文件"按钮可以添加要打包其中的文件。

（4）在"当前图形"下方可以输入电子传递注解。

（5）"选择一种传递设置"：CAD 默认设置为 standard，可以单击"传递设置"按钮新建或修改电子传递设置。

（6）单击"查看报告"按钮会弹出"查看传递报告"对话框，如图 7-15 所示。此报告文件

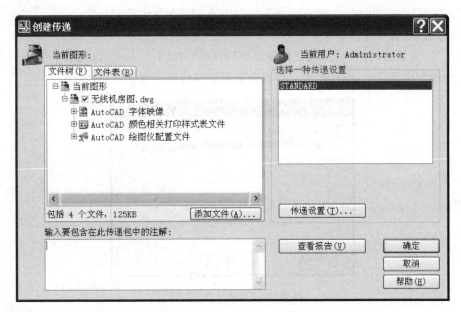

图 7-14　"创建传递"对话框

由 CAD 自动生成,最终以"图形名.txt"文本文件形式放到压缩包中,其中包含传递包中的文件列表及说明,其中指出必须对图形依赖文件(如打印样式表文件和绘图仪配置文件)进行哪些处理,以使它们可用于包含的图形文件。用户也可以在最终生成的压缩包中找到"图形名.txt"文件将自己的注释添加到报告文件中。

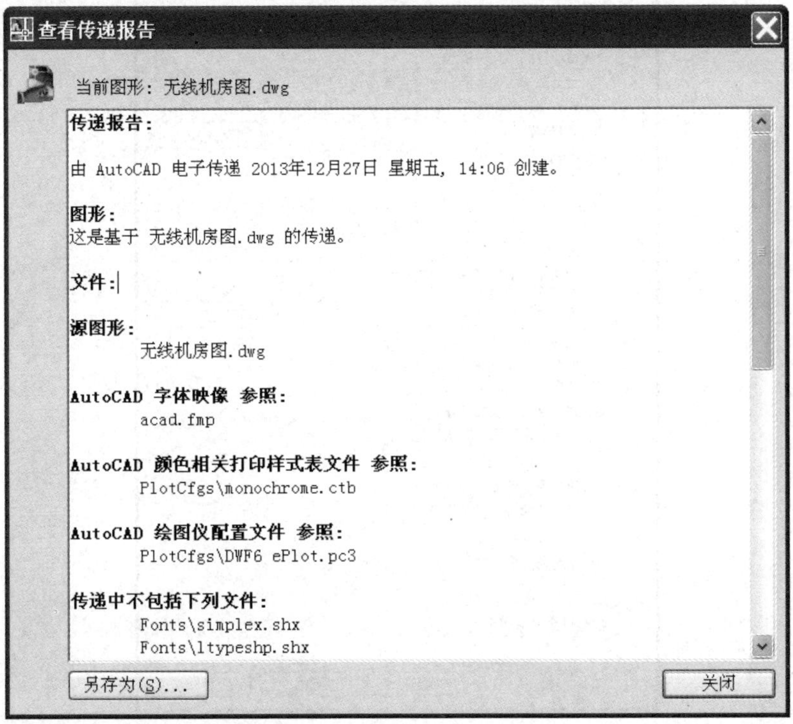

图 7-15　"查看传递报告"对话框

（7）单击"确定"按钮，在弹出的对话框中选择 ZIP 文件保存的位置。

"传递设置"选项说明如下。

单击"传递设置"按钮，将弹出"传递设置"对话框，如图 7-16 所示，列表中存在一个系统自带的标准设置 STANDARD，用户可以新建或修改传递设置。

图 7-16　"传递设置"对话框

单击"修改"按钮，弹出"修改传递设置"对话框，如图 7-17 所示，在此对话框中，可以对电子传递进行某些选项设置。

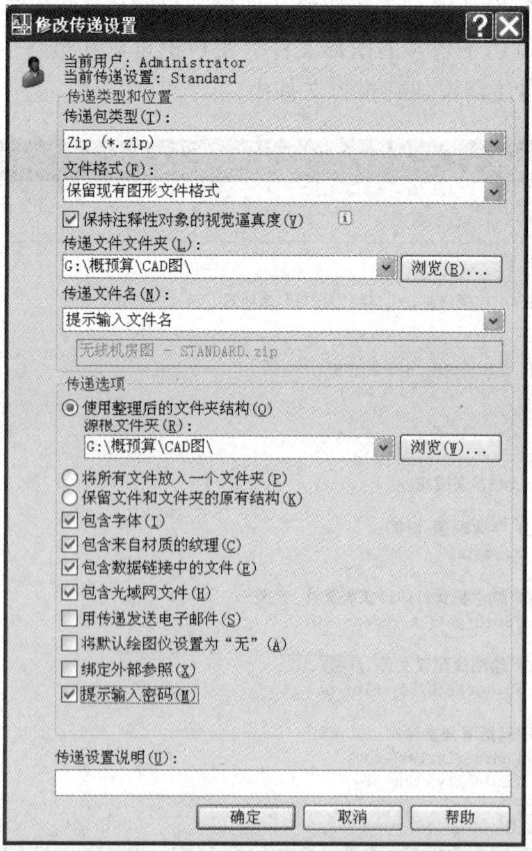

图 7-17　"修改传递设置"对话框

传递包类型：可以将传递包打包为 ZIP 文件、自解压 EXE 文件或打包至文件夹中。

文件格式：可以将文件设置成.dwg2000、.dwg2004、.dwg2007 等格式，以适合对方查看。

传递文件的文件夹：选择打包文件存储的位置。

传递选项，可以向传递包添加密码保护，自动绑定外部参照，如果要以电子邮件形式发送传递包，可以勾选"用传递发送电子邮件"复选框以自动启动默认的系统电子邮件应用程序。以后应用此传递设置的电子传递包会自动附着到新的电子邮件中。

7.4.3　外部参照

我们知道，一个.dwg 图形文件可以当作块插入另一个图形文件中，如果把图形作为块插入时，块定义和所有相关联的几何图形都将存储在当前图形数据库中，修改块文件，已插入当前文件中的块不会随之更新。与这种方式相比，"外部参照"提供了另一种更为灵活的图形引用方法。使用外部参照可以将多个图形链接到当前图形中，且作为外部参照的图形在每次打开或打印时会随着原图形的修改而自动更新。非常有利于分工合作中的图纸间的实时更新。此外，外部参照不会明显地增加当前图形的文件大小，从而可以节省磁盘空间，也利于保持系统的性能。在扩容工程的制图中，采用外部参照的形式将原图插入进来，在原图基础上增加新建设备。采用外部参照形式时，外部参照作为一个整体不可被分解和改动，有利于保证原图不被修改，但原图中的各特征点仍然可以被捕捉，有利于绘图。

当一个图形文件被作为外部参照插入当前图形中时，外部参照中每个图形的数据仍然分别保存在各自的源图形文件中，当前图形中所保存的只是外部参照的名称和路径。无论一个外部参照文件多么复杂，AutoCAD 都会把它作为一个单一对象来处理，而不允许进行分解。用户可对外部参照图形进行比例缩放、移动、复制、镜像或旋转等操作，还可以控制外部参照的显示状态，但这些操作都不会影响到原图文件。

AutoCAD 允许在绘制当前图形的同时，显示多达 32000 个图形参照，并且可以对外部参照进行嵌套，嵌套的层次可以为任意多层。当打开或打印附着有外部参照的图形文件时，AutoCAD 自动对每一个外部参照图形文件进行重载，从而确保每个外部参照图形文件反映的都是它们的最新状态。

外部参照定义中除了包含图像对象以外，还包括图形所使用的文字样式、标注样式、线型、图层等命名对象。为了区别外部参照与当前图形中的命令对象，AutoCAD 将外部参照的名称作为其命名对象的前缀，并用符号"|"来分隔。例如，外部参照"背景.dwg"中名为"道路"的图层在引用它的图形中名为"背景|道路"。

在当前图形中不能直接引用外部参照中的命名对象，但可以控制外部参照图层的可见性、颜色和线型。

获得外部参照命令的方式如下。

（1）命令行：xattach ↙。

（2）菜单：选择"插入"→"DWG 参照"命令。

（3）工具栏：选择"插入点"工具栏（没有，可通过工具栏上右击调出）中的附着外部参照图标 🖺。

（4）外部参照管理器选项板：单击右上角附着外部参照图标 🖺。

调用该命令后,系统会弹出"外部参照"对话框,如图 7-18 所示,提示用户指定外部参照文件、插入点、比例及旋转等选项。

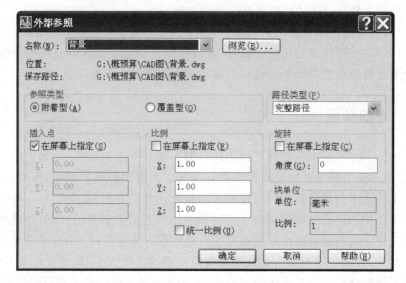

图 7-18 "外部参照"对话框

"外部参照"对话框其他各选项说明如下。

(1)"保留路径":设置是否保存外部参照的完整路径。如果选择了这个选项,外部参照的路径将保存到图形数据库中,否则将只保存外部参照的名称而不保存其路径。

(2)"参照类型":指定外部参照是"附加型"还是"覆盖型",其含义如下。

①"附着型":在图形中附着附加型的外部参照时,如果其中嵌套有其他外部参照,则将嵌套的外部参照包含在内。

②"覆盖型":在图形中附着覆盖型外部参照时,则任何嵌套在其中的覆盖型外部参照都将被忽略,而且其本身也不能显示。

在插入外部参照后,通过"外部参照管理器"可以管理外部引用,可以通过"工具"→"选项板"→"外部参照"命令或 externalreferences 命令获得外部参照管理器选项板,如图 7-19(a)所示。

在当前文件下方列有所有的外部引用文件。在一个外部引用上右击,会弹出图 7-19(b)所示的快捷菜单。

打开:将打开外部参照。

卸载/重载:从当前图形中卸载/重载外部参照图形。其中卸载外部参照后,其外部参照文件仍然显示在文件参照列表中。

拆离:完全卸载外部参照,外部参照文件不仅从当前文件中卸载掉,也将从文件参照列表中消失。

附着:弹出"外部参照"对话框,可对所插入的外部参照的比例等进行修改。

绑定:选择该项后,弹出一个对话框让选择"绑定"、"插入",默认选项为"绑定",当选择"插入"时,则外部参照对象将变为块插入当前图形,即修改原块文件,此图形中的块将不会随之改变。

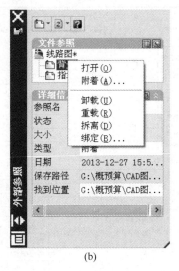

(a)   (b)

图 7-19 "外部参照管理器"选项板

注意：当移机使用带有外部参照的图形文件时，其外部参照文件也应一同移动，且应保持其绝对或相对路径的一致。

7.5 任务单 1

任 务 名 称	绘制某校园光缆线路施工图
要求	（1）利用样板文件"通信工程.dwt"制作图 7-20 所示的某校园光缆线路施工图，保存在"通信工程图纸练习"文件夹中，并命名为"某校园光缆线路施工图.dwg"。 （2）利用图层分层绘制。 （3）使用"A4 横向"页面设置，打印此图形，保存名称为"某校园光缆线路施工图.pdf"。
步骤	
图中所使用图层情况	
图中所使用的绘图及修改命令	
收获与总结	

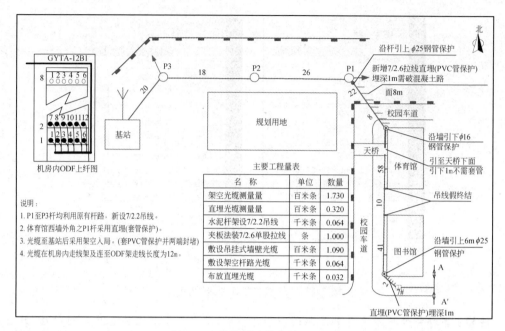

图 7-20   某校园光缆线路施工图

7.6   任务单 2

任务名称	绘制光交光缆新建工程竣工图
要求	（1）利用样板文件"通信工程.dwt"制作图 7-21 所示的光交光缆新建工程竣工图,保存在"通信工程图纸练习"文件夹中,并命名为"白蕉工业区基站至虹桥二路光交光缆新建工程竣工图.dwg"。 （2）利用图层分层绘制。 （3）打印此图形,保存名称为"白蕉工业区基站至虹桥二路光交光缆新建工程竣工图.pdf"。
步骤	
图中所使用图层情况	
图中所使用的绘图及修改命令	
收获与总结	

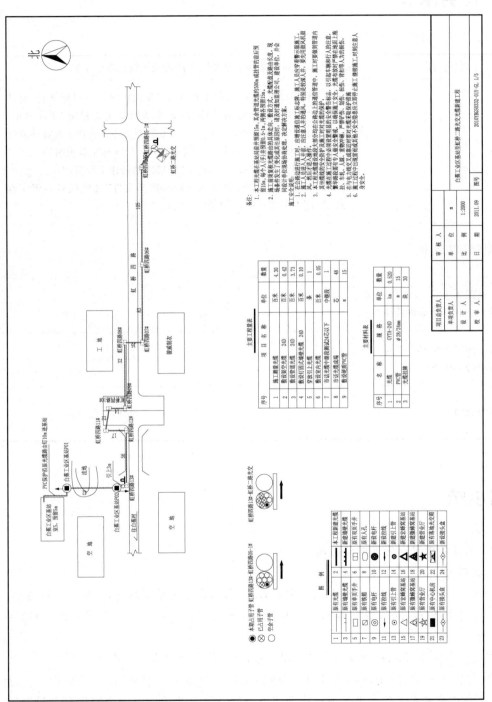

图 7-21 白蕉工业区基站至虹桥二路光交光缆新建工程竣工图

7.7　任务单 3

任务名称	绘制某基站至光缆交接箱光缆线路新建工程图
要求	（1）利用样板文件"通信工程. dwt"分别新建 5 个图形文件,将其保存在"D:\通信工程图纸练习\光缆线路新建工程图"文件夹中。分别在模型空间抄画附录 C"三、某基站至光缆交接箱光缆线路新建工程图"中的 5 幅工程图,包括图框、图形、尺寸标注及说明等。 （2）为以上 5 幅图建立图纸集"光缆线路新建工程图. dst"。 （3）将以上 5 幅图,复制到一新的图形文件"光缆线路新建工程图. dwg"图形文件中,要求图框大小一致。
建立图纸集的步骤	
将 5 幅图置于同一图形文件中有几种方法? 其利与弊是什么?	
你所采用将 5 幅图置于同一图形文件中的具体方法?	
收获与总结	

任务小结

（1）本任务中包含的基本绘图及修改命令如下。

① 倒圆角（f 或 fillet,图标 ⌐ ）。

② 修剪（tr 或 trim,图标 -/- ）,相比打断命令,修剪命令可重复执行,但需要修剪边界。

③ 快速选择（qselect,图标 ▼ ）,在一幅复杂的图形中快速查找和选择所有特征相同的图形对象。

④ 查找与替换（find）,查找并替换文字内容,字符格式和文字特性不变。

（2）图纸集。通过 sheetset 命令或快捷键 Ctrl＋4 等方式可打开"图纸集管理器"对话框。建立图纸集有利于包含多张图纸的设计文件的阅览与管理。可以通过建立空图纸集,后续以在"模型视图"中添加"新位置"的方式建立模型空间文件的图纸集。

（3）电子传递。通过命令 etransmit 或菜单"文件"→"电子传递"命令可获得"创建传递"对话框。使用电子传递,可以将图形文件本身及相关的依赖文件一同打包,这样避免了移机异地查看文件出错的可能性。

（4）外部参照。通过命令 xattach 或"插入"菜单等方式可插入外部参照文件。外部参照不会明显增加当前图形的文件大小，可以节省磁盘空间，且包含有外部参照的图形在每次打开或打印时会自动加载外部参照，从而使参照图形保持与原图形的一致性。

自测习题

1. 修剪和打断命令的区别是什么？
2. 使用快速选择命令删除图 5-33 中的机房走线架。

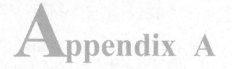
常用图例

表 A-1　通信光缆常用图例

序　号	名　　称	图　　例	说　　明
1	光缆及其参数标注	⊘ a/b/c	a——光缆型号 b——光缆线芯数 c——光缆长度
2	光线永久接头	●	
3	光线可拆卸固定接头	◈	
4	光纤连接器(插头-插座)	⊘■⊘	

表 A-2　通信线路常用图例

序　号	名　　称	图　　例	说　　明
1	墙壁吊挂式		
2	墙壁卡子		
3	通信线路一般符号		
4	直埋线路一般符号		适用于路由图
5	架空杆路一般符号	○——○	适用于路由图
6	管道线路一般符号		适用于路由图
7	充气或注油堵头		
8	具有旁路的充气或注油堵头		
9	水底或海底线路		适用于路由图

表 A-3 通信线路设施与分线设备常用图例

序　号	图　例	名称及说明
1	------------------------	埋式光缆、电缆铺砖、铺水泥盖板保护
2	———▭———	埋式光缆、电缆穿管保护
3	ꜚ ꜚ	埋式光缆、电缆上方敷设排流线
4		埋式电缆旁边敷设防雷消弧线
5		光缆、电缆预留
6		光缆、电缆蛇形敷设
7		电缆充气点
8		直埋线路标石一般符号
9		光缆、电缆盘留
10		水线房
11	或	单杆及双杆水线标牌
12		通信线路巡房
13	△	电缆交接箱
14	⊠	架空电缆交接箱
15		落地式电缆交接箱
16		落地式光缆交接箱

表 A-4　通信杆路常用图例

序　号	图　　例	名称及说明
1	○	电杆的一般符号
2	○○	单接杆
3	○○	品接杆
4	H ○或○○	H 型接杆
5	○L	L 型接杆
6	○A	A 型接杆
7	○△	三角杆
8	○#	四角杆(井型杆)
9	○⊢	带撑杆电杆
10	○→○→	高桩拉线
11	○↔⊢	带撑杆拉线电杆
12	○⊙	引上杆
13	·○·	电杆保护用围桩
14	○⏚	通信电杆上装设避雷线
15	○A⏚	通信电杆上装设放电器

表 A-5 通信管道常用图例

序　号	图　　例	名称及说明
1	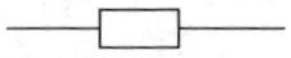	直通型人孔
2	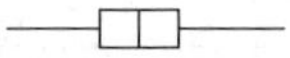	手孔（双页）
3	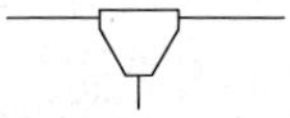	局前人孔
4	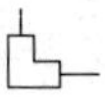	直角人孔
5	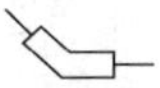	斜通型人孔
6	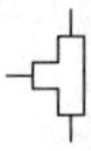	分歧人孔
7	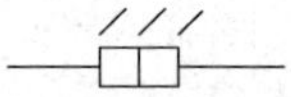	埋式双页手孔

表 A-6 传输设备常用图例

序　号	图　　例	名称及说明
1		告警灯
2		告警铃
3		设备内部时钟
4	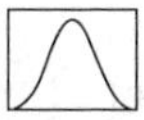	大楼综合定时系统
5		网管设备
6	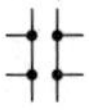	ODF/DDF 架
7	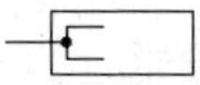	WDM 终端型波分复用设备,16/32/40/80 波等
8		WDM 光线路放大器
9	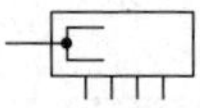	WDM 分插复用器,16/32/40/80 波等
10		SDH 中继器

表 A-7　移动通信常用图例

序　号	图　例	名称及说明
1		基站 可加注如 BTS、GSM、CDMA 基站或 NodeB、WCDMA、TD-SCDMA 基站
2	●俯视 ▮正视	全向天线 Tx：发射天线 Rx：接收天线 Tx/Rx：收发共用天线
3	▯俯视 ▯正视 ▯背视 ▨侧视1 ▨侧视2	板状定向天线 Tx：发射天线 Rx：接收天线 Tx/Rx：收发共用天线
4		八木天线
5	Tx/Rx	吸顶天线
6		抛物面天线
7		馈线
8		泄漏电缆
9		二功分器
10		三功分器
11		耦合器
12		干线放大器

表 A-8 通信电源常用图例

序 号	图 例	名称及说明
1	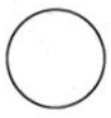	规划的变电所/配电所
2		运行的变电所/配电所
3	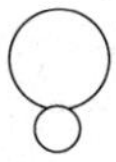	规划的杆上变压器
4	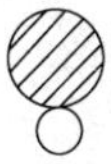	运行的杆上变压器
5	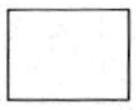	规划的发电站
6	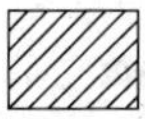	运行的发电站
7	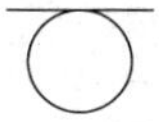	负荷开关

表 A-9 地图常用符号

序 号	图 形 符 号	名称及说明
1		窑洞
2		石油井
3		油库
4		矿井
5		高压线、电力线
6	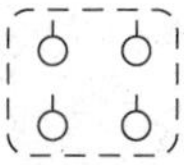	果园

序　号	图 形 符 号	名称及说明
7		独立树木
8		树林
9		草地
10		灌木丛
11		旱田
12		稻田
13		铁路
14		火车站
15		公路
16		人行桥
17		车行桥
18		乡村路
19		人行小路
20		围墙
21		房屋
22		高地
23		洼地
24		池塘、湖泊

续表

序　号	图形符号	名称及说明
25		河流
26		山脉等高线
27		堤坝(挡水坝)
28		坟
29		水井
30		芦苇区
31		竹林
32		塔
33		水闸
34	H*	护坡或护坎 注：* 号用护坡尺寸或坎高(m)代替
35	接×××图	接图号标志
36	A　　　A′	图内接断开线标志
37		国界
38		省界
39		地区界

常用快捷键

1. F* 键

F1(帮助)

F2(弹出文本窗口)

F3(开/关对象捕捉)

F6(开/关动态 UCS)

F7(开/关栅格)

F8(开/关正交)

F9(开/关捕捉)

F10(开/关极轴)

F11(开/关对象捕捉追踪)

F12(开/关动态输入)

2. 绘图命令

PO,POINT(点)

L,LINE(直线)

XL,XLINE(射线)

PL,PLINE(多段线)

ML,MLINE(多线)

SPL,SPLINE(样条曲线)

POL,POLYGON(正多边形)

REC,RECTANGLE(矩形)

C,CIRCLE(圆)

A,ARC(圆弧)

DO,DONUT(圆环)

EL,ELLIPSE(椭圆)

REG,REGION(面域)

MT,MTEXT(多行文本)

T,MTEXT(多行文本)

B,BLOCK(块定义)

I,INSERT(插入块)

W,WBLOCK(定义块文件)

DIV,DIVIDE(等分)

H,BHATCH(填充)

3. 修改命令

CO,COPY(复制)

MI,MIRROR(镜像)

AR,ARRAY(阵列)

O,OFFSET(偏移)

RO,ROTATE(旋转)

M,MOVE(移动)

E,Del 键 ERASE(删除)

X,EXPLODE(分解)

TR,TRIM(修剪)

EX,EXTEND(延伸)

S,STRETCH(拉伸)

LEN,LENGTHEN(直线拉长)

SC,SCALE(比例缩放)

BR,BREAK(打断)

CHA,CHAMFER(倒角)

F,FILLET(倒圆角)

PE,PEDIT(多段线编辑)

ED,DDEDIT(修改文本)

4. 尺寸标注

DLI,DIMLINEAR(直线标注)

DAL,DIMALIGNED(对齐标注)

DOR,DIMORDINATE(点标注)

LE,QLEADER(快速引出标注)

DRA,DIMRADIUS(半径标注)　　DBA,DIMBASELINE(基线标注)

DDI,DIMDIAMETER(直径标注)　DCO,DIMCONTINUE(连续标注)

DAN,DIMANGULAR(角度标注)　D,DIMSTYLE(标注样式)

DCE,DIMCENTER(中心标注)　　DED,DIMEDIT(编辑标注)

5. 对象特性

ST,STYLE(文字样式)　　　　　UN,UNITS(图形单位)

COL,COLOR(设置颜色)　　　　ATT,ATTDEF(属性定义)

LA,LAYER(图层操作)　　　　　ATE,ATTEDIT(编辑属性)

LT,LINETYPE(线型)　　　　　BO,BOUNDARY(边界创建,包括创建闭合

LTS,LTSCALE(线型比例)　　　　　多段线和面域)

LW,LWEIGHT(线宽)　　　　　　AL,ALIGN(对齐)

EXIT,QUIT(退出)　　　　　　　PRE,PREVIEW(打印预览)

RE,REGEN(重生成模型)　　　　TO,TOOLBAR(工具栏)

REN,RENAME(重命名)　　　　　V,VIEW(命名视图)

SN,SNAP(捕捉栅格)　　　　　　AA,AREA(面积)

DS,DSETTINGS(设置极轴追踪)　DI,DIST(距离)

OS,OSNAP(设置捕捉模式)　　　LI,LIST(显示图形数据信息)

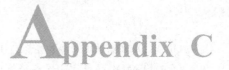
工程案例图

一、某破环加点传射设备安装工程图

1. 系统配置图

宝源-金辉广场PTN双节点环七节点系统配置图

说明：
1. 中继段光缆衰耗按照0.4dB/km计算。
2. 连接器衰耗按照0.5dB/个计算。
3. 中继段总衰耗=中继段光缆衰耗+连接器衰耗。

站名	金辉广场节点	造贝	造贝西	造贝变压站	梅花村基站	富康宪建站	卓雅北苑后山	宝源节点
站型	ADM	ADM	ADM	ADM	ADM	ADM	ADM	ADM
设备名称	PTN3900	PTN950	PTN950	PTN950	PTN950	PTN950	PTN950	PTN3900
使用波长(nm)				1310				1310
传输速率				1G				PTN
光缆芯数(芯)	24芯	24芯 24芯	24芯 24芯	24芯 24芯	24芯 24芯 24芯 24芯	24芯	72芯	48芯 72芯
站间距离(km)	金鸡路光交	金鸡路光交	造贝村委 金鸡光交	金鸡路光交 螺髻路 光交近山路光交	螺髻路光交梅花新村光交 梅花新村光交		富康宪集站	
	约0.74km	约3km	约2km	约8km		约8km	约3.5km	约4km
传输衰耗计算(dB)	1.3dB	1.3dB	2.2dB	2.2dB	6.2dB		1.3dB 2dB	3.2dB

宝源-金辉广场PTN双节点环七点物理路由图

项目总负责人 审核人
承建负责人 单位
设计人 比例 1:2000
校审人 日期 2010.08 图号

2. 原有环网纤芯图

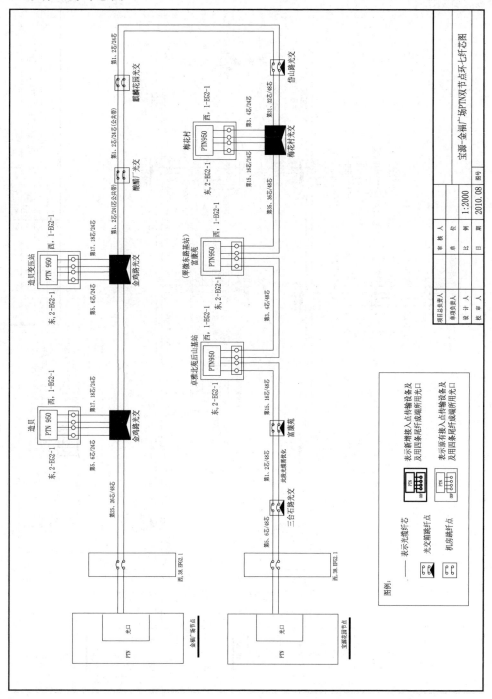

256

3. 改造后环网纤芯图

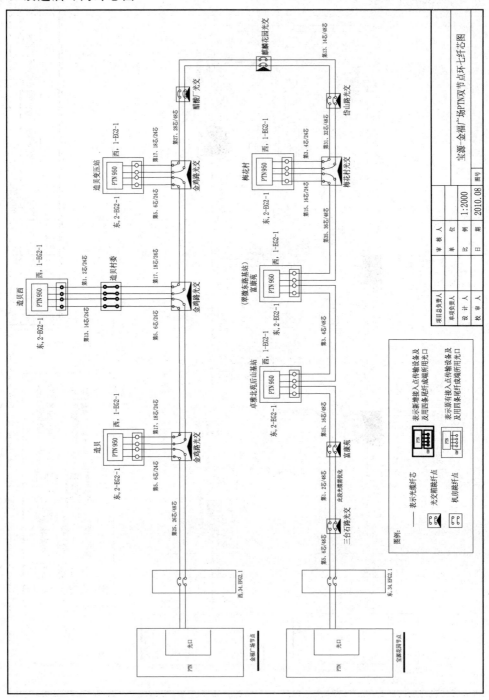

4. 系统连接图

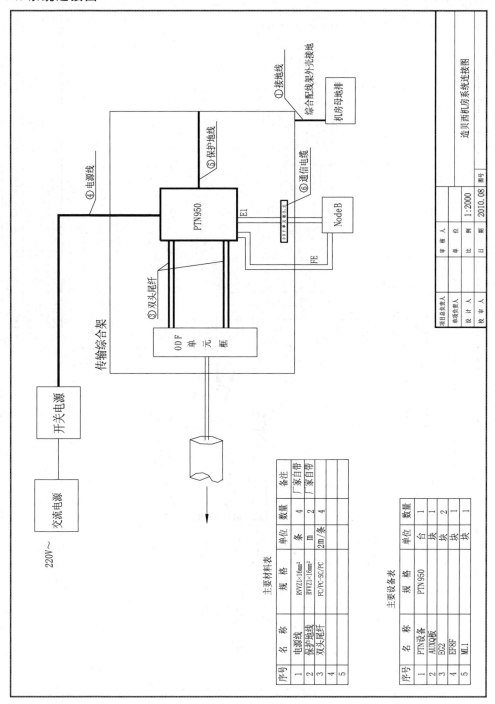

5. 机房平面图

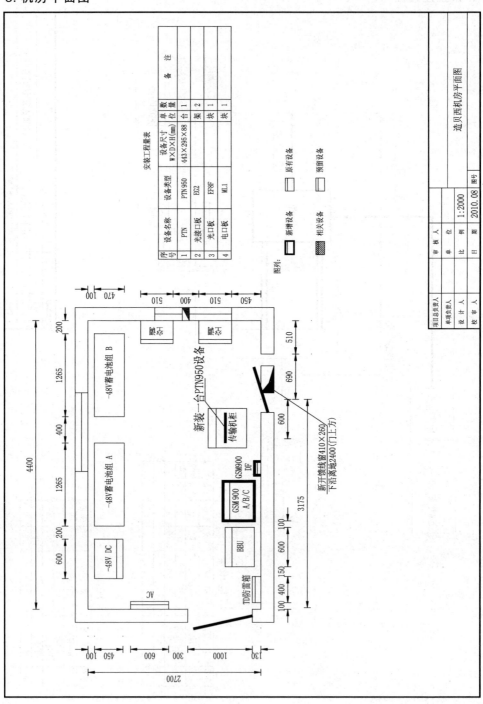

造贝西机房平面图

6. 路由及线缆敷设表

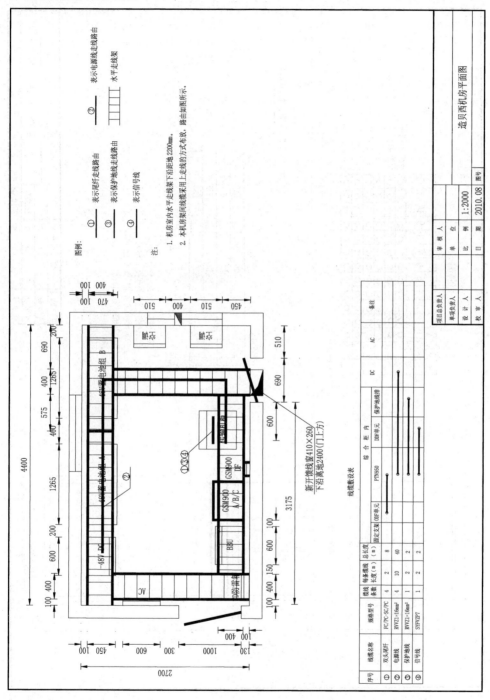

造贝西机房平面图

7. 机柜平面图

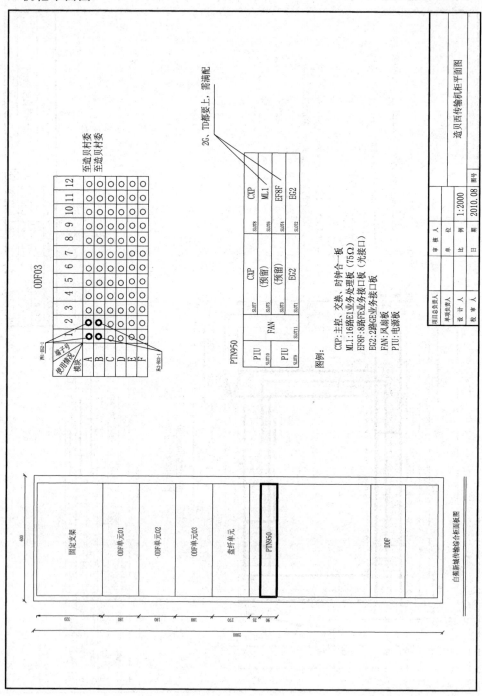

图例：
CXP：主控、交换、时钟合一板
ML1：16路E1业务处理板（75Ω）
EF8F：8路FE业务接口板（光接口）
EG2：2路GE业务接口板
FAN：风扇板
PIU：电源板

2G、TD都要上，需满配

造贝西传输机柜平面图

1:2000 2010.08

白蕉新城传输综合柜面板图

8. 电源端子占用表

电源端子占用表

序号	端子类型	容量	占用情况
1	空气开关	20A	空
2	空气开关	20A	空
3	空气开关	20A	空
4	空气开关	20A	空
5	空气开关	10A	空
6	空气开关	10A	空
7	空气开关	10A	空

序号	端子类型	容量	占用情况
8	空气开关	10A	空
9	空气开关	20A	空
10	空气开关	20A	空
11	空气开关	10A	空
12	空气开关	10A	空
13	空气开关	10A	PTN950主用
14	空气开关	10A	PTN950备用

图例:
□ 为本期使用电源端子
□ 为未使用的电源端子
☒ 为已使用的电源端子

项目总负责人		审核人	
单项负责人		单位	
设计人		比例	1:2000
校审人		日期	2010.08	图号

造贝西传输机柜平面图

-48V电源机框展开图

20A 20A 10A 10A
20A 20A 10A 10A
1 2 3 4 5 6 7 8
PTN950主用 PTN950备用
9 10 11 12 13 14
(二次下电)

电池组

显示屏

整流模块

二、某 TD 基站设备安装工程图

1. 基站设备平面图

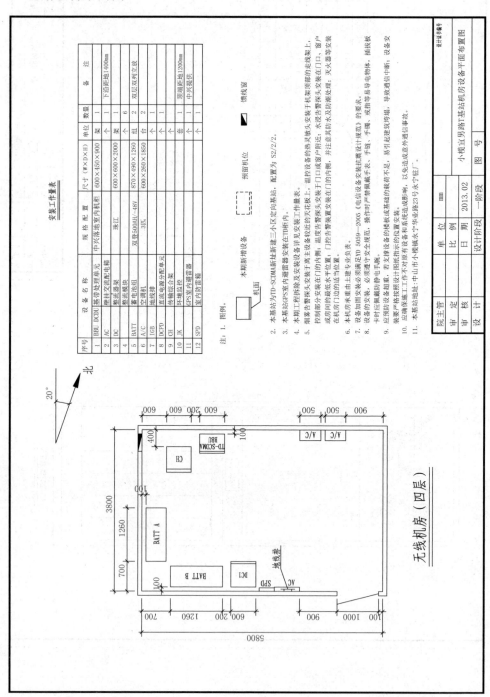

设计者编号

小榄宜男路T基站机房设备平面布置图

图号

2. 基站机房走线架图

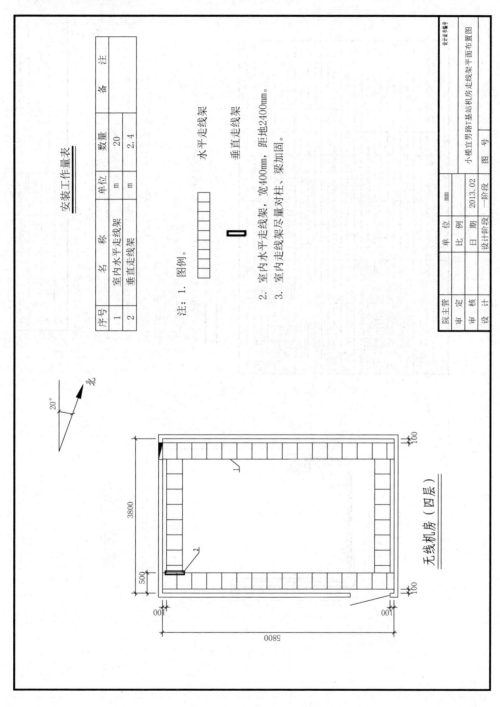

安装工作量表

序号	名　称	单位	数量	备　注
1	室内水平走线架	m	20	
2	垂直走线架	m	2.4	

注: 1. 图例。

　　　□□□□□□□□□　水平走线架

　　　▯　垂直走线架

2. 室内水平走线架,宽400mm,距地2400mm。

3. 室内走线架尽量对柱、梁加固。

无线机房(四层)

院主管		单　位	mm	小榄宜男路T基站机房走线架平面布置图
审　定		比　例		
审　核		日　期	2013.02	图　号
设　计		设计阶段	一阶段	

设计参考编号

3. 基站电源走线路由图及导线计划表

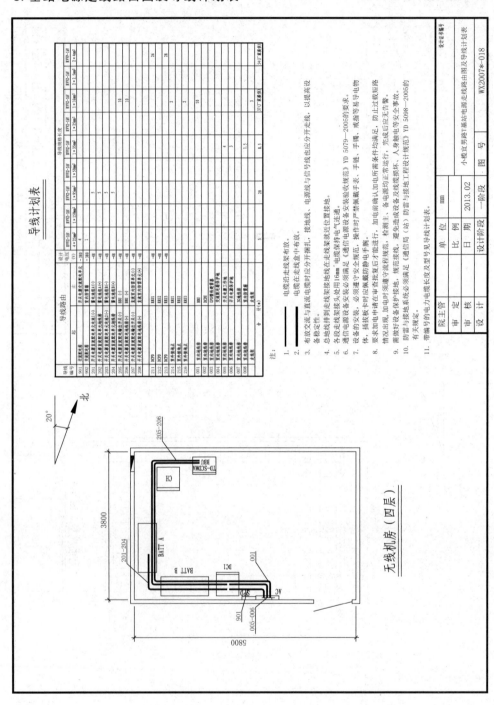

4. 基站天线位置及馈线走向图

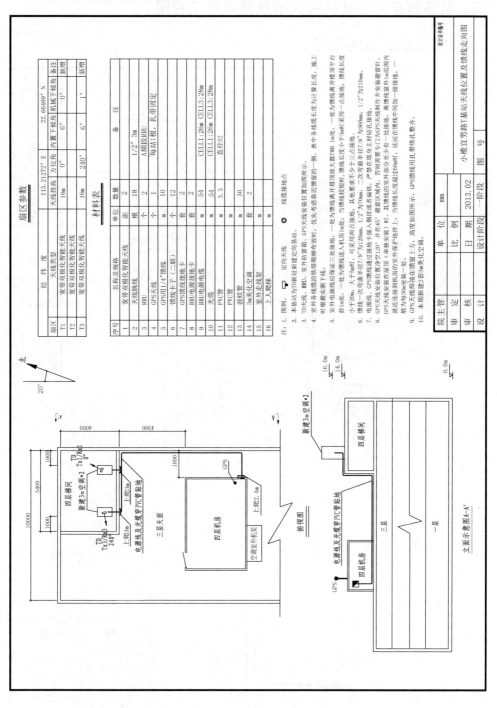

三、某基站至光缆交接箱光缆线路新建工程图

1. 光缆线路新建工程竣工图

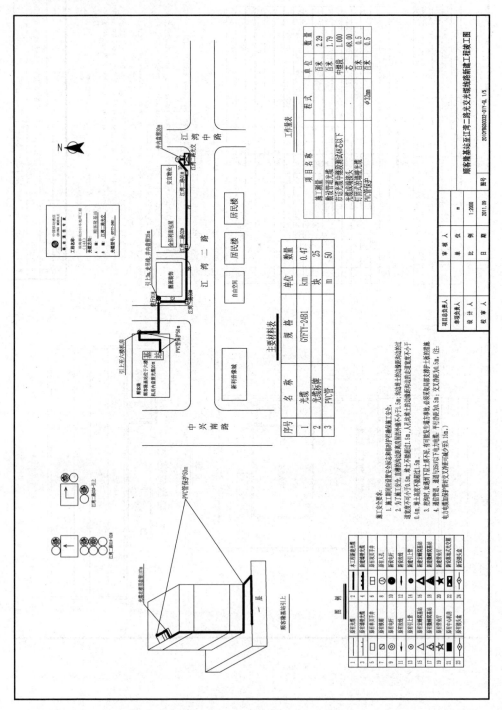

2. 程纤芯分配图

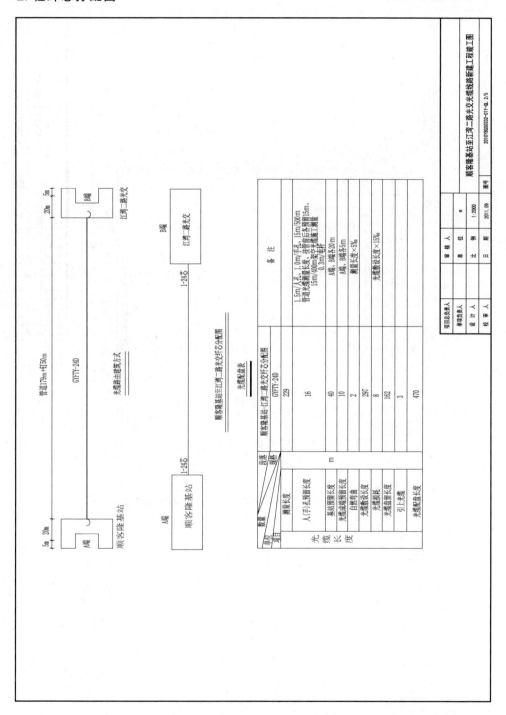

顺客隆基站至江湾二路光交光缆线路新建工程竣工接工图

3.基站机房平面图

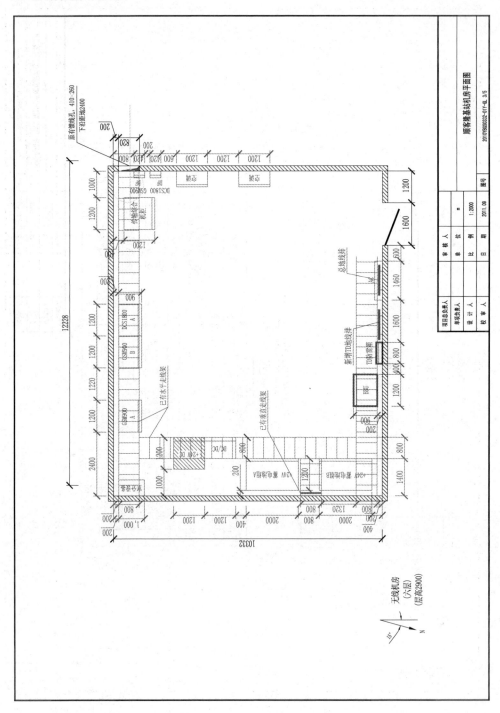

4. 基站光缆成端图

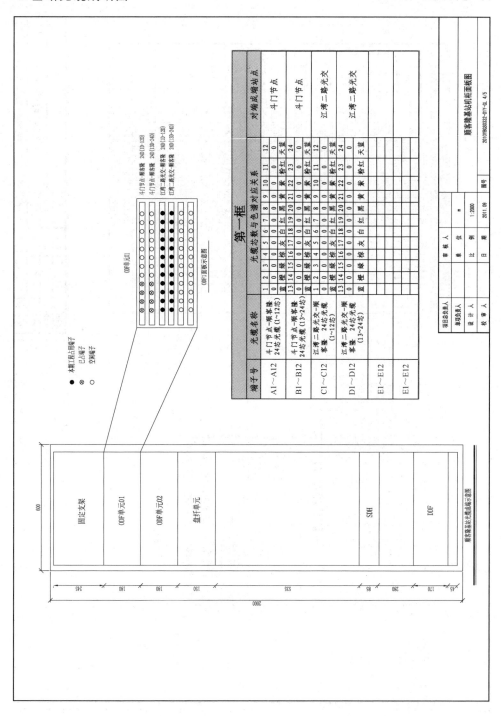

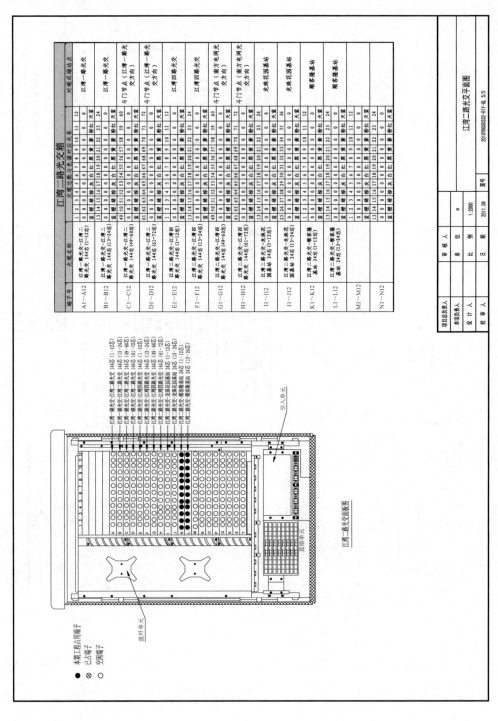

5. 光交光缆成端图

江湾二路光交平面图

四、某学校 WLAN 工程图纸

1. 系统原理图 1

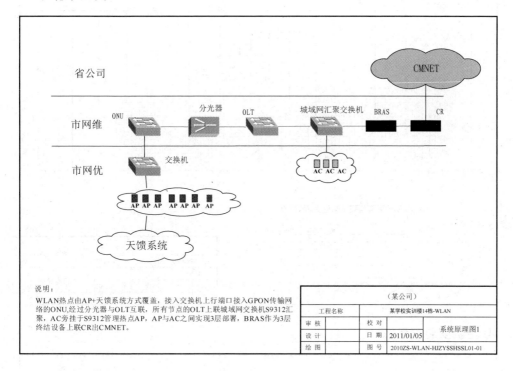

说明：

WLAN热点由AP+天馈系统方式覆盖，接入交换机上行端口接入GPON传输网络的ONU，经过分光器与OLT互联，所有节点的OLT上联城域网交换机S9312汇聚，AC旁挂于S9312管理热点AP，AP与AC之间实现3层部署，BRAS作为3层终结设备上联CR出CMNET。

(某公司)			
工程名称		某学校实训楼14栋-WLAN	
审 核	校 对		系统原理图1
设 计	日 期	2011/01/05	
绘 图	图 号	2010ZS-WLAN-HJZYSSHSSL01-01	

2. 平面安装图

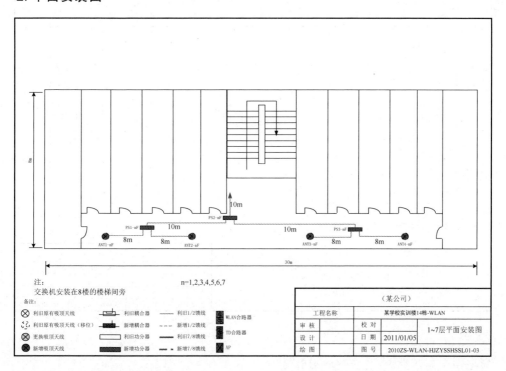

注：
交换机安装在8楼的楼梯间旁

n=1,2,3,4,5,6,7

备注：

⊗ 利旧原有吸顶天线	▭ 利旧耦合器	── 利旧1/2馈线	
⊙ 利旧原有吸顶天线（移位）	▬ 新增耦合器	--- 新增1/2馈线	▭ WLAN合路器
⊗ 更换吸顶天线	▭ 利旧功分器	━ 利旧7/8馈线	▭ TD合路器
⊗ 新增吸顶天线	▬ 新增功分器	━━ 新增7/8馈线	▨ AP

(某公司)			
工程名称		某学校实训楼14栋-WLAN	
审 核	校 对		1~7层平面安装图
设 计	日 期	2011/01/05	
绘 图	图 号	2010ZS-WLAN-HJZYSSHSSL01-03	

3. 模测图

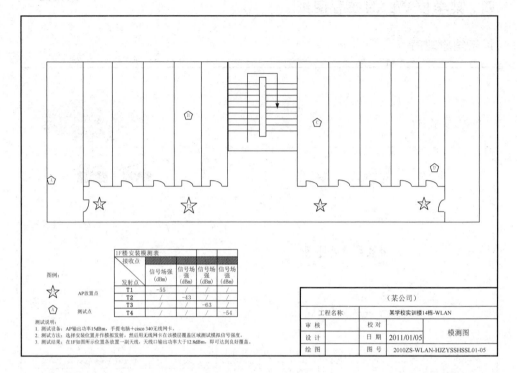

图例：

☆ AP放置点

⬠ 测试点

1F楼安装模测表

接收点 发射点	信号场强 (dBm)	信号场强 (dBm)	信号场强 (dBm)	信号场强 (dBm)
T1	-55	/	/	/
T2	/	-43	/	/
T3	/	/	-63	/
T4	/	/	/	-54

测试说明：
1. 测试设备：AP输出功率15dBm，手提电脑+cisco 340无线网卡。
2. 测试方法：选择安装位置并作模拟发射，然后用无线网卡在该楼层覆盖区域测试模拟信号强度。
3. 测试结果：在1F如图示位置各放置一副天线，天线口输出功率大于12.8dBm，即可达到良好覆盖。

（某公司）			
工程名称		某学校实训楼14栋-WLAN	
审 核		校 对	
设 计		日 期	2011/01/05	模测图
绘 图		图 号	2010ZS-WLAN-HJZYSSHSSL01-05

4. 主机安装位置图

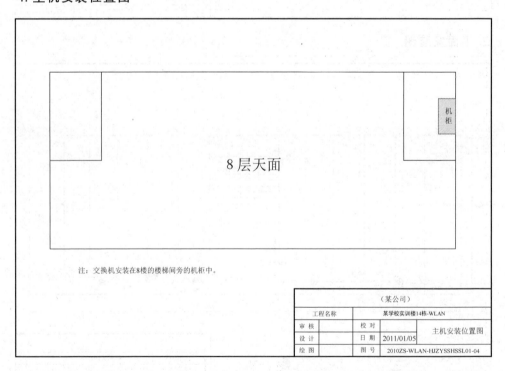

8层天面

机柜

注：交换机安装在8楼的楼梯间旁的机柜中。

（某公司）			
工程名称		某学校实训楼14栋-WLAN	
审 核		校 对	
设 计		日 期	2011/01/05	主机安装位置图
绘 图		图 号	2010ZS-WLAN-HJZYSSHSSL01-04

5. 系统原理图 2

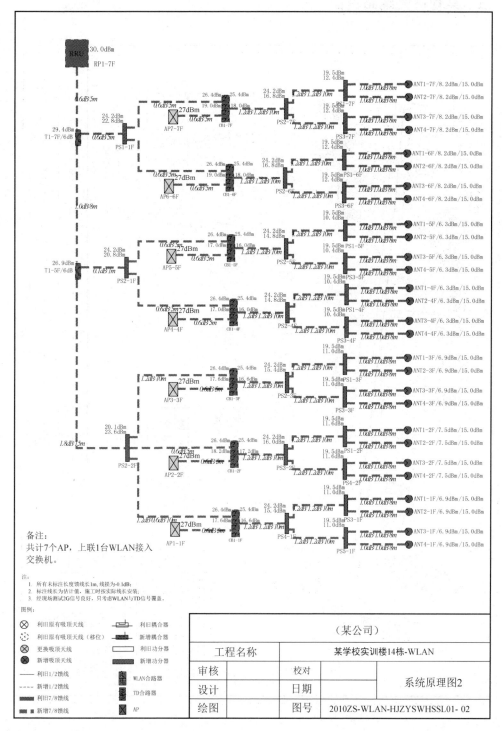

备注：
共计 7 个 AP，上联 1 台 WLAN 接入
交换机。

注：
1. 所有未标注长度馈线长 1m，线损为-0.1dB；
2. 标注线长为估计值，施工时按实际线长安装；
3. 经现场测试 2G 信号良好，只考虑 WLAN 与 TD 信号覆盖。

图例：

符号	说明	符号	说明
⊗	利旧原有吸顶天线	▭	利旧耦合器
⊙	利旧原有吸顶天线（移位）	▬	新增耦合器
⊛	更换顶天线	▭	利旧功分器
⊛	新增吸顶天线	▬	新增功分器
──	利旧1/2馈线		WLAN合路器
----	新增1/2馈线		TD合路器
▬	利旧7/8馈线	⊠	AP
▬	新增7/8馈线		

（某公司）			
工程名称	某学校实训楼14栋-WLAN		
审核		校对	系统原理图2
设计		日期	
绘图		图号	2010ZS-WLAN-HJZYSWHSSL01- 02

说明：单独的 WLAN 工程图纸一般会用 Visio 软件绘制，且采用如上图所示模板，文字宽度比例为 1。当其与室分系统一起建设时，多数采用 CAD 绘制。

五、某管道光缆路由图

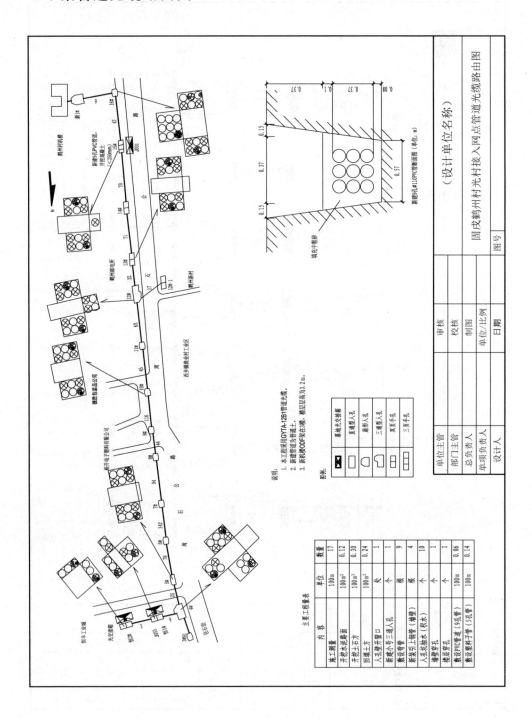

六、手孔结构定型图

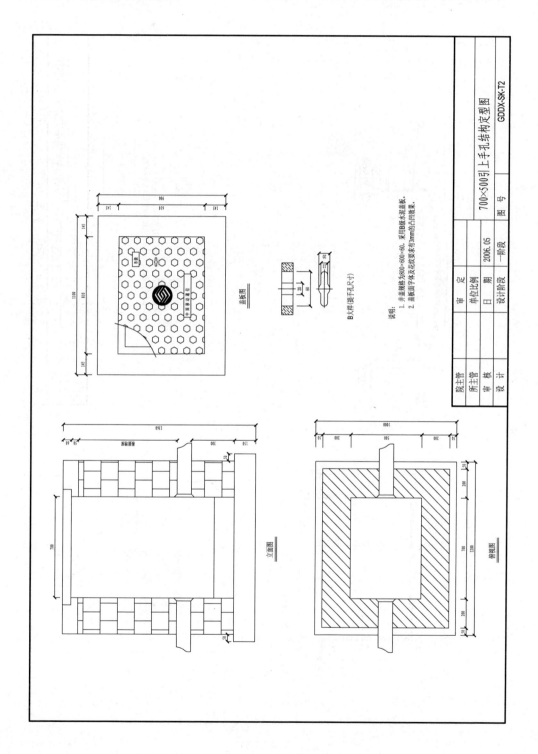

七、入孔内光缆接头盒安装示意图

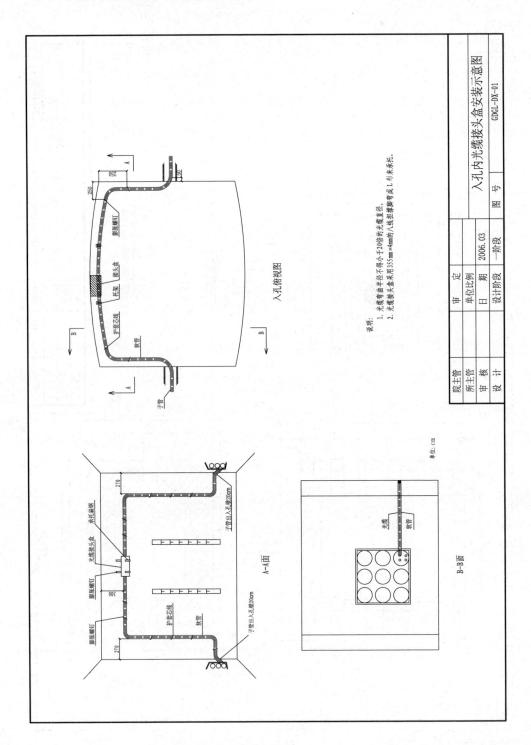

参 考 文 献

[1] 李立高.通信工程概预算[M].北京：北京邮电大学出版社,2010.

[2] 工业和信息化部通信工程定额质监中心.通信建设工程概预算管理与实务[M].北京：人民邮电出版社,2009.